普通高等教育新工科人才培养地球物理学专业"十四五"规划教材

偏微分方程的
有限单元法及其应用

Finite Element Method for
Partial Differential Equations and Its Applications

童孝忠　郭振威　高大维　袁中华 ⊙ 编著

中南大学出版社
www.csupress.com.cn
·长沙·

内容简介

　　本书全面系统地介绍了三类典型偏微分方程——波动方程、热传导方程和稳定场方程求解的有限单元法。全书共分9章：第1章导出典型偏微分方程与定解条件；第2~3章介绍有限单元法的基础知识；第4~6章介绍有限单元法求解稳定场方程、热传导方程和波动方程；第7~9章讨论有限单元法在地球物理正演中的应用，书中的实例均经过验证。本书的取材大多出自笔者的科研与教学实践，在内容安排上注重理论的系统性和自包容性，同时兼顾实际应用中的各类技术问题。

　　本书可作为"地球物理特殊方程"和"计算地球物理学"两门本科课程的教材或教学参考书，也可作为研究生、科研和工程技术人员的参考用书。

前 言

现代科学、技术、工程中的大量数学模型都可以用微分方程来描述，很多近代自然科学的基本方程本身就是微分方程。绝大多数微分方程(特别是偏微分方程)定解问题的解很难以实用的解析形式来表示。在科学计算机进化过程中，科学与工程计算作为一门集工具性、方法性、边缘交叉性于一体的新学科开始了新的发展，微分方程数值解法也得到了前所未有的发展和应用。本书是笔者在多年科学实践和教学经验的基础上，为地球物理专业的高年级本科生和研究生学习偏微分方程有限单元法而编写的教材或教学参考书。

全书共分9章。第1章从实际物理问题出发，详细介绍了建立偏微分方程模型的基本方法，以及如何根据物理背景确定定解条件。第2章至第3章介绍了有限单元法的基础知识。第4章至第6章，主要介绍了有限单元法求解一维与二维稳定场方程、热传导方程和波动方程，详细讨论了 Dirichlet 边界条件、Neumann 边界条件与 Robin 边界条件的处理办法。第7章至第9章，讨论了有限单元法在地球物理正演计算中的应用，分别举例介绍了稳定场方程中的大地电磁测深问题、热传导方程中的地温场问题以及波动方程中的地震波场问题。

考虑到一门课程的授课时间和授课对象等因素，本书的撰写主要注意了以下几个方面：

1)依据"课时少、内容多、应用广、实践性强"的特点，在内容编排上，尽量精简非必要的内容，着重讲解结构化四边形网格有限单元法最基本的内容；

2)对需要学生掌握的内容，做到深入浅出、实例引导、讲解详实，既为教师讲授提供较大的选择余地，又为学生自主学习提供了方便；

3)适当地加入了三个地球物理正演问题的应用实例，以期让学生了解偏微分方程数值计算方法的实用性，同时便于大家更好地理解有限单元法的数值表现；

4)偏微分方程数值解法与 Matlab 程序设计相结合，采用当前最流行的数学软件 Matlab 编写了有限单元法数值近似计算程序。书中所有程序均在计算机上经过调试和运行，简洁而准确。

本书可作为地球物理专业本科生和研究生的教学用书，也可作为相关科研和工程技术人员的参考用书。读者需要具备微积分、线性代数、偏微分方程和 Matlab 语言方面的初步知识。书中有关的 Matlab 程序代码以及教材使用中的问题可以通过笔者主页 http：//faculty. csu. edu. cn/xztong 或电子邮箱 csumaysnow@ csu. edu. cn 与笔者联系。

在本书编写过程中，中南大学的刘海飞老师给予了大力支持并提出了完善结构、体系方面的建议；东华理工大学的汤文武老师对本书的写作纲要提出了具体的补充与调整建议并予以鼓励。在此感谢两位老师的支持和帮助。同时，特别感谢中国海洋大学的刘颖老师提出的宝贵意见及与其有益的讨论。

由于笔者水平有限，加上时间仓促，书中难免出现不妥之处，敬请读者批评指正。

童孝忠

2023 年 9 月于岳麓山

目 录

第1章　偏微分方程与定解条件

许多物理现象或过程受多个因素的影响而按一定规律变化,描述这种现象或过程的数学形式常表现为偏微分方程形式。本章我们将从几个简单的物理模型出发,推导出典型的偏微分方程及其相应的定解条件,同时对二阶偏微分方程进行分类。

1.1　波动方程的导出

1.1.1　弦振动方程

弦振动方程是在 18 世纪由达朗贝尔(D'Alembert)等人首先进行系统研究的,它是一大类偏微分方程的典型代表。弦的振动虽然是一个古典问题,但对于初学者仍然具有一定的启发性,我们将从物理问题出发来导出弦振动方程。

设有一根完全柔软的均匀弦,平衡时沿直线拉紧,而且除受不随时间而变的张力作用及弦本身的重力外,不受外力影响。下面研究弦作小横向振动的规律。所谓"横向"是指全部运动出现在一个平面上,而且弦上的点垂直于 x 轴方向运动,如图 1.1 所示;所谓"微小"是指振动的幅度及弦在任意位置处切线的倾角都很小,以至相应的振动方程中高于一次方的项都可忽略不计。

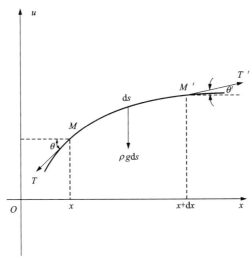

图 1.1　弦的横振动示意图

取弦的平衡位置为 x 轴,令一个端点的坐标为 $x=0$,另一个端点为 $x=L$,且设 $u(x,t)$ 是坐标为 x 的弦上一点在 t 时刻的(横向)位移。采用微元法的思想,我们把弦上点的运动先看作小弧段的运动，然后考虑小弧段趋于零的极限情况。这一段弧长是如此之小，以至于可以把它看作一个质点。在弦上任取一弧段 MM'，其长为 ds，设 ρ 为弦的线密度，弧段 MM' 两端所受的张力分别记作 T，T'。

由于假定弦是完全柔软的，所以在任一点处张力的方向总是沿着弦在该点的切线方向。我们考虑弧段 MM' 在 t 时刻的受力情况，利用牛顿运动定律，作用于弧段任一方向上的力的总和等于这段弧的质量乘以该方向上的加速度。

在 x 轴方向弧段 MM' 受力的总和为

$$F_x = T'\cos\theta' - T\cos\theta$$

由于弦只作横向振动，所以有

$$T'\cos\theta' - T\cos\theta = 0 \qquad\qquad (1.1)$$

按照上述弦振动幅度微小的假设，可知在振动过程中弦上 M 点与 M' 点处切线的倾角都很小，即 $\theta \approx 0$，$\theta' \approx 0$，从而由

$$\cos\theta = 1 - \frac{\theta^2}{2!} + \frac{\theta^4}{4!} - \cdots$$

可知，当我们略去高阶无穷小时，就有

$$\cos\theta \approx 1，\cos\theta' \approx 1$$

代入式(1.1)，便可近似得到

$$T = T'$$

在 u 轴方向上，弧段 MM' 受力的总和为

$$F_u = -T\sin\theta + T'\sin\theta' - \rho g\,ds$$

式中：$-\rho g\,ds$ 是弧段 MM' 的重力。当 $\theta \approx 0$，$\theta' \approx 0$ 时，有

$$\sin\theta = \frac{\tan\theta}{\sqrt{1+\tan^2\theta}} \approx \tan\theta = \frac{\partial u(x,\,t)}{\partial x}$$

$$\sin\theta' \approx \tan\theta' = \frac{\partial u(x+dx,\,t)}{\partial x}$$

$$ds = \frac{dx}{\cos\theta} \approx dx$$

且小弧段在时刻 t 沿 u 方向运动的加速度近似为 $\dfrac{\partial^2 u(x,\,t)}{\partial t^2}$，小弧段的质量为 $\rho\,ds$，所以根据牛顿第二定律可得

$$-T\sin\theta + T'\sin\theta' - \rho g\,ds \approx \rho\,ds\,\frac{\partial^2 u(x,\,t)}{\partial t^2}$$

或

$$T\left[\frac{\partial u(x+dx,\,t)}{\partial x} - \frac{\partial u(x,\,t)}{\partial x}\right] - \rho g\,dx \approx \rho\,dx\,\frac{\partial^2 u(x,\,t)}{\partial t^2} \qquad (1.2)$$

上式左边方括号的部分是由于 x 产生 dx 的变化而引起的 $\dfrac{\partial u(x,\,t)}{\partial x}$ 改变量，由微分中值定理可得

$$\frac{\partial u(x+dx,\,t)}{\partial x} - \frac{\partial u(x,\,t)}{\partial x} = \frac{\partial}{\partial x}\left[\frac{\partial(\xi,\,t)}{\partial x}\right]dx = \frac{\partial^2 u(\xi,\,t)}{\partial x^2}dx$$

式中：$x \leqslant \xi \leqslant x+\mathrm{d}x$，于是

$$T\left[\frac{\partial^2 u(\xi, t)}{\partial x^2}-\rho g\right]\mathrm{d}x \approx \rho \frac{\partial^2 u(x, t)}{\partial t^2}\mathrm{d}x$$

令 $\mathrm{d}x \to 0$，则 $\xi \to x$，得

$$\frac{T}{\rho}\frac{\partial^2 u(x, t)}{\partial x^2}=\frac{\partial^2 u(x, t)}{\partial t^2}+g$$

通常情况下，弦绷得很紧，张力较大，导致弦振动速度变化很快，即 $\frac{\partial^2 u}{\partial t^2}$ 比 g 大得多，所以 g 可以略去。经过这样逐步略去一些次要的量，抓住主要的量，在 $u(x, t)$ 关于 x, t 都是二次连续可微的前提下，得出 $u(x, t)$ 应近似地满足方程

$$\frac{\partial^2 u}{\partial t^2}=a^2 \frac{\partial^2 u}{\partial x^2} \tag{1.3}$$

这里的 $a^2=T/\rho$。式(1.3)称为弦振动方程，因为表示空间位置的变量只有一个，因此该方程又叫**一维波动方程**(王元明，2012)。

如果弦在振动过程中，还受到一个与弦的振动方向平行的外力，且假定在时刻 t 弦上 x 点处的外力为 $F(x, t)$，显然，这时式(1.1)和式(1.2)分别写为

$$T'\cos \theta'-T\cos \theta=0$$

$$F\mathrm{d}s-T\sin \theta+T'\sin \theta'-\rho g\mathrm{d}s \approx \rho \mathrm{d}s \frac{\partial^2 u(x, t)}{\partial t^2}$$

利用前面的推导方法并略去弦本身的质量，可得弦的强迫振动方程为

$$\frac{\partial^2 u}{\partial t^2}=a^2 \frac{\partial^2 u}{\partial x^2}+f(x, t) \tag{1.4}$$

式中：$f(x, t)=\frac{1}{\rho}F(x, t)$ 表示 t 时刻单位质量的弦在 x 点处所受的外力。

方程(1.3)与方程(1.4)的差别在于方程(1.4)的右端多了一个与未知函数 u 无关的项 $f(x, t)$，这个项称为**自由项**。含有非零自由项的方程称为**非齐次方程**，而自由项恒等于零的方程称为**齐次方程**。因此，式(1.3)为齐次一维波动方程，式(1.4)为非齐次一维波动方程。

一维波动方程只是波动方程中最简单的形式，在流体力学、声学及电磁场理论中，还要研究高维波动方程。

1.1.2 时变电磁场方程

Maxwell 方程组是电磁场必须遵从的微分方程组，含有以下四个方程，分别反映了四条基本的物理定律(何继善，2012)：

$$\nabla \times \boldsymbol{E}=-\frac{\partial \boldsymbol{B}}{\partial t} \quad （法拉第定律） \tag{1.5}$$

$$\nabla \times \boldsymbol{H}=\boldsymbol{j}+\frac{\partial \boldsymbol{D}}{\partial t} \quad （安培定律） \tag{1.6}$$

$$\nabla \cdot \boldsymbol{B}=0 \quad （磁通量连续性原理） \tag{1.7}$$

$$\nabla \cdot \boldsymbol{D}=\rho \quad （库仑定律） \tag{1.8}$$

式(1.5)~式(1.8)中: E 为电场强度, V/m; B 是磁感应强度或磁通密度, Wb/m²; D 为电感应强度或电位移, C/m²; H 为磁场强度, A/m; j 为电流密度, A/m²; ρ 为自由电荷密度, C/m³。

假设地球模型为各向同性介质, 则电磁场的基本量可通过物性参数 ε 和 μ 联系起来, 它们的关系是:

$$D = \varepsilon E \tag{1.9}$$

$$B = \mu H \tag{1.10}$$

$$j = \sigma E \quad (欧姆定律) \tag{1.11}$$

式(1.9)~式(1.11)中: σ 为介质的电导率, S/m; ε 和 μ 分别为介质的介电常数和磁导率, 取 $\varepsilon = 8.85 \times 10^{-12}$ F/m 和 $\mu = 4\pi \times 10^{-7}$ H/m。

在实用单位制下, 如令初始状态时介质内不带电荷, 采用式(1.5)~式(1.8)所示的介质方程组后, 各向同性介质的 Maxwell 方程组可变为:

$$\nabla \times E = -\mu \frac{\partial H}{\partial t} \tag{1.12}$$

$$\nabla \times H = \sigma E + \varepsilon \frac{\partial E}{\partial t} \tag{1.13}$$

$$\nabla \cdot H = 0 \tag{1.14}$$

$$\nabla \cdot E = 0 \tag{1.15}$$

对式(1.12)和式(1.13)两边分别取旋度:

$$\nabla \times \nabla \times E = -\mu \frac{\partial}{\partial t}(\nabla \times H) \tag{1.16}$$

$$\nabla \times \nabla \times H = \sigma(\nabla \times E) + \varepsilon \frac{\partial}{\partial t}(\nabla \times E) \tag{1.17}$$

整理后可得

$$\nabla \times \nabla \times E + \mu\varepsilon \frac{\partial^2 E}{\partial t^2} + \mu\sigma \frac{\partial E}{\partial t} = 0 \tag{1.18}$$

$$\nabla \times \nabla \times H + \mu\varepsilon \frac{\partial^2 H}{\partial t^2} + \mu\sigma \frac{\partial H}{\partial t} = 0 \tag{1.19}$$

根据矢量分析公式

$$\nabla \times \nabla \times E = \nabla(\nabla \cdot E) - \nabla^2 E = -\nabla^2 E \tag{1.20}$$

$$\nabla \times \nabla \times H = \nabla(\nabla \cdot H) - \nabla^2 H = -\nabla^2 H \tag{1.21}$$

式(1.18)和式(1.19)可以改写为

$$\nabla^2 E - \mu\varepsilon \frac{\partial^2 E}{\partial t^2} - \mu\sigma \frac{\partial E}{\partial t} = 0 \tag{1.22}$$

$$\nabla^2 H - \mu\varepsilon \frac{\partial^2 H}{\partial t^2} - \mu\sigma \frac{\partial H}{\partial t} = 0 \tag{1.23}$$

由于我们未对 E、H 随时间 t 变化的规律作任何限制, E 和 H 可以是任何一种形式的时间函数(如阶跃函数, 脉冲函数等), 故式(1.22)和式(1.23)称为**时间域电磁场的波动方程**。

1.2　热传导方程的导出

推导热传导方程所用的数学方法与弦振动方程完全相同，不同之处在于具体的物理规律不同。这里用到的是热力学方面的两个基本规律，即能量守恒定律和热传导的 Fourier 定律。前者大家都很熟悉，这里只扼要介绍一下后者。

设有一块连续介质，取定一坐标系，并用 $u(x, y, z, t)$ 表示介质内空间坐标为 (x, y, z) 的一点在 t 时刻的温度。生活经验告诉我们，若沿 x 方向有一定的温度差，则在 x 方向就一定有热量的传递。从宏观上看，实验表明，单位时间内通过垂直 x 方向的单位面积的热量 q 与温度的空间变化规律成正比，即

$$q = -k\frac{\partial u}{\partial x} \tag{1.24}$$

式中：q 为热流密度，或热通量（heat flux），W/m^2；k 为物体的热传导系数，W/(m·K)。k 与介质的质料有关，而且，严格来说，与温度 u 也有关系，但如果温度的变化范围不大，则可以将 k 看成与 u 无关。式（1.24）中的负号表示热流的方向和温度变化的方向正好相反，即热量由高温流向低温。

如果要研究三维各向同性介质中的热传导，在介质中三个方向上都存在温度差，则有

$$q_x = -k\frac{\partial u}{\partial x}, \ q_y = -k\frac{\partial u}{\partial y}, \ q_z = -k\frac{\partial u}{\partial z} \tag{1.25a}$$

或

$$\boldsymbol{q} = -k\nabla u \tag{1.25b}$$

即热流密度矢量 $\boldsymbol{q}$ 与温度梯度 ∇u 成正比。

设想在介质内部隔离出一个平行六面体（见图 1.2），六个面都和坐标面重合。首先看 $\mathrm{d}t$ 时间内沿 x 方向流入六面体的热量（吴崇试，2015）：

$$\left[-(q_x)_x + (q_x)_{x+\mathrm{d}x}\right]\mathrm{d}y\mathrm{d}z\mathrm{d}t = \left[\left(k\frac{\partial u}{\partial x}\right)_{x+\mathrm{d}x} - \left(k\frac{\partial u}{\partial x}\right)_x\right]\mathrm{d}y\mathrm{d}z\mathrm{d}t = k\frac{\partial^2 u}{\partial x^2}\mathrm{d}x\mathrm{d}y\mathrm{d}z\mathrm{d}t$$

同理，在 $\mathrm{d}t$ 时间内沿 y 方向流入六面体的热量为

$$\left[-(q_y)_y + (q_y)_{y+\mathrm{d}y}\right]\mathrm{d}x\mathrm{d}z\mathrm{d}t = k\frac{\partial^2 u}{\partial y^2}\mathrm{d}x\mathrm{d}y\mathrm{d}z\mathrm{d}t$$

在 $\mathrm{d}t$ 时间内沿 z 方向流入六面体的热量为

$$\left[-(q_z)_z + (q_z)_{z+\mathrm{d}z}\right]\mathrm{d}x\mathrm{d}y\mathrm{d}t = k\frac{\partial^2 u}{\partial z^2}\mathrm{d}x\mathrm{d}y\mathrm{d}z\mathrm{d}t$$

如果六面体内没有其他热量来源或消耗，则根据能量守恒定律，净流入的热量应该等于介质在此时间内温度升高所需要的热量，

$$k\left(\frac{\partial^2 u}{\partial z^2} + \frac{\partial^2 u}{\partial y^2} + \frac{\partial^2 u}{\partial z^2}\right)\mathrm{d}x\mathrm{d}y\mathrm{d}z\mathrm{d}t = \rho\mathrm{d}x\mathrm{d}y\mathrm{d}z \cdot c \cdot (u_{t+\mathrm{d}t} - u_t)$$

而 $u_{t+\mathrm{d}t} - u_t = \dfrac{\partial u}{\partial t} \cdot \mathrm{d}t$，因此有

$$\frac{\partial u}{\partial t} = \frac{k}{\rho c}\nabla^2 u \tag{1.26}$$

式中：ρ 为介质的密度，$\mathrm{kg/m^3}$；c 为比热容，$\mathrm{J/(kg \cdot K)}$。

令 $a^2 = \dfrac{k}{\rho c}$，则式(1.26)变成

$$\frac{\partial u}{\partial t} = a^2 \nabla^2 u \qquad (1.27)$$

方程(1.27)称为**三维热传导方程**。

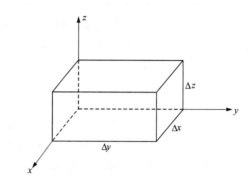

图 1.2　热传导方程位于点 (x, y, z) 处的平行六面体

若物体内有热源，其场强度为 $F(x, y, z, t)$，则相应的热传导方程为

$$\frac{\partial u}{\partial t} = a^2 \nabla^2 u + f(x, y, z, t) \qquad (1.28)$$

式中：$f = \dfrac{F}{\rho c}$。

作为特例，如果所考虑的物体是一根细杆(或一块薄板)，或者即使不是细杆(或薄板)，而其中的温度 u 只与 x，t 或 x，y，t 有关，则方程(1.27)就变成**一维热传导方程**

$$\frac{\partial u}{\partial t} = a^2 \frac{\partial^2 u}{\partial x^2}$$

或二维热传导方程

$$\frac{\partial u}{\partial t} = a^2 \left(\frac{\partial^2 u}{\partial x^2} + \frac{\partial^2 u}{\partial y^2} \right)$$

在研究气体或液体的扩散过程时，若扩散系数是常数，则所得的扩散方程与热传导方程完全相同。

1.3　稳定场方程的导出

1.3.1　稳定问题

在 1.2 节中，我们建立了热传导方程，若导热物体内热源的分布情况不随时间变化，经过相当长时间后，物体内部的温度将达到稳定状态，不再随时间变化，因而热传导方程中的 $\dfrac{\partial u}{\partial t} = 0$，于是式(1.28)变为

$$\nabla^2 u = -\frac{f}{\kappa} \tag{1.29}$$

上式称为**泊松方程(Poisson 方程)**。特别是，如果 $f=0$，则有

$$\nabla^2 u = 0 \tag{1.30}$$

式(1.30)称为**拉普拉斯方程(Laplace 方程)**，又称调和方程、位势方程。

这两种方程描述的是达到稳恒的物理状态。

在 1.1 节中，如果波动方程 $\frac{\partial^2 u}{\partial t^2} - a^2 \nabla^2 u = 0$ 的 $u(x,y,z,t)$ 随时间发生周期性的变化，频率为 ω，则

$$u(x,y,z,t) = \nu(x,y,z)\mathrm{e}^{-\mathrm{i}\omega t} \tag{1.31}$$

于是，$\nu(x,y,z)$ 满足方程

$$\nabla^2 \nu(x,y,z) + k^2 \nu(x,y,z) = 0 \tag{1.32}$$

式中：$k=\omega/a$ 为波数。式(1.32)称为**亥姆霍兹方程(Helmholtz 方程)**。

1.3.2　谐变电磁场方程

利用傅里叶变换可将任意随时间变化的电磁场分解为一系列谐变场的组合，取时域中的谐变因子为 $\mathrm{e}^{-\mathrm{i}\omega t}$，电场强度和磁场强度可分别表示为(童孝忠，2017)：

$$\boldsymbol{E} = \boldsymbol{E}_0 \mathrm{e}^{-\mathrm{i}\omega t} \tag{1.33}$$

$$\boldsymbol{H} = \boldsymbol{H}_0 \mathrm{e}^{-\mathrm{i}\omega t} \tag{1.34}$$

根据式(1.12)~式(1.15)，谐变场的 Maxwell 方程组可表示为：

$$\nabla \times \boldsymbol{E} = \mathrm{i}\mu\omega \boldsymbol{H} \tag{1.35}$$

$$\nabla \times \boldsymbol{H} = (\sigma - \mathrm{i}\omega\varepsilon)\boldsymbol{E} \tag{1.36}$$

$$\nabla \cdot \boldsymbol{E} = 0 \tag{1.37}$$

$$\nabla \cdot \boldsymbol{H} = 0 \tag{1.38}$$

对式(1.35)和式(1.36)两边分别取旋度：

$$\nabla \times \nabla \times \boldsymbol{E} = \mathrm{i}\mu\omega(\nabla \times \boldsymbol{H}) \tag{1.39}$$

$$\nabla \times \nabla \times \boldsymbol{H} = (\sigma - \mathrm{i}\omega\varepsilon)(\nabla \times \boldsymbol{E}) \tag{1.40}$$

整理后可得

$$\nabla \times \nabla \times \boldsymbol{E} = (\mathrm{i}\omega\mu\sigma + \mu\varepsilon\omega^2)\boldsymbol{E} \tag{1.41}$$

$$\nabla \times \nabla \times \boldsymbol{H} = (\mathrm{i}\omega\mu\sigma + \mu\varepsilon\omega^2)\boldsymbol{H} \tag{1.42}$$

根据矢量分析公式，式(1.41)和式(1.42)可以写成：

$$\nabla^2 \boldsymbol{E} - k^2 \boldsymbol{E} = 0 \tag{1.43}$$

$$\nabla^2 \boldsymbol{H} - k^2 \boldsymbol{H} = 0 \tag{1.44}$$

式中：$k=\sqrt{-\mathrm{i}\omega\mu\sigma - \mu\varepsilon\omega^2}$ 为传播系数，它是一个复数，亦称为复波数。式(1.43)和式(1.44)已经转换到了频率域，它们是频率域电磁场方程，称为**亥姆霍兹方程(Helmholtz 方程)**。

1.3.3　引力位与重力位方程

引力场的第一和第二基本定律形式为(曾华霖，2005)：

$$\nabla \cdot F = -4\pi G\rho$$
$$\nabla \times F - 0 \tag{1.45}$$

式中：F 为场强度；G 为万有引力常数，其值等于 6.6732×10^{-11} N·m²/kg²；ρ 为密度。

引力位的梯度与场强度的关系式为

$$F = \nabla V \tag{1.46}$$

结合式（1.45）和式（1.46），可以得到引力位满足的泊松方程：

$$\nabla^2 V = -4\pi G\rho \tag{1.47}$$

上式在直角坐标系中可写为

$$\nabla^2 V = \frac{\partial^2 V}{\partial x^2} + \frac{\partial^2 V}{\partial y^2} + \frac{\partial^2 V}{\partial z^2} = -4\pi G\rho$$

若讨论的区域没有质量分布，则泊松方程变为拉普拉斯方程：

$$\nabla^2 V = 0 \tag{1.48}$$

另外，由于离心力位（U）的二次导数为

$$\frac{\partial^2 U}{\partial x^2} = \omega^2, \ \frac{\partial^2 U}{\partial y^2} = \omega^2, \ \frac{\partial^2 U}{\partial z^2} = 0$$

所以满足下列关系式：

$$\nabla^2 U = 2\omega^2 \tag{1.49}$$

式中：ω 为地球自转角速度。再考虑到重力位（W）的计算公式：

$$W = V + U \tag{1.50}$$

由此可知，地球内部、外部重力位分别满足

$$\nabla^2 W = 2\omega^2 \tag{1.51}$$

与

$$\nabla^2 W = -4\pi G\rho + 2\omega^2 \tag{1.52}$$

1.4 边界条件与初始条件

上面几节讨论的是如何将一个具体的物理规律用数学公式表达出来，这种由物理规律导出的偏微分方程称为**泛定方程**。除此之外，还需要把这个问题所具有的特定条件用数学形式表达出来，这是因为任何一个具体的物理现象都是处在特定条件之下的。例如弦振动问题所推导出来的方程是一切柔软均匀的弦作微小横向振动的共同规律，在推导这个方程时没有考虑到弦在初始时刻的状态以及弦所受的约束情况。如果我们不是泛泛地研究弦的振动，就要考虑到弦所具有的特定条件，这是因为任何一个振动物体在某时刻的振动状态总是和此时刻以前的状态有关，从而就与初始时刻的状态有关。另外，弦的两端所受的约束也会影响弦的振动，端点所处的物理条件不同就会产生不同的影响，因而弦的振动也不同。因此，对弦振动问题来说，除了建立振动方程以外，还需列出它所处的特定条件。当然，对热传导方程、位势方程也是如此。

提出的条件应该能够说明某一具体物理现象的初始状态或者边界上的约束情况。用以说明初始状态的条件称为**初始条件**；用以说明边界上的约束情况的条件称为**边界条件**。

下面具体说明初始条件和边界条件的表达形式。

初始条件：对于弦振动问题来说，初始条件就是弦在开始时刻 $t=0$ 时的位移及速度，若以 $\varphi(x)$，$\phi(x)$ 分别表示初始位移和初始速度，则初始条件可以表示为

$$\begin{cases} u(x,\ t)\big|_{t=0}=\varphi(x) \\ \dfrac{\partial u(x,\ t)}{\partial t}\bigg|_{t=0}=\phi(x) \end{cases} \tag{1.53}$$

当 $\varphi(x)=\phi(x)=0$ 时，称之为齐次初始条件。

而对热传导方程来说，初始条件是指在开始时刻物体温度的分布情况，若以 $\varphi(x,y,z)$ 表示 $t=0$ 时物体内任一点处的温度，则热传导方程的初始条件就是

$$u(x,y,z,t)\big|_{t=0}=\varphi(x,y,z) \tag{1.54}$$

位势方程是描述稳恒状态的，与初始状态无关，所以不考虑初始条件。

边界条件：还是从弦振动问题说起，从物理学知，弦在振动时，其端点（以 $x=L$ 表示这个端点）所受的约束情况，通常有以下三种类型：

（1）固定端，即弦在振动过程中这个端点始终保持不动，位移为零。对应于这种状态的边界条件为

$$u(x,\ t)\big|_{x=L}=0 \tag{1.55}$$

或

$$u(L,\ t)=0$$

（2）自由端，即弦在这个端点不受位移方向的外力，即该端点在位移方向上的张力为零。由 1.1 节的推导过程可知对应于这种状态的边界条件为

$$T\frac{\partial u(x,\ t)}{\partial x}\bigg|_{x=L}=0$$

即

$$\frac{\partial u}{\partial x}\bigg|_{x=L}=0 \tag{1.56}$$

或

$$u_x(L,\ t)=0$$

（3）弹性支承端，即弦在这个端点被某个弹性体所支承。设弹性体支承原来的位置为 $u=0$，则 $u\big|_{x=L}=0$ 就表示弹性支承的应变，由胡克（Hooke）定律可知，这时弦在 $x=L$ 处沿位移方向的张力 $T\dfrac{\partial u}{\partial x}\bigg|_{x=L}$ 应该等于 $-ku\big|_{x=L}$，即

$$T\frac{\partial u}{\partial x}\bigg|_{x=L}=-ku\big|_{x=L} \quad \text{或} \quad \left(\frac{\partial u}{\partial x}+\sigma u\right)\bigg|_{x=L}=0 \tag{1.57}$$

式中：k 为弹性体的刚度系数，且有 $\sigma=k/T$。

对于热传导方程来说，也有类似的情况。以 Γ 表示某物体 V 的边界，如果在导热过程中边界 Γ 的温度为已知的函数 $f(x,y,z,t)$，则这时的边界条件为

$$u(x,y,z,t)\big|_{\Gamma}=f(x,y,z,t) \tag{1.58}$$

这里的 $f(x,y,z,t)$，是定义在 Γ 上（一般依赖于 t）的函数。

如果在导热过程中，物体 V 与周围的介质处于绝热状态，或者说，在 Γ 上的热量流速为零，这时从 1.2 节的推导过程可知，在边界 Γ 上必满足

$$\left.\frac{\partial u}{\partial n}\right|_{\Gamma}=0 \tag{1.59}$$

如果物体的内部和周围的介质通过边界 Γ 有热量交换，以 u_1 表示和物体接触处的介质温度，这时利用热传导中的牛顿实验定律可知

$$dQ=k_1(u-u_1)dSdt \tag{1.60}$$

式中：k_1 是两介质间的热交换系数。在物体内部任取一个无限贴近于边界 Γ 的闭曲面 Σ，由于在 Γ 内侧热量不能积累，所以在 Σ 上的热量流速应等于边界 Γ 上的热量流速，而在 Σ 上的热量流速 $\left.\dfrac{dQ}{dSdt}\right|_{\Sigma}=-k\left.\dfrac{\partial u}{\partial n}\right|_{\Sigma}$，所以，当物体和外界有热交换时，相应的边界条件为

$$-k\left.\frac{\partial u}{\partial n}\right|_{\Gamma}=k_1(u-u_1)|_{\Gamma}$$

即

$$\left.\left(\frac{\partial u}{\partial n}+\sigma u\right)\right|_{\Gamma}=\sigma u_1|_{\Gamma} \tag{1.61}$$

式中：$\sigma=k_1/k$。

综合上述可知，无论是弦振动问题，还是热传导问题，它们所对应的边界条件，从数学角度看不外乎有三种类型（刘安平等，2009）：

一是在边界 Γ 上直接给出了未知函数 u 的数值，即

$$u|_{\Gamma}=f_1 \tag{1.62}$$

这种形式的边界条件称为**第一类边界条件**，又称**狄利克雷（Dirichlet）边界条件**。

二是在边界 Γ 上给出了未知函数 u 沿 Γ 的外法线方向的方向导数，即

$$\left.\frac{\partial u}{\partial n}\right|_{\Gamma}=f_2 \tag{1.63}$$

这种形式的边界条件称为**第二类边界条件**，又称**诺伊曼（Neumann）边界条件**。

三是在边界 Γ 上给出了未知函数 u 及其沿 Γ 的外法线方向的方向导数某种线性组合的值，即

$$\left.\left(\frac{\partial u}{\partial n}+\sigma u\right)\right|_{\Gamma}=f_3 \tag{1.64}$$

这种形式的边界条件称为**第三类边界条件**或**混合边界条件**，又称**洛平（Robin）边界条件**。

需要注意的是式（1.62）、式（1.63）和式（1.64）右端的 $f_i(i=1,2,3)$ 都是定义在边界 Γ 上（一般来说，也依赖于 t）的已知函数。不论哪一类型的边界条件，当它的数学表达式中的自由项（即不依赖于 u 的项）恒为零时，这种边界条件称为**齐次的**，否则称为**非齐次的**。

1.5 定解问题的提法

1.5.1 定解问题及其适定性

前面几节我们推导了三种不同类型的偏微分方程并讨论了与它们相应的初始条件与边界条件的表达方式。由于这些方程中出现的未知函数的偏导数的最高阶都是二阶，而且它们对

于未知函数及其各阶偏导数来说都是线性的，所以这种方程为**二阶线性偏微分方程**。在实际工程技术应用中，二阶线性偏微分方程较为常见。

如果一个函数具有泛定方程中所需要的各阶连续偏导数，并且代入该方程中能使它变成恒等式，则此函数称为该方程的解（古典解）。由于每一个物理过程都处在特定的条件之下，所以我们的目的是求出偏微分方程的适合某些特定条件的解。初始条件和边界条件都称为**定解条件**，而泛定方程和相应的定解条件结合在一起，就构成了一个**定解问题**（Asmar，2004）。

只有初始条件，没有边界条件的定解问题称为**始值问题**[或柯西（Cauchy）问题]；反之，没有初始条件，只有边界条件的定解问题称为**边值问题**。既有初始条件也有边界条件的定解问题称为**混合问题**。

一个定解问题是否符合实际情况，当然必须靠实践来证实，而从数学角度来看，通常可以从以下三方面加以检验：

（1）解的存在性，即看所归结出来的定解问题是否有解；

（2）解的唯一性，即看是否只存在一个解；

（3）解的稳定性，即当定解条件发生微小变动时，看解是否相应地只有微小的变动，如果确实如此，则该解便称为稳定的。

如果一个定解问题存在唯一且稳定的解，则此问题称为适定的。在之后的讨论中我们将主要讨论定解问题的解法，而很少讨论它的适定性，因为讨论定解问题的适定性往往十分困难，而本书所讨论的定解问题都是经典的，可以认为它们是适定的。

1.5.2 线性偏微分方程解的叠加性

在前面几节，我们导出了几种典型的二阶偏微分方程。它们都是线性偏微分方程，也就是说，在方程中只出现对于未知函数的线性运算。为了下面的叙述简洁，不妨引进线性算符，进而把这些线性偏微分方程统一写成

$$Lu \equiv \sum_{i,k=1}^{n} A_{ik} \frac{\partial^2 u}{\partial x_i \partial x_k} + \sum_{i=1}^{n} B_i \frac{\partial u}{\partial x_i} + Cu = f \tag{1.65}$$

式中：A_{ik}，B_i，C 和 f 都只是 x_1，x_2，$\cdots$，x_n 的已知函数，与未知函数 u 无关。具有非齐次项 f 的偏微分方程称为非齐次偏微分方程，如果 $f \equiv 0$，方程就是齐次的。

对于两个自变量的情形，式（1.65）可写为

$$a_{11}(x,y)\frac{\partial^2 u}{\partial x^2} + 2a_{12}(x,y)\frac{\partial^2 u}{\partial x \partial y} + a_{22}(x,y)\frac{\partial^2 u}{\partial y^2} + b_1(x,y)\frac{\partial u}{\partial x} + b_2(x,y)\frac{\partial u}{\partial y} + c(x,y)u = f(x,y)$$

$$\tag{1.66}$$

下面不加证明地列出线性偏微分方程的几个基本性质，它们的证明都很简单，读者可以自己补证。

性质 1 若 u_1 和 u_2 都是齐次方程 $Lu=0$ 的解，

$$Lu_1 = 0, \quad Lu_2 = 0$$

则它们的线性组合也是齐次方程的解，

$$L(c_1 u_1 + c_2 u_2) = 0 \tag{1.67}$$

式中：c_1 和 c_2 是任意常数。

性质 2 若 u_1 和 u_2 都是非齐次方程 $Lu=f$ 的解，

$$Lu_1 = f, \ Lu_2 = f$$

则它们的差 $u_1 - u_2$ 一定是相应的齐次方程的解，

$$L(u_1 - u_2) = 0 \tag{1.68}$$

换言之，非齐次方程的一个特解加上相应齐次方程的解仍是非齐次方程的解。

性质 3 若 u_1 和 u_2 分别满足非齐次方程

$$Lu_1 = f_1, \ Lu_2 = f_2$$

则它们的线性组合 $c_1 u_1 + c_2 u_2$ 满足非齐次方程

$$L(c_1 u_1 + c_2 u_2) = c_1 f_1 + c_2 f_2 \tag{1.69}$$

1.6 二阶线性偏微分方程的分类

描述物理过程的偏微分方程是多种多样的，因此需要对方程进行分类，进而给出其标准型，这样就可以只讨论标准形式的方程的求解方法。

1.6.1 变系数线性偏微分方程

设二阶线性偏微分方程为

$$a_{11} \frac{\partial^2 u}{\partial x^2} + 2a_{12} \frac{\partial^2 u}{\partial x \partial y} + a_{22} \frac{\partial^2 u}{\partial y^2} + b_1 \frac{\partial u}{\partial x} + b_2 \frac{\partial u}{\partial y} + cu + f = 0 \tag{1.70}$$

式中：系数 a_{11}, a_{12}, a_{22}, b_1, b_2, c 及自由项 f 均是 x, y 的函数。

我们的目的是希望利用自变量变换，在新的自变量下，使方程(1.70)尽可能地得以简化，即变成所谓的标准型。

作自变量变换

$$\begin{cases} x = x(\xi, \eta) \\ y = y(\xi, \eta) \end{cases} \quad 即 \quad \begin{cases} \xi = \xi(x, y) \\ \eta = \eta(x, y) \end{cases}$$

假设雅克比(Jacobi)行列式 $\dfrac{\partial(\xi, \eta)}{\partial(x, y)} \neq 0$，以保证逆变换存在。经过复合函数求导有

$$\frac{\partial u}{\partial x} = \frac{\partial u}{\partial \xi} \frac{\partial \xi}{\partial x} + \frac{\partial u}{\partial \eta} \frac{\partial \eta}{\partial x}, \ \frac{\partial u}{\partial y} = \frac{\partial u}{\partial \xi} \frac{\partial \xi}{\partial y} + \frac{\partial u}{\partial \eta} \frac{\partial \eta}{\partial y} \tag{1.71}$$

$$\frac{\partial^2 u}{\partial x^2} = \left(\frac{\partial^2 u}{\partial \xi^2} \frac{\partial \xi}{\partial x} + \frac{\partial^2 u}{\partial \xi \partial \eta} \frac{\partial \eta}{\partial x} \right) \frac{\partial \xi}{\partial x} + \frac{\partial u}{\partial \xi} \frac{\partial^2 \xi}{\partial x^2} + \left(\frac{\partial^2 u}{\partial \eta^2} \frac{\partial \eta}{\partial x} + \frac{\partial^2 u}{\partial \xi \partial \eta} \frac{\partial \xi}{\partial x} \right) \frac{\partial \eta}{\partial x} + \frac{\partial u}{\partial \eta} \frac{\partial^2 \eta}{\partial x^2}$$

$$= \frac{\partial^2 u}{\partial \xi^2} \left(\frac{\partial \xi}{\partial x} \right)^2 + 2 \frac{\partial^2 u}{\partial \xi \partial \eta} \frac{\partial \xi}{\partial x} \frac{\partial \eta}{\partial x} + \frac{\partial^2 u}{\partial \eta^2} \left(\frac{\partial \eta}{\partial x} \right)^2 + \frac{\partial u}{\partial \xi} \frac{\partial^2 \xi}{\partial x^2} + \frac{\partial u}{\partial \eta} \frac{\partial^2 \eta}{\partial x^2} \tag{1.72}$$

$$\frac{\partial^2 u}{\partial x \partial y} = \frac{\partial^2 u}{\partial \xi^2} \frac{\partial \xi}{\partial x} \frac{\partial \xi}{\partial y} + \frac{\partial^2 u}{\partial \xi \partial \eta} \left(\frac{\partial \eta}{\partial y} \frac{\partial \xi}{\partial x} + \frac{\partial \eta}{\partial x} \frac{\partial \xi}{\partial y} \right) + \frac{\partial^2 u}{\partial \eta^2} \frac{\partial \eta}{\partial x} \frac{\partial \eta}{\partial y} + \frac{\partial u}{\partial \xi} \frac{\partial^2 \xi}{\partial x \partial y} + \frac{\partial u}{\partial \eta} \frac{\partial^2 \eta}{\partial x \partial y} \tag{1.73}$$

$$\frac{\partial^2 u}{\partial y^2} = \frac{\partial^2 u}{\partial \xi^2} \left(\frac{\partial \xi}{\partial y} \right)^2 + 2 \frac{\partial^2 u}{\partial \xi \partial \eta} \frac{\partial \xi}{\partial y} \frac{\partial \eta}{\partial y} + \frac{\partial^2 u}{\partial \eta^2} \left(\frac{\partial \eta}{\partial y} \right)^2 + \frac{\partial u}{\partial \xi} \frac{\partial^2 \xi}{\partial y^2} + \frac{\partial u}{\partial \eta} \frac{\partial^2 \eta}{\partial y^2} \tag{1.74}$$

将式(1.71)~式(1.74)代入式(1.70)就得到在新坐标系中的方程

$$A_{11} \frac{\partial^2 u}{\partial \xi^2} + 2A_{12} \frac{\partial^2 u}{\partial \xi \partial \eta} + A_{22} \frac{\partial^2 u}{\partial \eta^2} + B_1 \frac{\partial u}{\partial \xi} + B_2 \frac{\partial u}{\partial \eta} + Cu + F = 0 \tag{1.75}$$

它仍然是线性的，其系数

$$
\begin{cases}
A_{11} = a_{11}\left(\dfrac{\partial \xi}{\partial x}\right)^2 + 2a_{12}\dfrac{\partial \xi}{\partial x}\dfrac{\partial \xi}{\partial y} + a_{22}\left(\dfrac{\partial \xi}{\partial y}\right)^2 \\[2mm]
A_{12} = a_{11}\dfrac{\partial \xi}{\partial x}\dfrac{\partial \eta}{\partial x} + a_{12}\left(\dfrac{\partial \xi}{\partial x}\dfrac{\partial \eta}{\partial y} + \dfrac{\partial \eta}{\partial x}\dfrac{\partial \xi}{\partial y}\right) + a_{22}\dfrac{\partial \xi}{\partial y}\dfrac{\partial \eta}{\partial y} \\[2mm]
A_{22} = a_{11}\left(\dfrac{\partial \eta}{\partial x}\right)^2 + 2a_{12}\dfrac{\partial \eta}{\partial x}\dfrac{\partial \eta}{\partial y} + a_{22}\left(\dfrac{\partial \eta}{\partial y}\right)^2 \\[2mm]
B_1 = a_{11}\dfrac{\partial^2 \xi}{\partial x^2} + 2a_{12}\dfrac{\partial^2 \xi}{\partial x \partial y} + a_{22}\dfrac{\partial^2 \xi}{\partial y^2} + b_1\dfrac{\partial \xi}{\partial x} + b_2\dfrac{\partial \xi}{\partial y} \\[2mm]
B_2 = a_{11}\dfrac{\partial^2 \eta}{\partial x^2} + 2a_{12}\dfrac{\partial^2 \eta}{\partial x \partial y} + a_{22}\dfrac{\partial^2 \eta}{\partial y^2} + b_1\dfrac{\partial \eta}{\partial x} + b_2\dfrac{\partial \eta}{\partial y} \\[2mm]
C = c, \quad F = f
\end{cases}
\tag{1.76}
$$

从式(1.76)容易看出，A_{11} 和 A_{22} 形式上是一样的。如果方程

$$
a_{11}\left(\frac{\partial z}{\partial x}\right)^2 + 2a_{12}\frac{\partial^2 z}{\partial x \partial y} + a_{22}\left(\frac{\partial z}{\partial y}\right)^2 = 0
\tag{1.77}
$$

有一个特解 $z = \varphi(x, y)$，则取 $\xi = \varphi(x, y)$，就有 $A_{11} = 0$。同理，如果还有另一个特解 $z = \varphi(x, y)$，则取 $\eta = \varphi(x, y)$，就有 $A_{22} = 0$。为了简化方程(1.70)，我们需要解一阶非线性偏微分方程(1.77)。

将方程(1.77)变形可得

$$
a_{11}\left(-\frac{\partial z/\partial x}{\partial z/\partial y}\right)^2 - 2a_{12}\left(-\frac{\partial z/\partial x}{\partial z/\partial y}\right) + a_{22} = 0
\tag{1.78}
$$

注意到由隐函数 $z[x, y(x)] = C$ 所确定的函数 $y(x)$ 的导函数计算公式：

$$
\frac{\mathrm{d}y(x)}{\mathrm{d}x} = -\frac{\partial z/\partial x}{\partial z/\partial y}
\tag{1.79}
$$

由式(1.78)和式(1.79)可得

$$
a_{11}\left(\frac{\mathrm{d}y}{\mathrm{d}x}\right)^2 - 2a_{12}\frac{\mathrm{d}y}{\mathrm{d}x} + a_{22} = 0
\tag{1.80}
$$

即如果 $\varphi[x, y(x)] = C$ 是方程(1.80)的通积分，则 $z = \varphi(x, y)$ 是方程(1.77)的一个特解。由此可见方程(1.70)的分类和化简与常微分方程(1.80)有密切关系。通常，我们称方程(1.80)为偏微分方程(1.70)的**本征方程**(或**特征方程**)，其通积分称为**本征线**(或**特征线**)。

方程(1.80)也经常写为下列形式

$$
a_{11}(\mathrm{d}y)^2 - 2a_{12}\mathrm{d}x\mathrm{d}y + a_{22}(\mathrm{d}x)^2 = 0
$$

本征方程(1.80)可分解为两个一阶常微分方程

$$
\frac{\mathrm{d}y}{\mathrm{d}x} = \frac{a_{12} + \sqrt{a_{12}^2 - a_{11}a_{22}}}{a_{11}} = \frac{a_{12} + \sqrt{\Delta}}{a_{11}}
\tag{1.81}
$$

$$
\frac{\mathrm{d}y}{\mathrm{d}x} = \frac{a_{12} - \sqrt{a_{12}^2 - a_{11}a_{22}}}{a_{11}} = \frac{a_{12} - \sqrt{\Delta}}{a_{11}}
\tag{1.82}
$$

式中：$\Delta = a_{12}^2(x, y) - a_{11}(x, y)a_{22}(x, y)$。类似于平面二次曲线的分类，根据判别式 Δ 的符号，我们给出对二阶线性偏微分方程(1.70)进行分类的一个标准。

当 $\Delta > 0$ 时，则称式(1.70)为**双曲型方程**；当 $\Delta < 0$ 时，则称式(1.70)为**椭圆型方程**；当 $\Delta = 0$ 时，则称式(1.70)为**抛物型方程**。

由式(1.81)和式(1.82)可知，双曲型方程有两簇实本征线，抛物型方程有一簇实本征线（两簇本征线重合），椭圆型方程无实本征线（两簇虚本征线）。

由式(1.76)容易验证

$$A_{12}^2 - A_{11}A_{22} = (a_{12}^2 - a_{11}a_{22})\left(\frac{\partial \xi}{\partial x}\frac{\partial \eta}{\partial y} - \frac{\partial \xi}{\partial y}\frac{\partial \eta}{\partial x}\right)^2 \tag{1.83}$$

由于 $\dfrac{\partial(\xi, \eta)}{\partial(x, y)} \neq 0$，因而方程的类型不会因自变量的变换而改变。

应该指出，由于 $\Delta = a_{12}^2(x, y) - a_{11}(x, y)a_{22}(x, y)$，同一方程在自变量的某些区域上属于某一类型，而在另一些区域上可能属于另一类型，此时称其在整个区域上为混合型的。

现在按方程的类型来讨论它的简化问题。首先看双曲型方程，它有两簇实本征线：$\varphi(x, y) = \text{const}$ 和 $\phi(x, y) = \text{const}$。取 $\xi = \varphi(x, y)$，$\eta = \phi(x, y)$，则 $A_{11} = A_{22} = 0$，此时方程(1.75)变成

$$\frac{\partial^2 u}{\partial \xi \partial \eta} = -\frac{1}{2A_{12}}\left(B_1\frac{\partial u}{\partial \xi} + B_2\frac{\partial u}{\partial \eta} + Cu + F\right) \tag{1.84}$$

若再作自变量变换

$$\begin{cases} \xi = \alpha + \beta \\ \eta = \alpha - \beta \end{cases} \quad \text{即} \quad \begin{cases} \alpha = \dfrac{1}{2}(\xi + \eta) \\ \beta = \dfrac{1}{2}(\xi - \eta) \end{cases}$$

则方程(1.84)可化为

$$\frac{\partial^2 u}{\partial \alpha^2} - \frac{\partial^2 u}{\partial \beta^2} = -\frac{1}{2A_{12}}\left[(B_1 + B_2)\frac{\partial u}{\partial \alpha} + (B_1 - B_2)\frac{\partial u}{\partial \beta} + 2Cu + 2F\right] \tag{1.85}$$

式(1.84)和式(1.85)均可以看作双曲型方程的标准形式。

接下来看抛物型方程，它只有一簇实本征线 $\varphi(x, y) = \text{const}$，此时式(1.77)化为完全平方有

$$\left(\sqrt{a_{11}}\frac{\partial \varphi}{\partial x} + \sqrt{a_{22}}\frac{\partial \varphi}{\partial y}\right)^2 = 0$$

作变量变换

$$\begin{cases} \xi = \varphi(x, y) \\ \eta = \eta(x, y) \end{cases}$$

这里，$\eta(x, y)$ 为任取的一个新自变量，但使雅可比行列式 $\dfrac{\partial(\xi, \eta)}{\partial(x, y)} \neq 0$，显然 $A_{11} = 0$，同时还有

$$A_{12} = a_{11}\frac{\partial \xi}{\partial x}\frac{\partial \eta}{\partial x} + \sqrt{a_{11}a_{22}}\left(\frac{\partial \xi}{\partial x}\frac{\partial \eta}{\partial y} + \frac{\partial \xi}{\partial y}\frac{\partial \eta}{\partial x}\right) + a_{22}\frac{\partial \xi}{\partial y}\frac{\partial \eta}{\partial y}$$

$$= \sqrt{a_{11}}\frac{\partial \xi}{\partial x}\left(\sqrt{a_{11}}\frac{\partial \eta}{\partial x} + \sqrt{a_{22}}\frac{\partial \eta}{\partial y}\right) + \sqrt{a_{22}}\frac{\partial \xi}{\partial y}\left(\sqrt{a_{11}}\frac{\partial \eta}{\partial x} + \sqrt{a_{22}}\frac{\partial \eta}{\partial y}\right)$$

$$= \left(\sqrt{a_{11}} \frac{\partial \xi}{\partial x} + \sqrt{a_{22}} \frac{\partial \xi}{\partial y} \right) \left(\sqrt{a_{11}} \frac{\partial \eta}{\partial x} + \sqrt{a_{22}} \frac{\partial \eta}{\partial y} \right)$$
$$= 0$$

于是，由式(1.75)可得

$$\frac{\partial^2 u}{\partial \eta^2} = -\frac{1}{A_{22}} \left(B_1 \frac{\partial u}{\partial \xi} + B_2 \frac{\partial u}{\partial \eta} + Cu + F \right) \tag{1.86}$$

它就是抛物型方程的标准形式。

最后，我们再来讨论椭圆型方程，它有两簇虚本征线：$\varphi(x, y) = \text{const}$ 和 $\overline{\varphi}(x, y) = \text{const}$，这里 $\overline{\varphi}$ 是 φ 的复共轭。取 $\xi = \varphi(x, y)$，$\eta = \overline{\varphi}(x, y)$，由式(1.75)可得

$$\frac{\partial^2 u}{\partial \xi \partial \eta} = -\frac{1}{2A_{12}} \left(B_1 \frac{\partial u}{\partial \xi} + B_2 \frac{\partial u}{\partial \eta} + Cu + F \right) \tag{1.87}$$

注意这个方程形式上与式(1.84)相似，但这里的 ξ，η 是复函数。为了应用上的方便，再作变量变换

$$\begin{cases} \xi = \alpha + i\beta \\ \eta = \alpha - i\beta \end{cases} \quad 即 \quad \begin{cases} \alpha = \text{Re}\,\xi = \dfrac{1}{2}(\xi + \eta) \\ \beta = \text{Im}\,\xi = \dfrac{1}{2i}(\xi - \eta) \end{cases}$$

于是，式(1.87)可化为

$$\frac{\partial^2 u}{\partial \alpha^2} + \frac{\partial^2 u}{\partial \beta^2} = -\frac{1}{A_{12}} \left[(B_1 + B_2) \frac{\partial u}{\partial \alpha} + i(B_1 - B_2) \frac{\partial u}{\partial \beta} + 2Cu + 2F \right] \tag{1.88}$$

这就是椭圆型方程的标准形式，也可直接取 $\xi = \text{Re}[\varphi(x, y)]$，$\eta = \text{Im}[\varphi(x, y)]$，可以证明在此变换下原方程也可化成式(1.88)的形式。实际上，化标准型更多的是采用这种方法。

下面我们举两个化标准型的例子。

例 1.1　化简弦振动方程 $u_{tt} - a^2 u_{xx} = 0$。

解　方程本身已经是标准型(1.85)，现在将其化为标准型(1.84)。

(1)写出本征方程：$(\mathrm{d}x)^2 - a^2(\mathrm{d}t)^2 = 0$；

(2)求本征线，即解 $\mathrm{d}x - a\mathrm{d}t = 0$，$\mathrm{d}x + a\mathrm{d}t = 0$，得其本征线为：$x + at = c$，$x - at = c$；

(3)作变量变换：$\xi = x + at$，$\eta = x - at$。

易验证原方程即化为标准型(1.84)：$\dfrac{\partial^2 u}{\partial \xi \partial \eta} = 0$。

例 1.2　化简特立谷米(Tricomi)方程 $yu_{xx} + u_{yy} = 0$。

解　根据判别式 $\Delta = -y$ 可知，特立谷米方程在整个 xy 平面上是混合型方程。为了化简该方程，我们以 $y < 0$ 和 $y > 0$ 两种情况来讨论：

(1)当 $y < 0$ 时，$\Delta = -y > 0$，方程是双曲型，本征方程为

$$y(\mathrm{d}y)^2 + (\mathrm{d}x)^2 = 0$$

从而有

$$\mathrm{d}x = \pm i\sqrt{y}\,\mathrm{d}y$$

积分得本征线簇

$$x + \frac{2}{3}(-y)^{3/2} = C_1, \quad x - \frac{2}{3}(-y)^{3/2} = C_2$$

令

$$\begin{cases} \xi = 3x + 2(-y)^{3/2} \\ \eta = 3x - 2(-y)^{3/2} \end{cases} \quad \text{即} \quad \begin{cases} x = \dfrac{1}{6}(\xi + \eta) \\ y = -\left(\dfrac{\xi - \eta}{4}\right)^{2/3} \end{cases}$$

则有

$$\frac{\partial u}{\partial x} = \frac{\partial u}{\partial \xi}\frac{\partial \xi}{\partial x} + \frac{\partial u}{\partial \eta}\frac{\partial \eta}{\partial x} = \frac{\partial u}{\partial \xi} \cdot 3 + \frac{\partial u}{\partial \eta} \cdot 3,$$

$$\frac{\partial u}{\partial y} = \frac{\partial u}{\partial \xi}\frac{\partial \xi}{\partial y} + \frac{\partial u}{\partial \eta}\frac{\partial \eta}{\partial y} = \frac{\partial u}{\partial \xi}(-3\sqrt{-y}) + \frac{\partial u}{\partial \eta}(3\sqrt{-y}),$$

$$\frac{\partial^2 u}{\partial x^2} = \frac{\partial^2 u}{\partial \xi^2} \cdot 9 + 2\frac{\partial^2 u}{\partial \xi \partial \eta} \cdot 3 \cdot 3 + \frac{\partial^2 u}{\partial \eta^2} \cdot 9,$$

$$\frac{\partial^2 u}{\partial y^2} = \frac{\partial^2 u}{\partial \xi^2}(-9y) + 2\frac{\partial^2 u}{\partial \xi \partial \eta} \cdot 9y + \frac{\partial^2 u}{\partial \eta^2}(-9y) + \frac{\partial u}{\partial \xi}\frac{3}{2\sqrt{-y}} + \frac{\partial u}{\partial \eta}\frac{-3}{2\sqrt{-y}}$$

代入原方程,得到在 $y < 0$ 上的一种标准形式为

$$\frac{\partial^2 u}{\partial \xi \partial \eta} = \frac{1}{6(\xi - \eta)}\left(\frac{\partial u}{\partial \xi} - \frac{\partial u}{\partial \eta}\right)$$

若再令

$$\begin{cases} \xi = \alpha + \beta \\ \eta = \alpha - \beta \end{cases} \quad \text{即} \quad \begin{cases} \alpha = \dfrac{1}{2}(\xi + \eta) \\ \beta = \dfrac{1}{2}(\xi - \eta) \end{cases}$$

则有

$$\frac{\partial^2 u}{\partial \alpha^2} - \frac{\partial^2 u}{\partial \beta^2} = \frac{1}{\beta}\frac{\partial u}{\partial \beta}$$

它也是原方程在 $y < 0$ 上的一种标准形式。

(2)当 $y > 0$ 时, $\Delta = -y < 0$,方程是椭圆型,本征方程为

$$y(\mathrm{d}y)^2 + (\mathrm{d}x)^2 = 0$$

从而有

$$\mathrm{d}x = \pm \mathrm{i}\sqrt{y}\,\mathrm{d}y$$

它的积分是

$$x + \mathrm{i}\frac{2}{3}y^{3/2} = C_1, \quad x - \mathrm{i}\frac{2}{3}y^{3/2} = C_2$$

作变量变换

$$\begin{cases} \xi = x \\ \eta = \dfrac{2}{3}y^{3/2} \end{cases} \quad \text{即} \quad \begin{cases} x = \xi \\ y = \left(\dfrac{3}{2}\eta\right)^{2/3} \end{cases}$$

则有

$$\frac{\partial u}{\partial x} = \frac{\partial u}{\partial \xi}, \quad \frac{\partial u}{\partial y} = \frac{\partial u}{\partial \eta}\left(\frac{3}{2}\eta\right)^{1/3}, \quad \frac{\partial^2 u}{\partial x^2} = \frac{\partial^2 u}{\partial \xi^2}, \quad \frac{\partial^2 u}{\partial y^2} = \frac{\partial^2 u}{\partial \eta^2}y + \frac{\partial u}{\partial \eta}\frac{1}{2\sqrt{y}}$$

代入原方程,得到在 $y>0$ 上的标准形式为

$$\frac{\partial^2 u}{\partial \xi^2}+\frac{\partial^2 u}{\partial \eta^2}+\frac{1}{3\eta}\frac{\partial u}{\partial \eta}=0$$

1.6.2　常系数线性偏微分方程

对于变系数方程(1.70),我们通过自变量变换得到了它们的标准形式[式(1.84)~式(1.86),式(1.88)],但其中仍包含一阶偏导函数项。如果系数是常数,按上述方法化简为标准形式后,还可以通过函数变换将其中的某些一阶导函数项消去。

我们先看椭圆型方程

$$\frac{\partial^2 u}{\partial \xi^2}+\frac{\partial^2 u}{\partial \eta^2}+b_1\frac{\partial u}{\partial \xi}+b_2\frac{\partial u}{\partial \eta}+cu+f=0 \tag{1.89}$$

作函数代换

$$u(\xi,\ \eta)=v(\xi,\ \eta)\mathrm{e}^{\lambda\xi+\mu\eta}$$

这里的 λ,μ 是待定的常数,经过计算有

$$\frac{\partial u}{\partial \xi}=\mathrm{e}^{\lambda\xi+\mu\eta}\left(\frac{\partial v}{\partial \xi}+\lambda v\right),\quad \frac{\partial u}{\partial \eta}=\mathrm{e}^{\lambda\xi+\mu\eta}\left(\frac{\partial v}{\partial \eta}+\mu v\right),$$

$$\frac{\partial^2 u}{\partial \xi^2}=\mathrm{e}^{\lambda\xi+\mu\eta}\left(\frac{\partial^2 v}{\partial \xi^2}+2\lambda\frac{\partial v}{\partial \xi}+\lambda^2 v\right),$$

$$\frac{\partial^2 u}{\partial \xi\partial \eta}=\mathrm{e}^{\lambda\xi+\mu\eta}\left(\frac{\partial^2 v}{\partial \xi\partial \eta}+\lambda\frac{\partial v}{\partial \xi}+\mu\frac{\partial v}{\partial \eta}+\lambda\mu v\right),$$

$$\frac{\partial^2 u}{\partial \eta^2}=\mathrm{e}^{\lambda\xi+\mu\eta}\left(\frac{\partial^2 v}{\partial \eta^2}+2\mu\frac{\partial v}{\partial \eta}+\mu^2 v\right).$$

以此代入式(1.89)并约去公因子 $\mathrm{e}^{\lambda\xi+\mu\eta}$,得

$$\frac{\partial^2 v}{\partial \xi^2}+\frac{\partial^2 v}{\partial \eta^2}+(b_1+2\lambda)\frac{\partial v}{\partial \xi}+(b_2+2\mu)\frac{\partial v}{\partial \eta}+(\lambda^2+\mu^2+b_1\lambda+b_2\mu+c)v+\mathrm{e}^{-\lambda\xi-\mu\eta}f=0$$

如果选取 $\lambda=-b_1/2,\mu=-b_2/2$,则这个方程可以写成:

$$\frac{\partial^2 v}{\partial \xi^2}+\frac{\partial^2 v}{\partial \eta^2}+Dv+E=0 \tag{1.90}$$

它仍然是常系数椭圆型方程,但一阶偏导函数项已经不存在了。

同理,抛物型方程

$$\frac{\partial^2 u}{\partial \xi^2}+b_1\frac{\partial u}{\partial \xi}+b_2\frac{\partial u}{\partial \eta}+cu+f=0 \tag{1.91}$$

可以化为

$$\frac{\partial^2 v}{\partial \xi^2}+D\frac{\partial v}{\partial \eta}+E=0 \tag{1.92}$$

同样,对于双曲型方程

$$\frac{\partial^2 u}{\partial \xi^2}-\frac{\partial^2 u}{\partial \eta^2}+b_1\frac{\partial u}{\partial \xi}+b_2\frac{\partial u}{\partial \eta}+cu+f=0 \tag{1.93}$$

或

$$\frac{\partial^2 u}{\partial \xi \partial \eta} + b_1 \frac{\partial u}{\partial \xi} + b_2 \frac{\partial u}{\partial \eta} + cu + f = 0 \qquad (1.94)$$

可以化为

$$\frac{\partial^2 v}{\partial \xi^2} - \frac{\partial^2 v}{\partial \eta^2} + Dv + E = 0 \qquad (1.95)$$

或

$$\frac{\partial^2 v}{\partial \xi \partial \eta} + Dv + E = 0 \qquad (1.96)$$

从式(1.90)、式(1.92)和式(1.95)不难看出,我们在前面导出的典型偏微分方程正是这三类方程的简单代表。

第2章　有限单元法的理论基础

有限单元法或有限元法(finite element method，FEM)是求解微分方程或偏微分方程定解问题的一种数值模拟方法，其理论基础是加权余量法和变分原理。本章将简要介绍不同形式加权余量法中权函数的形式和与偏微分方程定解问题等价的变分问题，以及近似解的求解步骤。

2.1　加权余量法

2.1.1　加权余量的概念

设在区域 D 中 u 必须满足微分方程

$$L(u) = p \tag{2.1}$$

在边界 C 上必须满足边界条件

$$B(u) = q \tag{2.2}$$

式中：L、B 均为微分算子；p、q 均为非齐次项。

精确解 u 必须在区域 D 中任一点都满足上述微分方程，并在边界 C 上任一点都满足上述边界条件。在很多实际问题中，求精确解很困难，因而人们设法寻找有一定精度的近似解。加权余量法是求微分方程定解问题近似解的一种有效方法，下面给出求解的基本思路。

用一个线性独立、完备的函数系

$$u_i,\ i = 1,\ 2,\ \cdots,\ n,\ \cdots$$

中若干个函数的线性组合

$$u = a_1 u_1 + a_2 u_2 + \cdots + a_n u_n = \sum_{i=1}^{n} a_i u_i \tag{2.3}$$

作为近似解，其中 a_i 是待定系数。

近似解应在整个区域上有定义，且满足边界条件。但由于 u 不能精确满足微分方程，将 u 代入式(2.1)后，将有误差，或称为余量：

$$R = L(u) - p \tag{2.4}$$

我们可以选择系数 a_i，使得在某种平均意义上，余量 R 为零。为此，引入一组权函数 W_i，使余量的加权积分为零

$$\int W_i R \mathrm{d}V = 0,\ i = 1,\ 2,\ \cdots,\ n \tag{2.5}$$

取 n 个不同的权函数，从上式得到 n 个方程，由此可求解式(2.3)中 n 个待定系数 a_i。采用不同的权函数，就得到不同的计算方法，如配点法、最小二乘法、力矩法、子域法和

Galerkin 法。

2.1.2　配点法

配点法是使余量在指定的 n 个点上等于零，这些点称为配点。选择的权函数为

$$\begin{cases} W_i=1, & 在\ n\ 个分散的点上 \\ W_i=0, & 在区域\ D\ 的其余部分 \end{cases} \tag{2.6}$$

实际上，这就是要求近似解在 n 个分散的点上满足微分方程。换句话说，在这 n 个点上的余量应等于零，即

$$R_i=0,\ i=1,\ 2,\ \cdots,\ n \tag{2.7}$$

由上述 n 个方程，可求解 n 个待定系数 a_i，从而得到近似解。

配点法只在配点上保证余量为零，不需要作积分计算，所以它是加权余量法中最简单的一种，只是其计算精度相对差一些。

例 2.1　采用配点法求解下列微分方程边值问题

$$\begin{cases} \dfrac{\mathrm{d}^2 u}{\mathrm{d}x^2}+u+x=0, & 0<x<1 \\ u\mid_{x=0}=0 \\ u\mid_{x=1}=0 \end{cases}$$

解　取近似解为

$$u=x(1-x)(a_1+a_2 x+\cdots)$$

显然，上式满足边界条件，但不满足微分方程。

若近似解只取一项，则得到第一近似解

$$u=a_1 x(1-x)$$

代入微分方程，余量为

$$R=x+a_1(-2+x-x^2)$$

取 $x=\dfrac{1}{2}$ 作为配点，

$$R\left(\dfrac{1}{2}\right)=\dfrac{1}{2}-\dfrac{7}{4}a_1=0$$

由此得到 $a_1=\dfrac{2}{7}$，所以第一近似解为 $u=\dfrac{2}{7}x(1-x)$。

若近似解取两项，得到第二近似解

$$u=x(1-x)(a_1+a_2 x)$$

代入微分方程，余量为

$$R=x+a_1(-2+x-x^2)+a_2(2-6x+x^2-x^3)$$

把区间 $[0,1]$ 三等分，取 $x=\dfrac{1}{3}$ 和 $x=\dfrac{2}{3}$ 作为配点，得到

$$R\left(\dfrac{1}{3}\right)=\dfrac{1}{3}-\dfrac{16}{9}a_1+\dfrac{2}{27}a_2=0$$

$$R\left(\frac{2}{3}\right) = \frac{2}{3} - \frac{16}{9}a_1 - \frac{50}{27}a_2 = 0$$

由此解得 $a_1 = \frac{81}{416}$，$a_2 = \frac{9}{52}$。因此，第二近似解为

$$u = x(1-x)\left(\frac{81}{416} + \frac{9}{52}x\right)$$

该微分方程边值问题的精确解为

$$u = \frac{\sin x}{\sin 1} - x$$

采用配点法求得的近似解与精确解的对比如图 2.1 所示。可以看出，第二近似解与精确解已相当接近。如果取更多的项，计算精度能进一步提高。

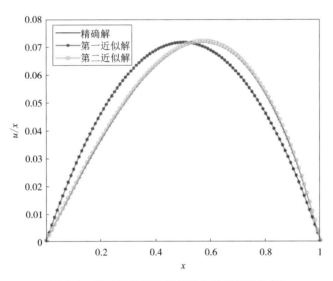

图 2.1　配点法数值计算结果与精确解的比较

2.1.3　最小二乘法

考虑微分方程 $L(u) = p$ 及边界条件 $B(u) = q$，取近似解 $u = \sum_{i=1}^{n} a_i u_i$，其中基函数 u_i 满足边界条件但不满足微分方程，余量为 $R = L(u) - p$。将余量的平方 R^2 在区域 D 中积分，得到

$$I = \int R^2 \mathrm{d}V \tag{2.8}$$

确定待定系数 a_i，使积分 I 的值为极小，因此要求

$$\frac{\partial I}{\partial a_i} = 0, \quad i = 1, 2, \cdots, n$$

即

$$\int \left(\frac{\partial R}{\partial a_i}\right)^{\mathrm{T}} R \mathrm{d}V = 0, \quad i = 1, 2, \cdots, n \tag{2.9}$$

由此得到 n 个方程, 正好可用来求 n 个待定系数。比较式(2.5)和式(2.9), 可知最小二乘法的权函数为

$$W_i = \frac{\partial R}{\partial a_i}, \quad i = 1, 2, \cdots, n \qquad (2.10)$$

最小二乘法的实质是使余量取最小, 其计算精度高, 但运算过程较为繁琐。

例 2.2 采用最小二乘法解下列微分方程边值问题

$$\begin{cases} \dfrac{\mathrm{d}^2 u}{\mathrm{d}x^2} + u + x = 0, & 0 < x < 1 \\ u\big|_{x=0} = 0 \\ u\big|_{x=1} = 0 \end{cases}$$

解 第一近似解取为

$$u = a_1 x(1-x)$$

代入微分方程, 余量为

$$R = x + a_1(-2 + x - x^2)$$

这时, 权函数为

$$W_1 = \frac{\partial R}{\partial a_1} = -2 + x - x^2$$

余量加权的积分为零, 则有

$$\int_0^1 W_1 R(x)\,\mathrm{d}x = \int_0^1 (-2 + x - x^2)[x + a_1(-2 + x - x^2)]\,\mathrm{d}x = 0$$

积分后, 得到

$$\frac{101}{30}a_1 - \frac{11}{12} = 0$$

由此求得 $a_1 = \dfrac{55}{202}$, 故 $u = \dfrac{55}{202}x(1-x)$。

第二近似解取为

$$u = x(1-x)(a_1 + a_2 x)$$

代入微分方程, 余量为

$$R = x + a_1(-2 + x - x^2) + a_2(2 - 6x + x^2 - x^3)$$

这时, 权函数为

$$W_1 = \frac{\partial R}{\partial a_1} = -2 + x - x^2$$

$$W_1 = \frac{\partial R}{\partial a_1} = 2 - 6x + x^2 - x^3$$

余量加权的积分为零, 则有

$$\int_0^1 W_1 R(x)\,\mathrm{d}x = \int_0^1 (-2 + x - x^2)[x + a_1(-2 + x - x^2) + a_2(2 - 6x + x^2 - x^3)]\,\mathrm{d}x = 0$$

$$\int_0^1 W_1 R(x)\,\mathrm{d}x = \int_0^1 (2 - 6x + x^2 - x^3)[x + a_1(-2 + x - x^2) + a_2(2 - 6x + x^2 - x^3)]\,\mathrm{d}x = 0$$

积分后, 得到

$$\frac{101}{30}a_1 + \frac{101}{60}a_2 = \frac{11}{12}$$

$$\frac{101}{60}a_1 + \frac{131}{35}a_2 = \frac{19}{20}$$

由此求得 $a_1 = \dfrac{280}{1493} = 0.1875$，$a_2 = \dfrac{413}{2437} = 0.1695$。

因此，第二近似解为

$$u = 0.1875x(1-x) + 0.1695x^2(1-x)$$

采用最小二乘法求得的近似解与精确解的比较如图 2.2 所示。可以看出，第二近似解与精确解已相当接近。如果取更多的项，计算精度能进一步提高。

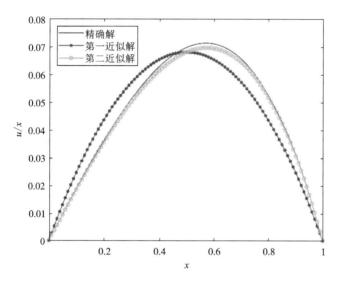

图 2.2 最小二乘法数值计算结果与精确解的比较

2.1.4 力矩法

考虑微分方程 $L(u) = p$ 及边界条件 $B(u) = q$，取近似解 $u = \sum_{i=1}^{n} a_i u_i$，其中基函数 u_i 满足边界条件但不满足微分方程，余量为 $R = L(u) - p$，待定系数 a_i 取决于 $\int W_i R \mathrm{d}V = 0$。对于一维问题，力矩法的权函数取为

$$W_i = x^{i-1}, \ i = 1, 2, \cdots, n \tag{2.11}$$

将这些权函数代入式(2.5)，可得

$$\begin{cases} \int x^0 R \mathrm{d}V = 0 \\ \int x^1 R \mathrm{d}V = 0 \\ \int x^2 R \mathrm{d}V = 0 \\ \qquad\vdots \\ \int x^{n-1} R \mathrm{d}V = 0 \end{cases} \qquad (2.12)$$

由上述方程组可解出待定系数 a_i。力矩法的实质是强迫余量的各阶次矩等于零。对于二维定解问题，其待定系数和权函数有 $(n+1)^2$ 个。

例 2.3 采用力矩法解下列微分方程边值问题

$$\begin{cases} \dfrac{\mathrm{d}^2 u}{\mathrm{d}x^2} + u + x = 0, \quad 0 < x < 1 \\ u\big|_{x=0} = 0 \\ u\big|_{x=1} = 0 \end{cases}$$

解 第一近似解取为

$$u = a_1 x(1-x)$$

代入微分方程，余量为

$$R = x + a_1(-2 + x - x^2)$$

权函数为

$$W_1 = x^0 = 1$$

余量加权的积分为零，则有

$$\int_0^1 W_1 R(x)\,\mathrm{d}x = \int_0^1 \left[x + a_1(-2 + x - x^2)\right]\mathrm{d}x = 0$$

即

$$\frac{1}{2} - \frac{11}{6}a_1 = 0$$

由此求得 $a_1 = \dfrac{3}{11}$，故 $u = \dfrac{3}{11}x(1-x)$。

第二近似解取为

$$u = x(1-x)(a_1 + a_2 x)$$

代入微分方程，余量为

$$R = x + a_1(-2 + x - x^2) + a_2(2 - 6x + x^2 - x^3)$$

权函数为

$$W_1 = x^0 = 1$$
$$W_1 = x^1 = x$$

余量加权的积分为零，则有

$$\int_0^1 W_1 R(x)\,\mathrm{d}x = \int_0^1 \left[x + a_1(-2 + x - x^2) + a_2(2 - 6x + x^2 - x^3)\right]\mathrm{d}x = 0$$

$$\int_0^1 W_1 R(x)\,\mathrm{d}x = \int_0^1 x\left[\,x + a_1(-2 + x - x^2) + a_2(2 - 6x + x^2 - x^3)\,\right]\mathrm{d}x = 0$$

积分后，得到

$$\frac{11}{6}a_1 + \frac{11}{12}a_2 = \frac{1}{2}$$

$$\frac{11}{12}a_1 + \frac{19}{20}2a_2 = \frac{1}{3}$$

由此求得 $a_1 = \dfrac{122}{649} = 0.1880$，$a_2 = \dfrac{10}{59} = 0.1695$。

因此，第二近似解为

$$u = 0.1880x(1-x) + 0.1695x^2(1-x)$$

采用力矩法求得的近似解与精确解的比较如图 2.3 所示。可以看出，第二近似解与精确解已相当接近。如果取更多的项，计算精度能进一步提高。

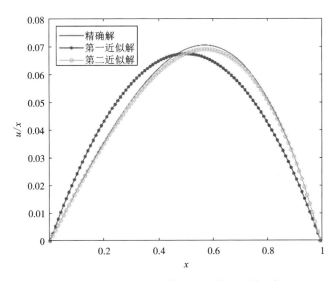

图 2.3　力矩法数值计算结果与精确解的比较

2.1.5　子域法

子域法需要将求解区域 D 划分成 n 个子域 D_i，划分的子域总数应等于待定系数 a_i 的总数。在每个子域内令权函数等于 1，而在子域之外权函数为 0，即

$$W_i = \begin{cases} 1, & D_i \text{ 内} \\ 0, & D_i \text{ 外} \end{cases} \tag{2.13}$$

子域法的实质是强迫余量在 n 个子域上的积分为零，于是可得

$$\int_{D_i} R_i\,\mathrm{d}V = 0,\ i = 1, 2, \cdots, n \tag{2.14}$$

由此得到 n 个方程，正好可用来求 n 个待定系数。

例 2.4　采用子域法解下列微分方程边值问题

$$\begin{cases} \dfrac{\mathrm{d}^2 u}{\mathrm{d}x^2} + u + x = 0, \quad 0 < x < 1 \\ u\big|_{x=0} = 0 \\ u\big|_{x=1} = 0 \end{cases}$$

解 第一近似解取为

$$u = a_1 x (1-x)$$

代入微分方程,余量为

$$R = x + a_1(-2 + x - x^2)$$

取整个计算区域作为子域,权函数为

$$W_1 = 1, \ 0 \leqslant x \leqslant 1$$

余量加权的积分为零,则有

$$\int_0^1 W_1 R(x)\,\mathrm{d}x = \int_0^1 [x + a_1(-2 + x - x^2)]\,\mathrm{d}x = 0$$

即

$$\frac{1}{2} - \frac{11}{6}a_1 = 0$$

由此求得 $a_1 = \dfrac{3}{11}$,故 $u = \dfrac{3}{11}x(1-x)$。

第二近似解取为

$$u = x(1-x)(a_1 + a_2 x)$$

代入微分方程,余量为

$$R = x + a_1(-2 + x - x^2) + a_2(2 - 6x + x^2 - x^3)$$

将整个计算区域划分为两个子域,权函数为

$$W_1 = 1, \ 0 \leqslant x \leqslant \frac{1}{2}$$

$$W_2 = 1, \ \frac{1}{2} < x \leqslant 1$$

余量加权的积分为零,则有

$$\int_0^{\frac{1}{2}} W_1 R(x)\,\mathrm{d}x = \int_0^{\frac{1}{2}} [x + a_1(-2 + x - x^2) + a_2(2 - 6x + x^2 - x^3)]\,\mathrm{d}x = 0$$

$$\int_{\frac{1}{2}}^1 W_1 R(x)\,\mathrm{d}x = \int_{\frac{1}{2}}^1 [x + a_1(-2 + x - x^2) + a_2(2 - 6x + x^2 - x^3)]\,\mathrm{d}x = 0$$

积分后,得到

$$\frac{11}{12}a_1 - \frac{53}{192}a_2 = \frac{1}{8}$$

$$\frac{11}{12}a_1 + \frac{229}{192}2a_2 = \frac{3}{8}$$

由此求得 $a_1 = \dfrac{97}{517} = 0.1876$,$a_2 = \dfrac{8}{47} = 0.1702$。

26

因此,第二近似解为

$$u = 0.1876x(1-x) + 0.1702x^2(1-x)$$

采用子域法求得的近似解与精确解的比较如图 2.4 所示。可以看出，第二近似解与精确解已相当接近。如果取更多的项，计算精度能进一步提高。

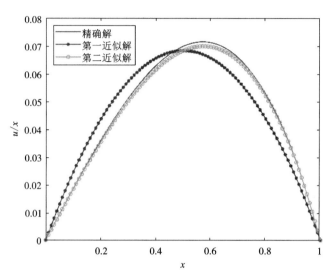

图 2.4　子域法数值计算结果与精确解的比较

2.1.6　Galerkin 法

考虑微分方程 $L(u) = p$ 及边界条件 $B(u) = q$，取近似解 $u = \sum_{i=1}^{n} a_i u_i$，其中基函数 u_i 满足边界条件但不满足微分方程，余量为 $R = L(u) - p$，待定系数 a_i 取决于 $\int W_i R\mathrm{d}V = 0$。

Galerkin 法以 u_i 为权函数，即

$$W_i = u_i \tag{2.15}$$

代入式(2.5)，可得

$$\begin{cases} \int u_1 R\mathrm{d}V = 0 \\ \int u_2 R\mathrm{d}V = 0 \\ \int u_3 R\mathrm{d}V = 0 \\ \quad \vdots \\ \int u_n R\mathrm{d}V = 0 \end{cases} \tag{2.16}$$

式(2.16)是线性代数方程组，可用来求解 n 个系数 $a_i(i = 1, 2, \cdots, n)$，进而求得近似解。

例 2.5　采用 Galerkin 法解下列微分方程边值问题

$$\begin{cases} \dfrac{\mathrm{d}^2 u}{\mathrm{d}x^2}+u+x=0, & 0<x<1 \\ u\,|_{x=0}=0 \\ u\,|_{x=1}=0 \end{cases}$$

解 近似解取为

$$u=a_1u_1+a_2u_2\cdots=a_1x(1-x)+a_2x^2(1-x)+\cdots$$

第一近似解取为

$$u=a_1x(1-x)$$

代入微分方程,余量为

$$R=x+a_1(-2+x-x^2)$$

权函数为

$$W_1=u_1=x(1-x)$$

余量加权的积分为零,则有

$$\int_0^1 W_1R(x)\,\mathrm{d}x=\int_0^1 x(1-x)\left[x+a_1(-2+x-x^2)\right]\mathrm{d}x=0$$

即

$$\frac{1}{12}-\frac{3}{10}a_1=0$$

由此求得 $a_1=\dfrac{5}{18}$,故 $u=\dfrac{5}{18}x(1-x)$。

第二近似解取为

$$u=a_1x(1-x)+a_2x^2(1-x)$$

代入微分方程,余量为

$$R=x+a_1(-2+x-x^2)+a_2(2-6x+x^2-x^3)$$

权函数为

$$W_1=x(1-x)$$
$$W_2=x^2(1-x)$$

余量加权的积分为零,则有

$$\int_0^1 W_1R(x)\,\mathrm{d}x=\int_0^1 x(1-x)\left[x+a_1(-2+x-x^2)+a_2(2-6x+x^2-x^3)\right]\mathrm{d}x=0$$

$$\int_0^1 W_2R(x)\,\mathrm{d}x=\int_0^1 x^2(1-x)\left[x+a_1(-2+x-x^2)+a_2(2-6x+x^2-x^3)\right]\mathrm{d}x=0$$

积分后,得到

$$\frac{3}{10}a_1+\frac{3}{20}a_2=\frac{1}{12}$$

$$\frac{3}{20}a_1+\frac{13}{105}a_2=\frac{1}{20}$$

由此求得 $a_1=\dfrac{71}{369}=0.1924$,$a_2=\dfrac{7}{41}=0.1707$。

因此,第二近似解为

$$u = 0.1924x(1-x) + 0.1707x^2(1-x)$$

采用 Galerkin 法求得的近似解与精确解的比较如图 2.5 所示。可以看出，第二近似解与精确解已相当接近。如果取更多的项，计算精度能进一步提高。

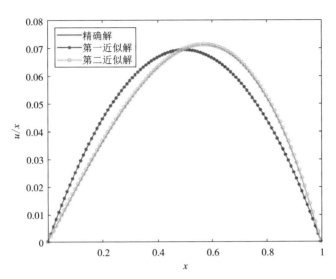

图 2.5　Galerkin 法数值计算结果与精确解的比较

2.2　变分原理

2.2.1　泛函与变分问题

数学中的函数概念是众所周知的。例如，x 是自变量，y 是因变量，则函数可表示为
$$y = y(x)$$
如果 I 又是一条曲线 $y = y(x)$ 的函数，即
$$I = I[y] = I[y(x)] \tag{2.17}$$
则称 I 为 y 的泛函数，简称泛函，意为函数的函数。应当指出，泛函与复合函数是两个完全不同的概念。

下面举例说明泛函和泛函极值的概念。

例 2.6　连接两点的曲线的弧长问题。

若 A，B 是平面上的两点，$y(x)$ 是通过 A、B 的曲线的方程（见图 2.6）。曲线的元弧长度是
$$\mathrm{d}L = \sqrt{\mathrm{d}x^2 + \mathrm{d}y^2}$$
于是从 A 点至 B 点的曲线长度
$$L = \int_A^B \mathrm{d}L = \int_A^B \sqrt{\mathrm{d}x^2 + \mathrm{d}y^2} = \int_{x_A}^{x_B} \sqrt{1 + \left(\frac{\mathrm{d}y}{\mathrm{d}x}\right)^2}\, \mathrm{d}x = L[y(x)]$$
曲线长度 L 是曲线 $y(x)$ 的函数，称 L 为 y 的泛函，记作 $L[y(x)]$。显然，$L[y(x)]$ 不是复合函数。

如果提出这样的问题：求连接 A、B 两点的最短线的方程 $y=y(x)$，也就是，求满足下列条件：

$$\begin{cases} L = \int_{x_A}^{x_B} \sqrt{1 + \left(\dfrac{dy}{dx}\right)^2}\, dx = \min \\ y_A = y(x_A),\; y_B = y(x_B) \end{cases} \tag{2.18}$$

的 y，这样的问题称为泛函极值问题，或称为变分问题。因为在数学中，称函数极值问题为微分问题，所以相应地，称泛函极值问题为变分问题。

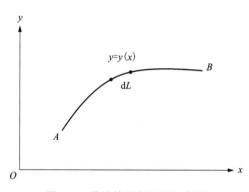

图 2.6　曲线的弧长问题示意图

例 2.7　曲面的面积问题。

若 D 是 xy 平面上的区域，C 是 D 的边界，$z=z(x,y)$ 是 D 上的曲面方程(见图 2.7)。曲面的元面积：

$$dS = \sqrt{1+\left(\frac{\partial z}{\partial x}\right)^2+\left(\frac{\partial z}{\partial y}\right)^2}\, dx dy$$

D 上曲面的面积为

$$S = \iint dS = \iint_D \sqrt{1+\left(\frac{\partial z}{\partial x}\right)^2+\left(\frac{\partial z}{\partial y}\right)^2}\, dx dy = S[z(x,y)]$$

面积 S 是曲面 $z=z(x,y)$ 的函数，称 S 为 z 的泛函。如果问题是：求固定边界 $z|_C=f(x,y)$ 的最小面积的曲面方程，即求满足下列条件：

$$\begin{cases} S = \iint_D \sqrt{1+\left(\dfrac{\partial z}{\partial x}\right)^2+\left(\dfrac{\partial z}{\partial y}\right)^2}\, dx dy = \min \\ z|_C = f(x,y) \end{cases} \tag{2.19}$$

的 z，这就是变分问题。

总之，满足一定边界条件的泛函极值问题称为变分问题。

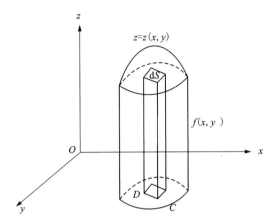

图 2.7 曲面的面积问题示意图

2.2.2 泛函极值与变分

泛函极值的计算方法类似于函数极值的计算方法。为了便于理解，我们将采用对比的方法，从函数极值的计算推导出泛函极值的计算方法。

对于函数 $y=y(x)$，自变量 x 的增量 Δx，就是 x 的微分 $\mathrm{d}x$（如图 2.8 所示）。而对于泛函 $I[y(x)]$，自变量 $y(x)$ 的增量 $\delta y(x)$ 是指满足同一边界条件的两个 $y(x)$ 之差，如图 2.9 中连接 A、B 两点的曲线 $y_1(x)$ 与 $y_0(x)$ 之差：

$$\delta y(x) = y_1(x) - y_0(x)$$

$\delta y(x)$ 也称为自变量 $y(x)$ 的变分。

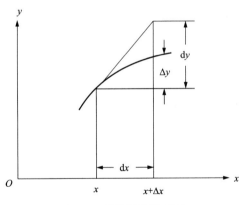

图 2.8 函数微分示意图

应当指出：

(1) δy 是 x 的函数，即 $\delta y(x)$；

(2) 变分 δy 与微分 $\mathrm{d}y$ 是两个不同的概念，$\mathrm{d}y$ 是 x 变化引起的 y 的微分，而 δy 是对应于同一个 x 的两个 $y(x)$ 之差；

(3) 若 $y_0(x)$ 固定，则有无限多种 $\delta y(x)$。

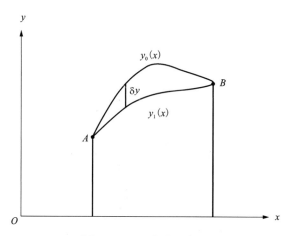

图 2.9 泛函变分示意图

函数 $y = y(x)$ 的增量 Δy 的定义为

$$\Delta y = y(x + \Delta x) - y(x)$$

微分 $\mathrm{d}y$ 的定义为

$$\mathrm{d}y = \lim_{\Delta x \to 0} \Delta y = \lim_{\Delta x \to 0} \frac{\Delta y}{\Delta x} \mathrm{d}x = \lim_{\Delta x \to 0} \frac{y(x + \Delta x) - y(x)}{\Delta x} \mathrm{d}x = y'(x) \mathrm{d}x$$

在导数

$$y'(x) = \lim_{\Delta x \to 0} \frac{y(x + \Delta x) - y(x)}{\Delta x} \tag{2.20}$$

的计算中,将 x 固定,令 Δx 在变化。

类似地,泛函 $I[y(x)]$ 的增量 ΔI 的定义为

$$\Delta I = I[y + \delta y] - I[y]$$

变分 δI 的定义为

$$\delta I = \lim_{\delta y \to 0} \Delta I = \lim_{\delta y \to 0} \frac{\Delta I}{\delta y} \delta y = \lim_{\delta y \to 0} \frac{I[y + \delta y] - I[y]}{\delta y} \delta y = I'[y] \delta y$$

其中

$$I'[y] = \lim_{\delta y \to 0} \frac{I[y + \delta y] - I[y]}{\delta y} \tag{2.21}$$

由于 $\delta y(x)$ 是 x 的函数,$\delta y \to 0$ 的方式有无数种,所以,按式(2.21)计算 $I'[y]$,从而计算 δI 是很困难的。

现在,我们将导数 $y'(x)$ 的计算公式(2.20)改写成

$$y'(x) = \lim_{\alpha \to 0} \frac{y(x + \alpha \cdot \Delta x) - y(x + 0 \cdot \Delta x)}{\alpha \Delta x}$$

式中:α 为任意小的数。这里,将 x 和 Δx 均固定,但令 α 在变化,于是微分改写成

$$\mathrm{d}y = y'(x)\mathrm{d}x = \lim_{\alpha \to 0} \frac{y(x + \alpha \cdot \Delta x) - y(x + 0 \cdot \Delta x)}{\alpha \Delta x} = \left. \frac{\partial(x + \alpha \cdot \Delta x)}{\partial \alpha} \right|_{\alpha = 0} \tag{2.22}$$

32 ◂ 这就是拉格朗日(Lagrange)的微分定义。

与此类似,将 $I'[y]$ 的计算公式(2.21)改写成

$$I'[y] = \lim_{\alpha \to 0} \frac{I[y+\alpha \cdot \delta y] - I[y+0 \cdot \delta y]}{\alpha \delta y}$$

于是,变分 δI 可写成:

$$\delta I = I'[y]\delta y = \lim_{\alpha \to 0} \frac{I[y+\alpha \cdot \delta y] - I[y+0 \cdot \delta y]}{\alpha} = \frac{\partial I[y+\alpha \cdot \delta y]}{\partial \alpha}\bigg|_{\alpha=0} \quad (2.23)$$

这就是变分的具体计算公式。

大家知道,如果函数 $y(x)$ 在 x_0 取得极值,则有

$$\mathrm{d}y(x)\big|_{x=x_0} = 0$$

类似地,若泛函 $I[y(x)]$ 在 $y_0(x)$ 取得极值,则有

$$\delta I[y(x)]\big|_{y=y_0(x)} = 0 \quad (2.24)$$

上面讨论的是一元函数的泛函,我们可以毫无困难地将有关结论推广到多元函数的泛函。

2.2.3 欧拉方程

这里,我们介绍一种求解变分问题的方法。这种方法将变分问题转变为微分方程,称为欧拉方程。求解欧拉方程,即得变分问题的解。

变分问题的一般形式为

$$\begin{cases} I[y(x)] = \displaystyle\int_{x_1}^{x_2} F[x, y(x), y'(x)]\mathrm{d}x = \min \\ y_1 = y(x_1), \ y_2 = y(x_2) \end{cases} \quad (2.25)$$

上式中的泛函是最简单形式的泛函。现在需要求一个 $y(x)$ 满足上式的变分问题。

若 $I[y(x)]$ 在 $y(x)$ 上取极值,取任一条与 $y=y(x)$ 接近的容许曲线 $\bar{y}(x)$(见图 2.10),则有

$$\delta y(x) = \bar{y}(x) - y(x) \quad (2.26)$$

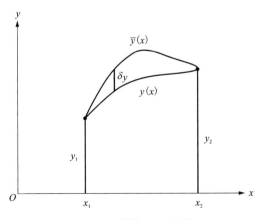

图 2.10 计算 δy 示意图

两端点上的变分是

$$\begin{cases} \delta y(x_1) = \overline{y}(x_1) - y(x_1) \\ \delta y(x_2) = \overline{y}(x_2) - y(x_2) \end{cases} \tag{2.27}$$

变分 δy 对 x 的导数

$$(\delta y)' = [\overline{y}(x) - y(x)]' = \overline{y}'(x) - y'(x) = \delta y' \tag{2.28}$$

就是导数的变分。

根据变分计算公式(2.23)的要求，写出 $I[y + \alpha \cdot \delta y]$：

$$I[y + \alpha \cdot \delta y] = \int_{x_1}^{x_2} F[x, y + \alpha\delta y, (y + \alpha\delta y)'] dx = \int_{x_1}^{x_2} F[x, y + \alpha\delta y, y' + \alpha\delta y'] dx \tag{2.29}$$

令 $\xi = y + \alpha\delta y$，$\eta = y' + \alpha\delta y'$，则有

$$I[y + \alpha \cdot \delta y] = \int_{x_1}^{x_2} F[x, \xi, \eta] dx,$$

$$\frac{\partial I[y + \alpha \cdot \delta y]}{\partial \alpha} = \int_{x_1}^{x_2} \left(\frac{\partial F}{\partial \xi} \frac{\partial \xi}{\partial \alpha} + \frac{\partial F}{\partial \eta} \frac{\partial \eta}{\partial \alpha} \right) dx$$

因为

$$\frac{\partial F}{\partial \xi}\bigg|_{\alpha=0} = \frac{\partial F}{\partial y}, \quad \frac{\partial F}{\partial \eta}\bigg|_{\alpha=0} = \frac{\partial F}{\partial y'}, \quad \frac{\partial \xi}{\partial \alpha} = \delta y, \quad \frac{\partial \eta}{\partial \alpha} = \delta y'$$

所以

$$\delta I = \frac{\partial I[y + \alpha \cdot \delta y]}{\partial \alpha}\bigg|_{\alpha=0} = \int_{x_1}^{x_2} \left(\frac{\partial F}{\partial y}\delta y + \frac{\partial F}{\partial y'}\delta y' \right) dx \tag{2.30}$$

利用分部积分法计算式(2.30)中的第二项，并根据 $\delta y' = (\delta y)'$，有：

$$\int_{x_1}^{x_2} \frac{\partial F}{\partial y'}\delta y' dx = \int_{x_1}^{x_2} \frac{\partial F}{\partial y'} d(\delta y) = \frac{\partial F}{\partial y'}\delta y\bigg|_{x_1}^{x_2} - \int_{x_1}^{x_2} \delta y d\frac{\partial F}{\partial y'}$$

根据式(2.27)，两端点 x_1、x_2 处的变分：$dy|_{x_1} = 0$，$dy|_{x_2} = 0$，代入上式，得

$$\int_{x_1}^{x_2} \frac{\partial F}{\partial y'}\delta y' dx = -\int_{x_1}^{x_2} \frac{d}{dx}\frac{\partial F}{\partial y'}\delta y dx$$

所以，

$$\delta I = \frac{\partial I[y + \alpha \cdot \delta y]}{\partial \alpha}\bigg|_{\alpha=0} = \int_{x_1}^{x_2} \left(\frac{\partial F}{\partial y} - \frac{d}{dx}\frac{\partial F}{\partial y'} \right)\delta y dx$$

泛函极值的条件是 $\delta I = 0$，即

$$\int_{x_1}^{x_2} \left(\frac{\partial F}{\partial y} - \frac{d}{dx}\frac{\partial F}{\partial y'} \right)\delta y dx = 0$$

由于 δy 是任意函数，除 x_1、x_2 两点外，在区间 (x_1, x_2) 内，δy 可以不等于零，所以必有

$$\frac{\partial F}{\partial y} - \frac{d}{dx}\frac{\partial F}{\partial y'} = 0 \tag{2.31}$$

这就是欧拉方程。这是一个二阶微分方程，通过积分的方法得到其通解 $y = y(x, c_1, c_2)$，再由边界条件 $y_1 = y(x_1)$ 和 $y_2 = y(x_2)$，确定出常数 c_1、c_2。

例 2.8 求下列变分问题的解

$$\begin{cases} I[y(x)] = \int_0^1 \left[\frac{1}{2}(y')^2 + y \right] dx = \min \\ y|_{x=0} = 0, \ y|_{x=1} = 0 \end{cases}$$

解 根据 $F(x, y, y') = \frac{1}{2}(y')^2 + y$, 可得

$$\frac{\partial F}{\partial y} = 1, \quad \frac{\partial F}{\partial y'} = y'$$

欧拉方程为

$$\frac{\partial F}{\partial y} - \frac{\mathrm{d}}{\mathrm{d}x}\left(\frac{\partial F}{\partial y'}\right) = 1 - y'' = 0$$

即

$$y'' = 1$$

其通解为 $y = \frac{1}{2}x^2 + c_1 x + c_2$。将边界条件代入，可得 $c_1 = 0$, $c_2 = -\frac{1}{2}$, 所以该变分问题的解为

$$y = \frac{1}{2}(x^2 - 1)$$

对于平面问题，假设 u 是两个自变量 x、y 的函数：$u = u(x, y)$, 且 $u(x, y)$ 在区域 D 的边界 C 上的值是给定的，那么其变分问题的一般形式可写为

$$\begin{cases} I[u(x, y)] = \iint\limits_{D} F(x, y, u, u_x, u_y)\,\mathrm{d}x\mathrm{d}y = \min \\ u|_C = f(x, y) \end{cases} \tag{2.32}$$

式中：$u_x = \dfrac{\partial u}{\partial x}$, $u_y = \dfrac{\partial u}{\partial y}$。类似于一维问题，可以推导出式(2.32)对应的微分方程为

$$\frac{\partial F}{\partial u} - \frac{\partial}{\partial x}\left(\frac{\partial F}{\partial u_x}\right) - \frac{\partial}{\partial y}\left(\frac{\partial F}{\partial u_y}\right) = 0 \tag{2.33}$$

这就是二维平面问题的欧拉方程。

对于空间问题，假设 u 是三个自变量 x、y、z 的函数：$u = u(x, y, z)$, 且 $u(x, y, z)$ 在三维区域 Ω 的边界 Γ 上的值是给定的，那么其变分问题的一般形式可写为

$$\begin{cases} I[u(x, y, z)] = \iiint\limits_{\Omega} F(x, y, z, u, u_x, u_y, u_z)\,\mathrm{d}x\mathrm{d}y\mathrm{d}z = \min \\ u|_\Gamma = f(x, y, z) \end{cases} \tag{2.34}$$

式中：$u_x = \dfrac{\partial u}{\partial x}$, $u_y = \dfrac{\partial u}{\partial y}$, $u_z = \dfrac{\partial u}{\partial z}$。类似于一维问题，可以推导出式(2.34)对应的微分方程为

$$\frac{\partial F}{\partial u} - \frac{\partial}{\partial x}\left(\frac{\partial F}{\partial u_x}\right) - \frac{\partial}{\partial y}\left(\frac{\partial F}{\partial u_y}\right) - \frac{\partial}{\partial z}\left(\frac{\partial F}{\partial u_z}\right) = 0 \tag{2.35}$$

这就是三维空间问题的欧拉方程。

例2.9 求与下列变分问题相对应的边值问题

$$\begin{cases} I[u(x, y)] = \iint\limits_{D}\left\{\frac{1}{2}\left[\left(\frac{\partial u}{\partial x}\right)^2 + \left(\frac{\partial u}{\partial y}\right)^2\right] + g(x, y)u\right\}\mathrm{d}x\mathrm{d}y = \min \\ u|_C = f(x, y) \end{cases}$$

式中：$g(x, y)$ 和 $f(x, y)$ 是已知函数。

解 根据 $F(x, y, u, u_x, u_y) = \frac{1}{2}(u_x^2 + u_y^2) + g(x, y)u$, 可得

$$\frac{\partial F}{\partial u}=g(x,\ y),\quad \frac{\partial F}{\partial u_x}=u_x,\quad \frac{\partial F}{\partial u_y}=u_y$$

代入二维欧拉方程，得

$$\frac{\partial F}{\partial u}-\frac{\partial}{\partial x}\left(\frac{\partial F}{\partial u_x}\right)-\frac{\partial}{\partial y}\left(\frac{\partial F}{\partial u_y}\right)=g(x,\ y)-\left(\frac{\partial^2 u}{\partial x^2}+\frac{\partial^2 u}{\partial y^2}\right)=0$$

所以该变分问题与下列边值问题对应：

$$\begin{cases}\dfrac{\partial^2 u}{\partial x^2}+\dfrac{\partial^2 u}{\partial y^2}=g(x,\ y),\quad (x,\ y)\in D \\[2mm] u\big|_C=f(x,\ y)\end{cases}$$

下面，我们列出椭圆型偏微分方程边值问题等价的变分问题。

1. 第一类边界条件

第一类边界条件下得椭圆型偏微分方程边值问题为

$$\begin{cases}-\dfrac{\partial}{\partial x}\left[p(x,\ y)\dfrac{\partial u}{\partial x}\right]-\dfrac{\partial}{\partial y}\left[p(x,\ y)\dfrac{\partial u}{\partial y}\right]+q(x,\ y)u=g(x,\ y),\quad (x,\ y)\in D \\[2mm] u\big|_C=f(x,\ y)\end{cases} \tag{2.36}$$

其中，$p(x,\ y)$、$q(x,\ y)$、$g(x,\ y)$ 和 $f(x,\ y)$ 是已知函数。等价的变分问题为

$$\begin{cases}I[u(x,\ y)]=\iint\limits_D\left\{\dfrac{1}{2}\left[\left(\dfrac{\partial u}{\partial x}\right)^2+\left(\dfrac{\partial u}{\partial y}\right)^2\right]+\dfrac{1}{2}q(x,\ y)u^2-g(x,\ y)u\right\}\mathrm{d}x\mathrm{d}y=\min \\[2mm] u\big|_C=f(x,\ y)\end{cases} \tag{2.37}$$

2. 第二类边界条件

第一类边界条件下得椭圆型偏微分方程边值问题为

$$\begin{cases}-\dfrac{\partial}{\partial x}\left[p(x,\ y)\dfrac{\partial u}{\partial x}\right]-\dfrac{\partial}{\partial y}\left[p(x,\ y)\dfrac{\partial u}{\partial y}\right]+q(x,\ y)u=g(x,\ y),\quad (x,\ y)\in D \\[2mm] \dfrac{\partial u}{\partial n}\bigg|_C=f(x,\ y)\end{cases} \tag{2.38}$$

式中：$p(x,\ y)$、$q(x,\ y)$、$g(x,\ y)$ 和 $f(x,\ y)$ 是已知函数；$\dfrac{\partial u}{\partial n}$ 为 C 的外法线方向导数。等价的变分问题为

$$I[u(x,\ y)]=\iint\limits_D\left\{\frac{1}{2}\left[\left(\frac{\partial u}{\partial x}\right)^2+\left(\frac{\partial u}{\partial y}\right)^2\right]+\frac{1}{2}q(x,\ y)u^2-g(x,\ y)u\right\}\mathrm{d}x\mathrm{d}y-$$

$$\int f(x,\ y)u\mathrm{d}s=\min \tag{2.39}$$

式中：s 为 C 的弧长变量。

3. 第三类边界条件

$$\begin{cases} -\dfrac{\partial}{\partial x}\left[p(x,y)\dfrac{\partial u}{\partial x}\right] - \dfrac{\partial}{\partial y}\left[p(x,y)\dfrac{\partial u}{\partial y}\right] + q(x,y)u = g(x,y),\ (x,y)\in D \\[2mm] \left.\left[\dfrac{\partial u}{\partial n} + \sigma(x,y)u\right]\right|_{C} = f(x,y) \end{cases} \tag{2.40}$$

式中：$p(x,y)$、$q(x,y)$、$g(x,y)$、$\sigma(x,y)$ 和 $f(x,y)$ 是已知函数；$\dfrac{\partial u}{\partial n}$ 为 C 的外法线方向导数。等价的变分问题为

$$I[u(x,y)] = \iint_{D}\left\{\frac{1}{2}\left[\left(\frac{\partial u}{\partial x}\right)^2 + \left(\frac{\partial u}{\partial y}\right)^2\right] + \frac{1}{2}q(x,y)u^2 - g(x,y)u\right\}\mathrm{d}x\mathrm{d}y +$$

$$\int\left[\frac{1}{2}\sigma(x,y)u^2 - f(x,y)u\right]\mathrm{d}s = \min \tag{2.41}$$

式中：s 为 C 的弧长变量。

2.2.4　求解变分问题的里兹法

　　有限单元法是解变分问题的一种有力手段，而在其发展起来之前，就已经存在着多种解变分问题的数值方法。这里，我们介绍一种古典的解变分问题的方法——里兹法。

　　里兹法用一个线性独立、完备的函数系

$$\phi_i(x),\ i=1,2,\cdots,n$$

中的若干个函数的线性组合

$$u = \sum_{j=1}^{n} c_j\phi_j(x) \tag{2.42}$$

作为泛函的试探解，其中 c_j 是待定系数。试探解应在整个区域上有定义，而且满足边界条件。将试探解代入泛函中：

$$I[u] = \int_{x_1}^{x_2} F(x,u,u')\mathrm{d}x \approx \int_{x_1}^{x_2} F\left[x,\sum_{j=1}^{n}c_j\phi_j(x),\sum_{j=1}^{n}c_j\phi'_j(x)\right]\mathrm{d}x$$

泛函 I 为待定系数 c_j 的函数，即

$$I[u] = I[c_1,c_2,\cdots,c_n]$$

　　根据泛函取极值的必要条件，有

$$\frac{\partial I}{\partial c_i} = 0,\ i=1,2,\cdots,n$$

　　由上式得到含 n 个未知数的 n 个联立方程组。解方程组，可求得待定系数 c_j，进而得到近似解。

　　近似解的精度与试探函数系的选择及项数的多寡有关，如果试探函数的性质与泛函所需的解的性质相近，则里兹法有较高的精度。

　　例 2.10　采用里兹法解下列微分方程边值问题

$$\begin{cases} \dfrac{\mathrm{d}^2 u}{\mathrm{d}x^2} + u + x = 0, \ 0 < x < 1 \\ u \big|_{x=0} = 0 \\ u \big|_{x=1} = 0 \end{cases}$$

解 该微分方程边值问题等价的变分问题为

$$\begin{cases} I[u] = \dfrac{1}{2} \int_0^1 \left[\left(\dfrac{\mathrm{d}u}{\mathrm{d}x} \right)^2 - u^2 - 2xu \right] \mathrm{d}x = \min \\ u \big|_{x=0} = 0, \ u \big|_{x=1} = 0 \end{cases}$$

取试探解

$$u = \sum_{j=1}^n c_j \phi_j(x) = c_1 x(1-x) + c_2 x^2(1-x) + \cdots + c_n x^n(1-x)$$

代入变分问题, 得

$$I[c_1, c_2, \cdots, c_n] = \dfrac{1}{2} \int_0^1 \left[\left(\sum_{j=1}^n c_j \dfrac{\mathrm{d}\phi_j}{\mathrm{d}x} \right)^2 - \left(\sum_{j=1}^n c_j \phi_j \right)^2 - 2x \left(\sum_{j=1}^n c_j \phi_j \right) \right] \mathrm{d}x$$

根据极值的必要性条件, 可得

$$\begin{aligned} \dfrac{\partial I}{\partial c_i} &= \int_0^1 \left[\dfrac{\mathrm{d}\phi_i}{\mathrm{d}x} \left(\sum_{j=1}^n c_j \dfrac{\mathrm{d}\phi_j}{\mathrm{d}x} \right)^2 - \phi_i \left(\sum_{j=1}^n c_j \phi_j \right) - \phi_i x \right] \mathrm{d}x \\ &= \sum_{j=1}^n \left[\int_0^1 \left(\dfrac{\mathrm{d}\phi_i}{\mathrm{d}x} \dfrac{\mathrm{d}\phi_j}{\mathrm{d}x} - \phi_i \phi_j \right) \mathrm{d}x \right] c_j - \int_0^1 \phi_i x \mathrm{d}x \\ &= \sum_{j=1}^n K_{ij} c_j - F_i \end{aligned}$$

式中: $i, j = 1, 2, \cdots, n$。经过积分运算可得矩阵系数 K_{ij}:

$$\begin{aligned} K_{ij} &= \int_0^1 \left\{ \left[ix^{i-1} - (i+1)x^i \right] \left[jx^{j-1} - (j+1)x^j \right] - (x^i - x^{i+1})(x^j - x^{j+1}) \right\} \mathrm{d}x \\ &= \dfrac{2ij}{(i+j) \left[(i+j)^2 - 1 \right]} - \dfrac{2}{(i+j+1)(i+j+2)(i+j+3)} \end{aligned}$$

向量系数 F_i:

$$F_i = \int_0^1 x(x^i - x^{i+1}) \mathrm{d}x = \dfrac{1}{(i+2)(i+3)}$$

当 $n = 1$ 时, 有

$$K_{11} = \dfrac{3}{10}, \ F_1 = \dfrac{1}{12}$$

由此解得 $c_1 = \dfrac{5}{18}$。因此, 里兹法第一近似解为 $u = \dfrac{5}{18} x(1-x)$。

当 $n = 2$ 时, 有

$$\begin{pmatrix} \dfrac{3}{10} & \dfrac{3}{20} \\ \dfrac{3}{20} & \dfrac{13}{105} \end{pmatrix} \begin{pmatrix} c_1 \\ c_2 \end{pmatrix} = \begin{pmatrix} \dfrac{1}{12} \\ \dfrac{1}{20} \end{pmatrix}$$

求解线性方程组得 $c_1 = \dfrac{71}{369} = 0.1924$，$c_2 = \dfrac{7}{41} = 0.1707$。因此，里兹法第二近似解为

$$u = 0.1924x(1-x) + 0.1707x^2(1-x)$$

当 $n = 3$ 时，有

$$\begin{pmatrix} \dfrac{3}{10} & \dfrac{3}{20} & \dfrac{19}{210} \\[2mm] \dfrac{3}{20} & \dfrac{13}{105} & \dfrac{79}{840} \\[2mm] \dfrac{19}{210} & \dfrac{79}{840} & \dfrac{103}{1260} \end{pmatrix} \begin{pmatrix} c_1 \\ c_2 \\ c_3 \end{pmatrix} = \begin{pmatrix} \dfrac{1}{12} \\[2mm] \dfrac{1}{20} \\[2mm] \dfrac{1}{30} \end{pmatrix}$$

求解线性方程组得 $c_1 = \dfrac{132}{703} = 0.1878$，$c_2 = \dfrac{179}{922} = 0.1941$，$c_3 = -\dfrac{7}{299} = -0.0234$。因此，里兹法第三近似解为

$$u = 0.1878x(1-x) + 0.1941x^2(1-x) - 0.0234x^3(1-x)$$

采用里兹法求得的近似解与精确解的比较如图 2.11 所示。可以看出，第三近似解与精确解已非常接近。

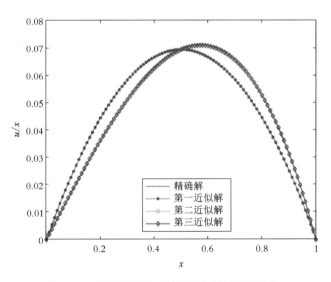

图 2.11 里兹法数值计算结果与精确解的比较

里兹法的缺点是，在全区域范围内选择试验函数，对于边界形状复杂的二维或三维变分问题，较难找到一个函数序列的线性组合来满足边界条件；当函数项数增加时，运算过程复杂；而当研究区域中的介质物性不连续时，里兹法有很大困难。这些缺点限制了里兹法的应用。

2.2.5 求解变分问题的有限单元法

通过对变分原理的讨论，我们知道微分方程定解问题可以转化为泛函极值问题来求解。有限单元法采取单元剖分的方式，克服了里兹法的缺点，成为解变分问题的有力手段。这里，我们用实例说明有限单元法解变分问题的思路和过程。

考虑的变分问题为

$$\begin{cases} I[u] = \int_0^1 \left[\frac{1}{2} \left(\frac{\mathrm{d}u}{\mathrm{d}x} \right)^2 + u \right] \mathrm{d}x = \min \\ u|_{x=0} = 0, \ u|_{x=1} = 0 \end{cases}$$

相应的边值问题为

$$\begin{cases} \dfrac{\mathrm{d}^2 u}{\mathrm{d}x^2} = 1, \quad 0 < x < 1 \\ u|_{x=0} = 0 \\ u|_{x=1} = 0 \end{cases}$$

其精确解是 $u = \dfrac{x^2 - x}{2}$。

现在，我们采用有限单元法求解这个变分问题。

第一步：区域剖分。为简单起见，采用等分点

$$x_0 = 0 < x_1 < x_2 < \cdots < x_{i-1} < \cdots < x_{n-1} < x_n = 1$$

将计算区间 $[0, 1]$ 剖分成 n 个互不重叠的子区间，这些点称为节点，每个子区间称为单元。

第 i 个单元的长度 $x_i - x_{i-1} = \Delta x = \dfrac{1}{n}$，区间 $[0, 1]$ 两端节点 x_0 和 x_n 的函数值 $u(x_0)$ 和 $u(x_n)$ 已由边界条件给出，但区间内各节点的函数值是待求的。这样一来，我们把连续函数 $u = u(x)$ 的求解，转化为对节点上函数值的求解，这称为离散化处理。

第二步：插值。在每个单元内，假定函数 $u = u(x)$ 是线性的（单元越小，这种假定越符合实际情况），如图 2.12 所示。第 i 个单元内的函数 $u(x)$ 及其导数可表示为

$$u(x) = \frac{u_i - u_{i-1}}{\Delta x}(x - x_{i-1}) + u_{i-1},$$

$$u'(x) = \frac{u_i - u_{i-1}}{\Delta x},$$

这称为线性插值，有时采用二次或高次插值。

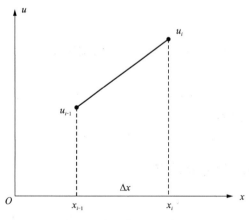

图 2.12　线性函数示意图

第三步：单元分析。将变分问题的积分分解成各单元的积分，第 i 个单元的积分为

$$I_i(u) = \int_{x_{i-1}}^{x_i} \left[\frac{1}{2}\left(\frac{du}{dx}\right)^2 + u \right] dx = \frac{1}{2\Delta x}(u_i - u_{i-1})^2 + \frac{\Delta x}{2}(u_i + u_{i-1}),$$

可见，$I_i(u)$ 只是单元的端点（节点 x_{i-1}，x_i）处函数值 u_{i-1}、u_i 的函数，写作

$$I_i(u) = I_i(u_{i-1}, u_i)$$

第四步：总体合成。对各单元积分求和，可得

$$I[u] = \int_0^1 \left[\frac{1}{2}\left(\frac{du}{dx}\right)^2 + u \right] dx = \sum_{i=1}^n I_i(u) = \sum_{i=1}^n I_i(u_{i-1}, u_i)$$

考虑到 u_0 和 u_n 已由边界条件给出，可见 $I[u]$ 是各节点 $x_i(i=1, 2, \cdots, n-1)$ 上的函数值 u_i 的函数，写成

$$I(u) = I(u_1, u_2, \cdots, u_{n-1})$$

也可将 $I(u)$ 看成变量 $u_1, u_2, \cdots, u_{n-1}$ 的多元函数。

第五步：泛函取极值。多元函数取极值应满足必要性条件：

$$\frac{\partial I(u_1, u_2, \cdots, u_{n-1})}{\partial u_i} = 0, \quad i=1, 2, \cdots, n-1$$

由于只有第 i 个单元 $I_i(u_{i-1}, u_i)$ 和第 $i+1$ 个单元 $I_{i+1}(u_i, u_{i+1})$ 中含有 u_i，其他单元均不含 u_i，所以

$$\frac{\partial I(u_1, u_2, \cdots, u_{n-1})}{\partial u_i} = \frac{\partial I_i(u_{i-1}, u_i)}{\partial u_i} + \frac{\partial I_{i+1}(u_i, u_{i+1})}{\partial u_i} = 0$$

于是可得

$$\frac{\partial I(u_1, u_2, \cdots, u_{n-1})}{\partial u_i} = \frac{-u_{i-1} + 2u_i - u_{i+1}}{\Delta x} + \Delta x = 0$$

将区间 $[0, 1]$ 等分为 4 个单元，即取 $\Delta x = \frac{1}{4}$，$x_1 = 0.25$，$x_2 = 0.5$，$x_3 = 0.75$，并考虑边界条件 $u_0 = u_4 = 0$，可得

$$\frac{\partial I(u_1, u_2, \cdots, u_{n-1})}{\partial u_1} = 4(0 + 2u_1 - u_2) + \frac{1}{4} = 0,$$

$$\frac{\partial I(u_1, u_2, \cdots, u_{n-1})}{\partial u_2} = 4(-u_1 + 2u_2 - u_3) + \frac{1}{4} = 0,$$

$$\frac{\partial I(u_1, u_2, \cdots, u_{n-1})}{\partial u_3} = 4(-u_2 + 2u_3 - 0) + \frac{1}{4} = 0。$$

整理后，得

$$\begin{pmatrix} 2 & -1 & 0 \\ -1 & 2 & -1 \\ 0 & -1 & 2 \end{pmatrix} \begin{pmatrix} u_1 \\ u_2 \\ u_3 \end{pmatrix} = \begin{pmatrix} -\frac{1}{16} \\ -\frac{1}{16} \\ -\frac{1}{16} \end{pmatrix}$$

第六步：解线性方程组。求解线性方程组，可得

$$u_1 = 0.0938, \ u_2 = 0.1250, \ u_3 = 0.0938$$

有限单元法近似解与精确解吻合得非常好，如图 2.13 所示。

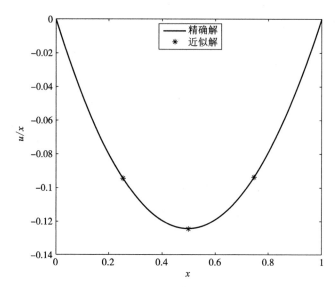

图 2.13　有限单元法数值计算结果与精确解的比较

　　采用有限单元法解变分问题时，需要先对计算区域进行剖分，划分成许多小单元；其次，在每个小单元作插值后，对泛函积分，再对各单元求和，这样就把连续函数的泛函离散成了节点上的函数值的泛函；然后，根据泛函取极值的必要条件，得出各节点的函数值应满足的线性代数方程组；最后，求解线性方程组，即得各节点的函数值。采用有限单元法解二维和三维变分问题的基本思路和过程亦是如此。

第3章 等参单元与数值积分

有限单元法将计算区域剖分为单元，采用单元上的局部坐标，有利于积分计算。而对于曲线单元，任意四边形单元和任意六面体单元等形状更复杂的单元积分，需要利用等参单元来处理。本章介绍一维、二维和三维自然坐标和等参单元的定义、性质，以及数值积分在积分计算中的应用。

3.1 自然坐标

3.1.1 长度坐标

1.定义

在 x 轴上有两点 j 和 m，其坐标分别为 x_j、x_m（见图 3.1），这是一般意义的笛卡尔坐标，是全局坐标。点 x 在单元中的位置，可用下式来表示：

$$\begin{cases} L_j(x) = \dfrac{x_m - x}{x_m - x_j} = \dfrac{l_j}{l} \\ L_m(x) = \dfrac{x - x_j}{x_m - x_j} = \dfrac{l_m}{l} = 1 - L_j(x) \end{cases} \tag{3.1}$$

式中：$l = x_m - x_j$，$l_j = x_m - x$，$l_m = x - x_j$。L_j 和 L_m 是长度的比值，是无量纲数，称为一维自然坐标或长度坐标，它们是单元上的局部坐标。

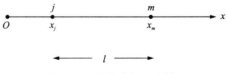

图 3.1 长度坐标示意图

长度坐标的特点是：

（1）在 j 点：$L_j = 1$，$L_m = 0$；在 m 点：$L_j = 0$，$L_m = 1$。

（2）$L_j(x) + L_m(x) = 1$，即两个坐标中只有一个是独立的。

（3）$L_j(x)$ 和 $L_m(x)$ 均为 x 的线性函数。

2. 插值函数

用长度坐标在单元内构造插值函数是十分方便的。

（1）线性插值

设 u 是单元中的线性函数（见图 3.2），可表示为：

$$u = ax + b \tag{3.2}$$

式中：a、b 为常数。将单元两端节点 j、m 的坐标 x_j、x_m 和函数值 u_j、u_m，分别代入式（3.2）中，解出 a 和 b：

$$a = \frac{u_m - u_j}{x_m - x_j}, \quad b = \frac{x_m u_j - x_j u_m}{x_m - x_j}$$

再将 a、b 代入式（3.2），整理后，得

$$u = \frac{x_m - x}{x_m - x_j} u_j + \frac{x - x_j}{x_m - x_j} u_m = N_j u_j + N_m u_m \tag{3.3}$$

式中：$N_j = \frac{x_m - x}{x_m - x_j}$、$N_m = \frac{x - x_j}{x_m - x_j}$，称为形函数，它们与式（3.1）中的长度坐标的关系是

$$N_j = L_j, \quad N_m = L_m$$

另外，若令 $x_j = 0$，$x_m = l$，则有

$$N_j = 1 - \frac{x}{l}, \quad N_m = \frac{x}{l}$$

用上述方法推导插值函数比较麻烦。事实上，根据长度坐标的定义，可以直接写出单元中的线性插值函数：

$$u = L_j u_j + L_m u_m \tag{3.4}$$

这是因为 N_j、N_m 均为 x 的线性函数，且线性函数的线性组合亦为线性函数，所以 u 是 x 的线性函数。又由于在 j 点：$L_j = 1$、$L_m = 0$，代入式（3.4），有 $u = u_j$；在 m 点：$L_j = 0$、$L_m = 1$，代入式（3.4），有 $u = u_m$，所以式（3.4）即为所需的线性插值函数。

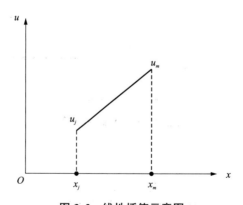

图 3.2　线性插值示意图

（2）二次插值

设 u 是单元中的二次函数（见图 3.3），可表示为：

$$u = ax^2 + bx + c \tag{3.5}$$

式中：a、b、c 为常数。单元两端节点 j、m 和单元中点 p 的坐标和函数值分别为 x_j、x_m、x_p 与 u_j、u_m、u_p，将它们代入式(3.5)中，可解出 a、b、c。用这种方法求插值函数比较麻烦。

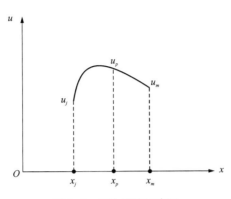

图 3.3　二次插值示意图

现令

$$N_j = (2L_j - 1)L_j, \quad N_p = 4L_j L_m, \quad N_m = (2L_m - 1)L_m \tag{3.6}$$

式中：N_j、N_m 为式(3.1)定义的长度坐标，则二次插值函数可直接表示为

$$u = N_j u_j + N_p u_p + N_m u_m \tag{3.7}$$

式中：N_j、N_p、N_m 为形函数。

二次函数的形函数可从拉格朗日插值多项式导出。若已知 x_j、x_m 和 $x_p = \dfrac{x_j + x_m}{2}$，以及其函数值 u_j、u_m、u_p，按拉格朗日多项式，可直接解出：

$$u = \frac{(x-x_p)(x-x_m)}{(x_j-x_p)(x_j-x_m)}u_j + \frac{(x-x_j)(x-x_m)}{(x_p-x_j)(x_p-x_m)}u_p + \frac{(x-x_j)(x-x_p)}{(x_m-x_j)(x_m-x_p)}u_m \tag{3.8}$$

整理后，得

$$u = N_j u_j + N_p u_p + N_m u_m$$

式中：

$$N_j = \frac{(x-x_p)(x-x_m)}{(x_j-x_p)(x_j-x_m)} = (2L_j-1)L_j$$

$$N_p = \frac{(x-x_j)(x-x_m)}{(x_p-x_j)(x_p-x_m)} = 4L_j L_m$$

$$N_m = \frac{(x-x_j)(x-x_p)}{(x_m-x_j)(x_m-x_p)} = (2L_m-1)L_m$$

(3) 三次插值

单元两端节点 j、m 和单元中的三分点 p、q(见图 3.4)的长度坐标如下：

$$j \text{ 点：} L_j = 1, \ L_m = 0$$

$$p \text{ 点：} L_j = \frac{2}{3}, \ L_m = \frac{1}{3}$$

$$q \text{ 点}: L_j = \frac{1}{3}, \quad L_m = \frac{2}{3}$$

$$m \text{ 点}: L_j = 0, \quad L_m = 1$$

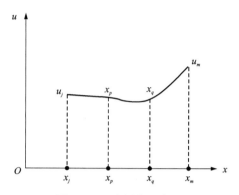

图 3.4　三次插值示意图

设 u 是单元中的三次函数，在 j、p、q、m 上的函数值分别为 u_j、u_p、u_q、u_m，则三次插值函数可表示为

$$u = N_j u_j + N_p u_p + N_q u_q + N_m u_m \tag{3.9}$$

其中形函数是

$$\begin{cases} N_j = \dfrac{1}{2}(3L_j - 1)(3L_j - 2)L_j, & N_p = \dfrac{9}{2}L_j L_m (3L_j - 1) \\[3mm] N_q = \dfrac{9}{2}L_j L_m (3L_m - 1), & N_m = \dfrac{1}{2}(3L_m - 1)(3L_m - 2)L_m \end{cases} \tag{3.10}$$

上式可用拉格朗日插值多项式推出。

3. 单元积分

现在计算如下形式的长度坐标的单元积分：

$$I = \int_{x_j}^{x_m} L_j^a L_m^b \, \mathrm{d}x \tag{3.11}$$

式中：a、b 为非负整数。为便于积分，将上式化为单一变量 L_j 的积分，按长度坐标的定义有

$$L_j = \frac{x_m - x}{l}, \quad L_m = 1 - L_j$$

式中：l 是单元的长度，于是有

$$x = -l L_j + x_m, \quad \mathrm{d}x = -l \, \mathrm{d}L_j$$

根据 $x = x_m$ 时，$L_j = 1$；$x = x_j$ 时，$L_j = 0$，将式(3.11)的积分上下限作置换。式(3.11)的积分是：

$$I = l \int_0^1 L_j^a (1 - L_j)^b \, \mathrm{d}L_j = l \frac{a! \; b!}{(a+b+1)!} \tag{3.12}$$

列出按上式计算的积分值 I/l 与 a、b 的关系，见表 3.1，以供积分计算时查找。

表 3.1　$I/l = \int_{x_j}^{x_m} L_j^a L_m^b \mathrm{d}x$ 的值

$a+b$	a	b	I/l	$a+b$	a	b	I/l
0	0	0	1	7	7	0	1/8
1	1	0	1/2	7	6	1	1/56
2	2	0	1/3	7	5	2	1/168
2	1	1	1/6	7	4	3	1/280
3	3	0	1/4	8	8	0	1/9
3	2	1	1/12	8	7	1	1/72
4	4	0	1/5	8	6	2	1/252
4	3	1	1/20	8	5	3	1/504
4	2	2	1/30	8	4	4	1/630
5	5	0	1/6	9	9	0	1/10
5	4	1	1/30	9	8	1	1/90
5	3	2	1/60	9	7	2	1/360
6	6	0	1/7	9	6	3	1/840
6	5	1	1/42	9	5	4	1/1260
6	4	2	1/105				
6	3	3	1/140				

例 3.1　已知二次函数 $u = ax^2 + bx + c$ 在单元两端点 j、m 和中点 p 的函数值分别为 u_j、u_m 和 u_p，求积分

$$I = \int_{x_j}^{x_m} \left(\frac{\mathrm{d}u}{\mathrm{d}x}\right)^2 \mathrm{d}x$$

解　将 $u(x)$ 表示为二次插值函数

$$u(x) = N_j u_j + N_p u_p + N_m u_m$$

有

$$\frac{\mathrm{d}u}{\mathrm{d}x} = \frac{\mathrm{d}N_j}{\mathrm{d}x}u_j + \frac{\mathrm{d}N_p}{\mathrm{d}x}u_p + \frac{\mathrm{d}N_m}{\mathrm{d}x}u_m = \left(\frac{\mathrm{d}N_j}{\mathrm{d}x}\ \frac{\mathrm{d}N_p}{\mathrm{d}x}\ \frac{\mathrm{d}N_m}{\mathrm{d}x}\right)(u_j\ u_p\ u_m)^\mathrm{T}$$

N_j、N_p、N_m 是 L_j、L_m 的函数：

$$N_j = (2L_j - 1)L_j,\quad N_p = 4L_j L_m,\quad N_m = (2L_m - 1)L_m$$

而 L_j、L_m 又是 x 的函数：

$$L_j = \frac{x_m - x}{l},\quad L_m = \frac{x - x_j}{l}$$

所以

$$\frac{\mathrm{d}N_j}{\mathrm{d}x} = \frac{\mathrm{d}N_j}{\mathrm{d}L_j}\frac{\mathrm{d}L_j}{\mathrm{d}x} + \frac{\mathrm{d}N_j}{\mathrm{d}L_m}\frac{\mathrm{d}L_m}{\mathrm{d}x} = (4L_j-1)\left(-\frac{1}{l}\right)$$

$$\frac{\mathrm{d}N_p}{\mathrm{d}x} = \frac{\mathrm{d}N_p}{\mathrm{d}L_j}\frac{\mathrm{d}L_j}{\mathrm{d}x} + \frac{\mathrm{d}N_p}{\mathrm{d}L_m}\frac{\mathrm{d}L_m}{\mathrm{d}x} = \frac{4}{l}(L_j-L_m)$$

$$\frac{\mathrm{d}N_m}{\mathrm{d}x} = \frac{\mathrm{d}N_m}{\mathrm{d}L_j}\frac{\mathrm{d}L_j}{\mathrm{d}x} + \frac{\mathrm{d}N_m}{\mathrm{d}L_m}\frac{\mathrm{d}L_m}{\mathrm{d}x} = (4L_m-1)\left(\frac{1}{l}\right)$$

于是

$$\int_{x_j}^{x_m}\left(\frac{\mathrm{d}u}{\mathrm{d}x}\right)^2\mathrm{d}x = (u_j\ u_p\ u_m)\int_{x_j}^{x_m}\begin{pmatrix}\frac{\mathrm{d}N_j}{\mathrm{d}x}\frac{\mathrm{d}N_j}{\mathrm{d}x} & \frac{\mathrm{d}N_j}{\mathrm{d}x}\frac{\mathrm{d}N_p}{\mathrm{d}x} & \frac{\mathrm{d}N_j}{\mathrm{d}x}\frac{\mathrm{d}N_m}{\mathrm{d}x}\\ \frac{\mathrm{d}N_p}{\mathrm{d}x}\frac{\mathrm{d}N_j}{\mathrm{d}x} & \frac{\mathrm{d}N_p}{\mathrm{d}x}\frac{\mathrm{d}N_p}{\mathrm{d}x} & \frac{\mathrm{d}N_p}{\mathrm{d}x}\frac{\mathrm{d}N_m}{\mathrm{d}x}\\ \frac{\mathrm{d}N_m}{\mathrm{d}x}\frac{\mathrm{d}N_j}{\mathrm{d}x} & \frac{\mathrm{d}N_m}{\mathrm{d}x}\frac{\mathrm{d}N_p}{\mathrm{d}x} & \frac{\mathrm{d}N_m}{\mathrm{d}x}\frac{\mathrm{d}N_m}{\mathrm{d}x}\end{pmatrix}\mathrm{d}x\begin{pmatrix}u_j\\u_p\\u_m\end{pmatrix}$$

对矩阵中每一项积分，例如

$$\int_{x_j}^{x_m}\frac{\mathrm{d}N_j}{\mathrm{d}x}\frac{\mathrm{d}N_j}{\mathrm{d}x}\mathrm{d}x = \int_{x_j}^{x_m}\left(\frac{4L_j-1}{l}\right)^2\mathrm{d}x = \int_{x_j}^{x_m}\frac{16L_j^2-8L_j+1}{l^2}\mathrm{d}x = \frac{l}{l^2}\left(\frac{16}{3}-\frac{8}{2}+1\right) = \frac{1}{l}\cdot\frac{7}{3}$$

最后得

$$I = \int_{x_j}^{x_m}\left(\frac{\mathrm{d}u}{\mathrm{d}x}\right)^2\mathrm{d}x = (u_j\ u_p\ u_m)\frac{1}{3l}\begin{pmatrix}7 & -8 & 1\\ -8 & 16 & -8\\ 1 & -8 & 7\end{pmatrix}\begin{pmatrix}u_j\\u_p\\u_m\end{pmatrix}$$

3.1.2 面积坐标

1.定义

已知平面上的三点按逆时针顺序，记为 i、j、m，其坐标分别为 (x_i, y_i)、(x_j, y_j) 和 (x_m, y_m)。这三点组成三角形单元 Δ_{ijm}，其面积用 Δ 表示。三角形中的点 $p(x, y)$ 与 i、j、m 三点的连线，将 Δ 分割成三个小三角形 Δ_{pjm}、Δ_{pmi}、Δ_{pij}，其面积分别为 Δ_i、Δ_j、Δ_m（见图3.5）。

点 p 在单元中的位置，也可用下式来表示：

$$L_i(x, y) = \frac{\Delta_i}{\Delta}, \quad L_j(x, y) = \frac{\Delta_j}{\Delta}, \quad L_m(x, y) = \frac{\Delta_m}{\Delta} \qquad (3.13)$$

L_i、L_j、L_m 均是面积的比值，是无量纲数，称为二维自然坐标，或面积坐标，它们是单元上的局部坐标。

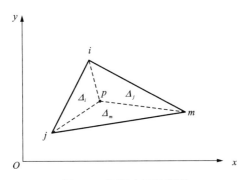

图 3.5　面积坐标示意图

面积坐标的特点是:

(1) 由面积坐标的定义式, 易推得

$$i 点 : L_i = 1, \ L_j = 0, \ L_m = 0$$

$$j 点 : L_i = 0, \ L_j = 1, \ L_m = 0$$

$$m 点 : L_i = 0, \ L_j = 0, \ L_m = 1$$

(2) $L_i(x, y) + L_j(x, y) + L_m(x, y) = 1$, 即三个坐标之和恒为 1, 所以只有两个坐标是独立的。

(3) $L_i(x, y)$、$L_j(x, y)$ 和 $L_m(x, y)$ 均为 x、y 的线性函数, 且有

$$L_i = \frac{\Delta_i}{\Delta} = \frac{1}{2\Delta} \begin{vmatrix} x & y & 1 \\ x_j & y_j & 1 \\ x_m & y_m & 1 \end{vmatrix} = \frac{1}{2\Delta} [\, (y_j - y_m) x + (x_m - x_j) y + (x_j y_m - x_m y_j) \,] = \frac{1}{2\Delta} (a_i x + b_i y + c_i)$$

(3.14)

$$L_j = \frac{\Delta_j}{\Delta} = \frac{1}{2\Delta} \begin{vmatrix} x & y & 1 \\ x_m & y_m & 1 \\ x_i & y_i & 1 \end{vmatrix} = \frac{1}{2\Delta} [\, (y_m - y_i) x + (x_i - x_m) y + (x_m y_i - x_i y_m) \,] = \frac{1}{2\Delta} (a_j x + b_j y + c_j)$$

(3.15)

$$L_m = \frac{\Delta_m}{\Delta} = \frac{1}{2\Delta} \begin{vmatrix} x & y & 1 \\ x_i & y_i & 1 \\ x_j & y_j & 1 \end{vmatrix} = \frac{1}{2\Delta} [\, (y_i - y_j) x + (x_j - x_i) y + (x_i y_j - x_j y_i) \,] = \frac{1}{2\Delta} (a_m x + b_m y + c_m)$$

(3.16)

其中,

$$\begin{cases} a_i = y_j - y_m, \ b_i = x_m - x_j, \ c_i = x_j y_m - x_m y_j \\ a_j = y_m - y_i, \ b_j = x_i - x_m, \ c_j = x_m y_i - x_i y_m \\ a_m = y_i - y_j, \ b_m = x_j - x_i, \ c_m = x_i y_j - x_j y_i \\ \Delta = \frac{1}{2} (a_i b_j - a_j b_i) \end{cases}$$

(3.17)

2. 插值函数

（1）线性插值

设 u 是三角单元中的线性函数，可表示为

$$u = ax + by + c \tag{3.18}$$

式中：a、b、c 是常数。将三顶点的坐标 (x_i, y_i)、(x_j, y_j)、(x_m, y_m) 和函数值 u_i、u_j、u_m 分别代入式（3.18），可解出：

$$a = \frac{1}{2\Delta} [(y_j - y_m)u_i + (y_m - y_i)u_j + (y_i - y_j)u_m] = \frac{1}{2\Delta}(a_i u_i + a_j u_j + a_m u_m)$$

$$b = \frac{1}{2\Delta} [(x_m - x_j)u_i + (x_i - x_m)u_j + (x_j - x_i)u_m] = \frac{1}{2\Delta}(b_i u_i + b_j u_j + b_m u_m)$$

$$c = \frac{1}{2\Delta} [(x_j y_m - x_m y_j)u_i + (x_m y_i - x_i y_m)u_j + (x_i y_j - x_j y_i)u_m] = \frac{1}{2\Delta}(c_i u_i + c_j u_j + c_m u_m)$$

其中 a_i、a_j、a_m，b_i、b_j、b_m 和 c_i、c_j、c_m 与式（3.17）中的相同。将 a、b、c 代入式（3.18），整理后，得

$$u = \frac{1}{2\Delta} [(a_i x + b_i y + c_i)u_i + (a_j x + b_j y + c_j)u_j + (a_m x + b_m y + c_m)u_m] = N_i u_i + N_j u_j + N_m u_m \tag{3.19}$$

式中：

$$\begin{cases} N_i = \dfrac{1}{2\Delta}(a_i x + b_i y + c_i) \\[2mm] N_j = \dfrac{1}{2\Delta}(a_j x + b_j y + c_j) \\[2mm] N_m = \dfrac{1}{2\Delta}(a_m x + b_m y + c_m) \end{cases} \tag{3.20}$$

称为形函数，它与面积坐标的关系是

$$N_i = L_i, \quad N_j = L_j, \quad N_m = L_m$$

（2）二次插值

设 u 是单元中的二次函数

$$u(x, y) = a_1 x^2 + a_2 xy + a_3 y^2 + a_4 x + a_5 y + a_6 \tag{3.21}$$

它含有 6 个待定系数。取三角形三条边的中点，按逆时针排列，分别记为 p、q、r（见图 3.6）。将 i、j、m、p、q、r 的坐标和函数值代入上式，得到 6 个方程，进而可解出 6 个系数。但这种做法非常麻烦，现在利用形函数和面积坐标可大大简化计算。

根据面积坐标的定义，p、q、r 的面积坐标为：

$$\begin{cases} p \text{ 点}: L_i = 0, \ L_j = \dfrac{1}{2}, \ L_m = \dfrac{1}{2} \\[2mm] q \text{ 点}: L_i = \dfrac{1}{2}, \ L_j = 0, \ L_m = \dfrac{1}{2} \\[2mm] r \text{ 点}: L_i = \dfrac{1}{2}, \ L_j = \dfrac{1}{2}, \ L_m = 0 \end{cases} \tag{3.22}$$

单元中的二次插值函数可表示为

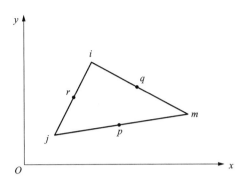

图 3.6　二次插值的面积坐标示意图

$$u = N_i u_i + N_j u_j + N_m u_m + N_p u_p + N_q u_q + N_r u_r \tag{3.23}$$

式中：N_i，N_j，$\cdots$，N_r 是形函数，它们与面积坐标的关系是

$$\begin{cases} N_i = (2L_i - 1)L_i \\ N_j = (2L_j - 1)L_j \\ N_m = (2L_m - 1)L_m \\ N_p = 4L_j L_m \\ N_q = 4L_m L_i \\ N_r = 4L_i L_j \end{cases} \tag{3.24}$$

显然，这些形函数是 x、y 的二次函数，所以式(3.23)中的 u 也是 x、y 的二次函数。

（3）三次插值

设 u 是单元中的三次函数

$$u(x, y) = a_1 x^3 + a_2 x^2 y + a_3 xy^2 + a_4 y^3 + a_5 x^2 + a_6 xy + a_7 y^2 + a_8 x + a_9 y + a_{10} \tag{3.25}$$

它共有 10 个待定系数。除三角形的顶点外，在每条边上各取两个三分点，再取三角形的重心 c，共 10 个点(见图 3.7)。根据面积坐标的定义，易推出边界上三分点的面积坐标。

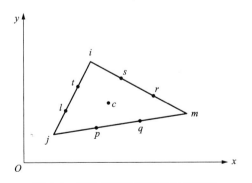

图 3.7　三次插值的面积坐标示意图

3. 单元积分

现在来计算如下形式的面积坐标的单元积分：

$$I = \iint_e L_i^a L_j^b L_m^c \mathrm{d}x\mathrm{d}y \tag{3.26}$$

式中：a、b、c 为非负整数。为便于积分，将上式化为两个变量 L_i、L_j 的积分。

因为 L_i、L_j 和 L_m 是 x、y 线性函数，所以一般说来，x、y 也可以表示成 L_i、L_j、L_m 的线性函数：

$$\begin{cases} x = L_i\alpha_i + L_j\alpha_j + L_m\alpha_m \\ y = L_i\beta_i + L_j\beta_j + L_m\beta_m \end{cases} \tag{3.27}$$

式中：α_i、α_j、α_m、β_i、β_j、β_m 为待定系数。

根据 $x = x_i$，$y = y_i$ 时，$L_i = 1$，$L_j = L_m = 0$，得 $\alpha_i = x_i$，$\beta_i = y_i$。同理，我们进一步可得 $\alpha_j = x_j$，$\beta_j = y_j$，$\alpha_m = x_m$，$\beta_m = y_m$。又因为 $L_i + L_j + L_m = 1$，所以式（3.27）可改写成：

$$\begin{cases} x = L_i x_i + L_j x_j + (1 - L_i - L_j) x_m = (x_i - x_m) L_i + (x_j - x_m) L_j + x_m \\ y = L_i y_i + L_j y_j + (1 - L_i - L_j) y_m = (y_i - y_m) L_i + (y_j - y_m) L_j + y_m \end{cases} \tag{3.28}$$

求偏导，得

$$\frac{\partial x}{\partial L_i} = x_i - x_m, \quad \frac{\partial y}{\partial L_i} = y_i - y_m$$

$$\frac{\partial x}{\partial L_j} = x_j - x_m, \quad \frac{\partial y}{\partial L_j} = y_j - y_m$$

根据雅克比（Jacobi）变换，有

$$\mathrm{d}x\mathrm{d}y = \begin{vmatrix} \dfrac{\partial x}{\partial L_i} & \dfrac{\partial y}{\partial L_i} \\ \dfrac{\partial x}{\partial L_j} & \dfrac{\partial y}{\partial L_j} \end{vmatrix} \mathrm{d}L_i\mathrm{d}L_j = \begin{vmatrix} x_i - x_m & y_i - y_m \\ x_j - x_m & y_j - y_m \end{vmatrix} \mathrm{d}L_i\mathrm{d}L_j = 2\Delta \mathrm{d}L_i\mathrm{d}L_j$$

式中：Δ 为三角形的面积。

现在对式（3.26）中的积分限作变换。因为 i 点：$L_i = 0$，$L_j = 1$；j 点：$L_i = 1$，$L_j = 0$；m 点：$L_i = 0$，$L_j = 0$，所以 xy 平面上的任意三角形可以变换成 $L_i L_j$ 平面上的等腰直角三角形（见图 3.8）。于是积分限的变换为

$$\begin{aligned} I &= \iint_e L_i^a L_j^b L_m^c \mathrm{d}x\mathrm{d}y = 2\Delta \int_0^1 \int_0^{1-L_i} L_i^a L_j^b (1 - L_i - L_j)^c \mathrm{d}L_i\mathrm{d}L_j \\ &= 2\Delta \int_0^1 L_i^a \left[\int_0^{1-L_i} L_j^b (1 - L_i - L_j)^c \mathrm{d}L_j \right] \mathrm{d}L_i \\ &= 2\Delta \frac{b! \ c!}{(b+c+1)!} \int_0^1 L_i^a (1 - L_i)^{b+c+1} \mathrm{d}L_i \\ &= 2\Delta \frac{a! \ b! \ c!}{(a+b+c+2)!} \end{aligned} \tag{3.29}$$

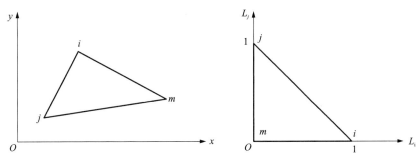

图 3.8 任意三角形变换示意图

现列出按式(3.29)计算的积分值 I/Δ 与 a、b、c 的关系,见表 3.2,以供积分计算时查找。

表 3.2 $I/\Delta = \dfrac{1}{\Delta} \iint_e L_i^a L_j^b L_m^c \mathrm{d}x\mathrm{d}y$ 的值

$a+b+c$	a	b	c	I/Δ	$a+b+c$	a	b	c	I/Δ
0	0	0	0	1	6	3	3	0	1/560
1	1	0	0	1/3	6	2	2	2	1/8040
2	2	0	0	1/6	7	7	0	0	1/36
2	1	1	0	1/12	7	6	1	0	1/252
3	3	0	0	1/10	7	5	1	1	1/1512
3	2	1	0	1/30	7	5	2	0	1/756
3	1	1	1	1/60	7	4	2	1	1/3780
4	4	0	0	1/15	7	4	3	0	1/1260
4	3	1	0	1/60	7	3	1	3	1/5040
4	2	1	1	1/180	6	3	2	2	1/7560
4	2	2	0	1/90	8	8	0	0	1/45
5	5	0	0	1/21	8	7	1	0	1/360
5	4	1	0	1/105	8	6	1	1	1/2520
5	3	1	1	1/420	8	6	2	0	1/1260
5	3	2	0	1/210	8	5	1	2	1/7560
5	2	2	1	1/630	8	5	3	0	1/2520
6	6	0	0	1/28	8	4	1	3	1/12600
6	5	1	0	1/168	8	4	2	2	1/18900
6	4	1	0	1/840	8	4	4	0	1/3150
6	4	2	0	1/420	8	3	2	3	1/25200
6	3	2	1	1/1680					

例3.2 已知线性函数 $u = ax + by + c$ 在三角单元的顶点 i、j、m 的函数值为 u_i、u_j 和 u_m，求单元积分 $I = \iint\limits_{e} u \, dx \, dy$。

解 $u(x, y)$ 在单元内进行线性插值，得

$$u = N_i u_i + N_j u_j + N_m u_m = L_i u_i + L_j u_j + L_m u_m = (L_i \ L_j \ L_m) \begin{pmatrix} u_i \\ u_j \\ u_m \end{pmatrix}$$

于是，

$$I = \iint\limits_{\Delta} (L_i \ L_j \ L_m) \, dx \, dy \begin{pmatrix} u_i \\ u_j \\ u_m \end{pmatrix}$$

查表3.2，有

$$\iint\limits_{\Delta} L_i \, dx \, dy = \iint\limits_{\Delta} L_j \, dx \, dy = \iint\limits_{\Delta} L_m \, dx \, dy = \frac{\Delta}{3}$$

所以，

$$I = \frac{\Delta}{3} (1 \ 1 \ 1) \, dx \, dy \begin{pmatrix} u_i \\ u_j \\ u_m \end{pmatrix} = \frac{\Delta}{3} (u_i + u_j + u_m)$$

其中 Δ 是三角单元的面积。

3.1.3 体积坐标

1. 定义

空间中的四个点 1、2、3、4 组成一个四面体单元，而 $p(x, y, z)$ 为四面体内部的一个点（见图 3.9），则 p 点的位置可用下列四个比值来确定：

$$L_1 = \frac{V_1}{V}, \quad L_2 = \frac{V_2}{V}, \quad L_3 = \frac{V_3}{V}, \quad L_4 = \frac{V_4}{V} \tag{3.30}$$

式中：V_1、V_2、V_3 和 V_4 分别为四面体 $p234$、$p143$、$p124$、$p132$ 的体积；V 为四面体 1234 的体积；L_1、L_2、L_3 和 L_4 是体积之比，称为体积坐标或三维自然坐标，它们是单元上的局部坐标。

体积坐标的特点：

（1）由体积坐标的定义，易推出

$$点 \ i : L_j = \begin{cases} 1, & j = i \\ 0, & j \neq i \end{cases}$$

（2）$L_1(x, y, z) + L_2(x, y, z) + L_3(x, y, z) + L_4(x, y, z) = 1$，即四个坐标之和恒为 1，所以只有三个坐标是独立的。

（3）L_i 是 x、y、z 的线性函数。

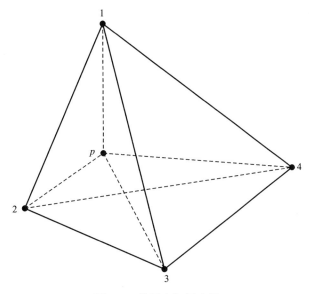

图 3.9 体积坐标示意图

2. 插值函数

（1）线性插值

设 $u=a_1x+a_2y+a_3z+a_4$ 是四面体单元中的线性函数，根据四个顶点的坐标和函数值，可确定四个待定系数，进而将线性函数写成

$$u=N_1u_1+N_2u_2+N_3u_3+N_4u_4=\sum_{i=1}^{4}N_iu_i \tag{3.31}$$

式中：$N_i=L_i(i=1,2,3,4)$ 为形函数。

（2）二次插值

二次函数

$$u=a_1x^2+a_2y^2+a_3z^2+a_4xy+a_5yz+a_6zx+a_7x+a_8y+a_9z+a_{10}$$

含有 10 个待定系数，需要用 10 个点来确定这些系数。除了四个顶点外，在六条边的中点各取一点，共 10 个点。由这 10 个点的坐标和函数值，可确定这些系数，进而可将二次函数写成

$$u=N_1u_1+N_2u_2+\cdots+N_{10}u_{10}=\sum_{i=1}^{10}N_iu_i \tag{3.32}$$

其中形函数 N_i 与体积坐标 L_i 的关系是：

顶点：　如点 1，$N_i=(2L_1-1)L_1$。

边中点：如点 5，$N_5=4L_2L_3$。

可以证明，式（3.32）中的 u 是二次插值函数。

（3）三次插值

三次函数

$$u=a_1x^3+a_2y^3+a_3z^3+a_4x^2y+a_5xy^2+a_6x^2z+a_7xz^2+a_8y^2z+a_9yz^2+a_{10}xyz+a_{11}x^2+a_{12}y^2+a_{13}z^2+$$
$$a_{14}xy+a_{15}yz+a_{16}zx+a_{17}x+a_{18}y+a_{19}z+a_{20}$$

含有 20 个待定系数，需要用 20 个点来确定这些系数。除了四个顶点外，六条边上各取两个三分点，四个面上各取重心，共 20 个点。由这些点的坐标和函数值，可确定这些系数，进而可将三次函数写成

$$u = N_1 u_1 + N_2 u_2 + \cdots + N_{20} u_{20} = \sum_{i=1}^{20} N_i u_i \tag{3.33}$$

其中形函数 N_i 与体积坐标 L_i 的关系是：

顶点： 如点 1，$N_i = \dfrac{1}{2}(3L_1 - 1)(3L_1 - 1)L_1$。

边中点： 如点 5，$N_5 = \dfrac{9}{2}L_2 L_3(3L_2 - 1)$。

面中心点：如点 19，$N_{19} = 27 L_1 L_3 L_4$。

可以证明，式(3.33)中的 u 是三次插值函数。

3. 单元积分

现在来计算如下形式的体积坐标的单元积分：

$$I = \iiint_e L_1^a L_2^b L_3^c L_4^d \mathrm{d}x\mathrm{d}y\mathrm{d}z \tag{3.34}$$

式中：a、b、c 和 d 是非负整数。

可以用面积坐标中采用过的方法，求得其积分值为

$$I = 6V \frac{a!\ b!\ c!\ d!}{(a+b+c+d+3)!} \tag{3.35}$$

现列出按式(3.35)计算的积分值 I/V 与 a、b、c、d 的关系，见表 3.3，以供积分计算时查找。

表 3.3 $I/V = \dfrac{1}{V}\iiint_e L_1^a L_2^b L_3^c L_4^d \mathrm{d}x\mathrm{d}y\mathrm{d}z$ 的值

$a+b+c+d$	a	b	c	d	I/V
0	0	0	0	0	1
1	1	0	0	0	1/4
2	2	0	0	0	1/10
2	1	1	0	0	1/20
3	3	0	0	0	1/20
3	2	1	0	0	1/60
3	1	1	0	0	1/120
4	4	0	0	0	1/35
4	3	1	0	0	1/140
4	2	1	1	0	1/210
4	2	2	0	0	1/420

续表3.3

$a+b+c+d$	a	b	c	d	I/V
5	5	0	0	0	1/56
5	4	1	0	0	1/280
5	3	1	1	0	1/1120
5	3	2	0	0	1/560
5	2	1	1	1	1/3360
5	2	1	2	0	1/1680
6	6	0	0	0	1/84
6	5	1	0	0	1/504
6	4	1	1	0	1/2520
6	4	2	0	0	1/1260
6	3	1	1	1	1/10080
6	3	2	1	0	1/5040
6	3	3	0	0	1/1680
6	2	2	1	1	1/15120
6	2	2	2	0	1/7560

3.2　等参单元

长度坐标、面积坐标和体积坐标可分别用在直线单元、三角形单元和四面体单元的积分中。对于曲线单元、任意四边形单元和任意六面体单元等更复杂形状的单元积分，需用等参单元来处理。

3.2.1　一维单元

1. 线性单元

图 3.10（a）表示 ξ 轴上的一个单元，①、②是它的两个端点，其坐标分别为 $\xi_1=-1$、$\xi_2=1$。现定义两个形函数：

$$\begin{cases} N_1(\xi)=\dfrac{1-\xi}{2} \\ N_2(\xi)=\dfrac{1+\xi}{2} \end{cases} \tag{3.36}$$

它们的特点是：

(1) N_1、N_2 是 ξ 的线性函数；

(2) $\displaystyle\sum_{i=1}^{2} N_i = 1$；

(3) $N_i(\xi_j) = \begin{cases} 1, & i=j \\ 0, & i \neq j \end{cases}$。

图 3.10(b) 是 xy 平面上的一个直线单元，①、②是它的两个端点，其坐标分别为 (x_1, y_1)、(x_2, y_2)。假定函数 u 在单元上是线性变化的，用 u_1、u_2 表示两端的函数值。因为单元在 xy 平面上，所以它有二个坐标变量，但这又是直线上的单元，是一维的，可用一个坐标变量来描述。令

$$\begin{cases} u = N_1(\xi)u_1 + N_2(\xi)u_2 = N_1 u_1 + N_2 u_2 \\ x = N_1 x_1 + N_2 x_2 \\ y = N_1 y_1 + N_2 y_2 \end{cases} \tag{3.37}$$

将 u、x 和 y 变成单变量 ξ 的函数。根据形函数的特点，不难证明 $\xi = -1$ 时，$x = x_1$，$y = y_1$，$u = u_1$；$\xi = 1$ 时，$x = x_2$，$y = y_2$，$u = u_2$。由于 u、x、y 被表示成同一参量的函数，其函数形式完全相同，所以称为等参单元。图 3.10(a) 中的单元称为母单元，图 3.10(b) 中单元称为子单元。

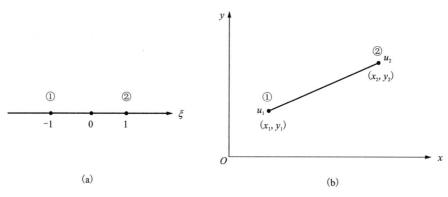

图 3.10 一维线性单元示意图

例 3.3 设 u 为单元上的线性函数，单元端点的坐标和函数值为已知 [见图 3.10(b)]，求积分 $I = \displaystyle\int_{(x_1, y_1)}^{(x_2, y_2)} u(x, y)\,\mathrm{d}l$。

解 令

$$u = N_1 u_1 + N_2 u_2 = (N_1 \quad N_2)\begin{pmatrix} u_1 \\ u_2 \end{pmatrix}$$

因为

$$\mathrm{d}l = \sqrt{\mathrm{d}x^2 + \mathrm{d}y^2}$$

$$\mathrm{d}x = x_1 \frac{\mathrm{d}N_1}{\mathrm{d}\xi}\mathrm{d}\xi + x_2 \frac{\mathrm{d}N_2}{\mathrm{d}\xi}\mathrm{d}\xi = \frac{x_2 - x_1}{2}\mathrm{d}\xi$$

$$dy = y_1 \frac{dN_1}{d\xi}d\xi + y_2 \frac{dN_2}{d\xi}d\xi = \frac{y_2 - y_1}{2}d\xi$$

所以

$$dl = \sqrt{dx^2 + dy^2} = \frac{l}{2}d\xi$$

其中 $l = \sqrt{(x_2 - x_1)^2 + (y_2 - y_1)^2}$。

于是

$$I = \int_{(x_1, y_1)}^{(x_2, y_2)} u(x, y)dl = \frac{l}{2}\int_{-1}^{1}(N_1 \quad N_2)d\xi \cdot \begin{pmatrix} u_1 \\ u_2 \end{pmatrix}$$

$$= \frac{l}{2}\int_{-1}^{1}\left(\frac{1-\xi}{2} \quad \frac{1+\xi}{2}\right)d\xi \cdot \begin{pmatrix} u_1 \\ u_2 \end{pmatrix} = \frac{l}{2}(u_1 + u_2)$$

2. 二次单元

图 3.11(b) 表示平面上的一个曲线单元(子单元),点①、③是单元的端点,②是单元中的任意一点。这些点的坐标分别是 (x_1, y_1)、(x_2, y_2)、(x_3, y_3),函数值分别为 u_1、u_2 和 u_3。取图 3.11(a) 所示的母单元,构造二次形函数:

$$\begin{cases} N_1 = \dfrac{-(1-\xi)}{2}\xi \\[2mm] N_2 = 1-\xi^2 \\[2mm] N_3 = \dfrac{1+\xi}{2}\xi \end{cases} \tag{3.38}$$

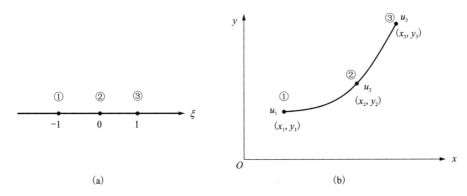

图 3.11　一维二次单元示意图

它们的特点是:

(1) N_1、N_2、N_3 均是 ξ 的二次函数;

(2) $\sum\limits_{i=1}^{3} N_i = 1$;

(3) $N_i(\xi_j) = \begin{cases} 1, & i=j \\ 0, & i \neq j \end{cases}$。

子单元上的 u、x 和 y 可表示为

$$\begin{cases} u = N_1 u_1 + N_2 u_2 + N_3 u_3 \\ x = N_1 x_1 + N_2 x_2 + N_3 x_3 \\ y = N_1 y_1 + N_2 y_2 + N_3 y_3 \end{cases} \tag{3.39}$$

易验证，上式满足

$$\xi = -1 \text{ 时}, \ x = x_1, \ y = y_1, \ u = u_1$$
$$\xi = 0 \text{ 时}, \ x = x_2, \ y = y_2, \ u = u_2$$
$$\xi = 1 \text{ 时}, \ x = x_3, \ y = y_3, \ u = u_3$$

例3.4 设 u 为单元上的二次函数，单元上三点的坐标和函数值为已知[见图3.12(b)]，求积分 $I = \int_{(x_1, y_1)}^{(x_3, y_3)} u(x, \ y) \mathrm{d}l$。

解 令

$$u = N_1 u_1 + N_2 u_2 + N_3 u_3 = \begin{pmatrix} N_1 & N_2 & N_3 \end{pmatrix} \begin{pmatrix} u_1 \\ u_2 \\ u_3 \end{pmatrix}$$

因为

$$\mathrm{d}l = \sqrt{\mathrm{d}x^2 + \mathrm{d}y^2},$$

$$\mathrm{d}x = x_1 \frac{\mathrm{d}N_1}{\mathrm{d}\xi}\mathrm{d}\xi + x_2 \frac{\mathrm{d}N_2}{\mathrm{d}\xi}\mathrm{d}\xi + x_3 \frac{\mathrm{d}N_3}{\mathrm{d}\xi}\mathrm{d}\xi = \left[\frac{1}{2}(x_3 - x_1) + \xi(x_1 - 2x_2 + x_3)\right]\mathrm{d}\xi$$

$$\mathrm{d}y = y_1 \frac{\mathrm{d}N_1}{\mathrm{d}\xi}\mathrm{d}\xi + y_2 \frac{\mathrm{d}N_2}{\mathrm{d}\xi}\mathrm{d}\xi + y_3 \frac{\mathrm{d}N_3}{\mathrm{d}\xi}\mathrm{d}\xi = \left[\frac{1}{2}(y_3 - y_1) + \xi(y_1 - 2y_2 + y_3)\right]\mathrm{d}\xi$$

所以

$$\mathrm{d}l = \sqrt{\mathrm{d}x^2 + \mathrm{d}y^2} = F(\xi)\mathrm{d}\xi,$$

式中：$F(\xi) = \sqrt{a\xi^2 + b\xi + c}$，且

$$a = (x_1 - 2x_2 + x_3)^2 + (y_1 - 2y_2 + x_3)^2$$
$$b = (x_3 - x_1)(x_1 - 2x_2 + x_3) + (y_3 - y_1)(y_1 - 2y_2 + y_3)$$
$$c = \frac{1}{4}\left[(x_3 - x_1)^2 + (y_3 - y_1)^2\right]$$

于是，

$$I = \int_{(x_1, y_1)}^{(x_2, y_2)} u(x, \ y)\mathrm{d}l = \sum_{i=1}^{3}\left[\int_{-1}^{1} N_i(\xi)F(\xi)\mathrm{d}\xi \cdot u_i\right] = \sum_{i=1}^{3} k_i u_i$$

式中：$k_i = \int_{-1}^{1} N_i(\xi)F(\xi)\mathrm{d}\xi$，而利用解析法计算这个积分非常麻烦或者不可能。

3. 三次单元

对于图3.12所示的三次单元，其形函数为

$$\begin{cases} N_1 = \dfrac{1}{16}(3\xi+1)(3\xi-1)(1-\xi) \\[2mm] N_2 = \dfrac{9}{16}(1-\xi^2)(1-3\xi) \\[2mm] N_3 = \dfrac{9}{16}(1-\xi^2)(1+3\xi) \\[2mm] N_4 = \dfrac{1}{16}(3\xi+1)(3\xi-1)(1+\xi) \end{cases} \qquad (3.40)$$

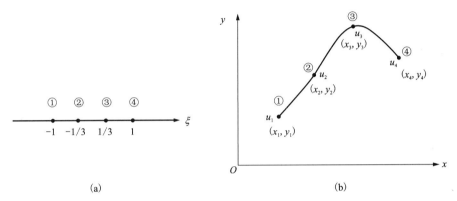

图 3.12　一维三次单元示意图

三次单元能拟合较复杂的边界, 但其计算工作量大。

3.2.2　二维单元

1. 四边形单元和曲边四边形单元

(1) 双线性插值

图 3.13(a) 所示的正方形单元(母单元), 包含四个顶点的编号及其坐标。构造的形函数为:

$$\begin{cases} N_1 = \dfrac{1}{4}(1-\xi)(1+\eta) \\[2mm] N_2 = \dfrac{1}{4}(1-\xi)(1-\eta) \\[2mm] N_3 = \dfrac{1}{4}(1+\xi)(1-\eta) \\[2mm] N_4 = \dfrac{1}{4}(1+\xi)(1+\eta) \end{cases} \qquad (3.41)$$

或统一写成:

$$N_i = \frac{1}{4}(1+\xi_i\xi)(1+\eta_i\eta) \qquad (3.42)$$

式中：(ξ_i, η_i) 是点 $i(i=1, 2, 3, 4)$ 的坐标。

形函数式(3.41)满足：

$$N_i(j) = \begin{cases} 1, & i=j \\ 0, & i \neq j \end{cases}$$

的要求，其中 j 代表点号。

图 3.13(b)上任意四边形单元(子单元)的四个顶点的坐标分别是 (x_1, y_1)、(x_2, y_2)、(x_3, y_3) 和 (x_4, y_4)，函数值分别为 u_1、u_2、u_3 和 u_4。子单元上的 u、x 和 y 可表示成：

$$\begin{cases} u = N_1 u_1 + N_2 u_2 + N_3 u_3 + N_4 u_4 \\ x = N_1 x_1 + N_2 x_2 + N_3 x_3 + N_4 x_4 \\ y = N_1 y_1 + N_2 y_2 + N_3 y_3 + N_4 y_4 \end{cases} \tag{3.43}$$

将形函数式(3.41)代入上式，整理后，得

$$\begin{cases} u = A_1 \xi\eta + A_2 \xi + A_3 \eta + A_4 \\ x = B_1 \xi\eta + B_2 \xi + B_3 \eta + B_4 \\ y = C_1 \xi\eta + C_2 \xi + C_3 \eta + C_4 \end{cases} \tag{3.44}$$

式中：A_1，A_2，$\cdots$，C_4 是常数。

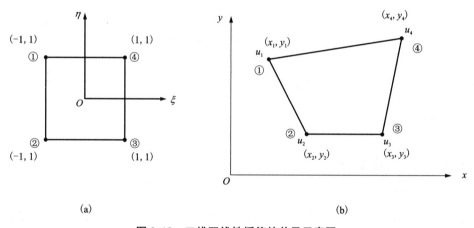

(a)   (b)

图 3.13 二维双线性插值的单元示意图

例 3.5 已知四边形单元四个顶点的坐标分别为 (x_1, y_1)、(x_2, y_2)、(x_3, y_3) 和 (x_4, y_4)，相应的函数值分别为 u_1、u_2、u_3 和 u_4[见图 3.13(b)]，求积分 $I = \iint_e u \mathrm{d}x\mathrm{d}y$。

解 令

$$u = N_1 u_1 + N_2 u_2 + N_3 u_3 + N_4 u_4 = (N_1 \quad N_2 \quad N_3 \quad N_4) \begin{pmatrix} u_1 \\ u_2 \\ u_3 \\ u_4 \end{pmatrix}$$

根据雅可比变换有

$$dxdy = \begin{vmatrix} \dfrac{\partial x}{\partial \xi} & \dfrac{\partial y}{\partial \xi} \\ \dfrac{\partial x}{\partial \eta} & \dfrac{\partial y}{\partial \eta} \end{vmatrix} d\xi d\eta = |J| d\xi d\eta$$

其中 $|J|$ 是雅可比变换行列式。因为

$$\frac{\partial x}{\partial \xi} = \sum_{i=1}^{4} \frac{\partial N_i}{\partial \xi} x_i, \quad \frac{\partial x}{\partial \eta} = \sum_{i=1}^{4} \frac{\partial N_i}{\partial \eta} x_i$$

$$\frac{\partial y}{\partial \xi} = \sum_{i=1}^{4} \frac{\partial N_i}{\partial \xi} y_i, \quad \frac{\partial y}{\partial \eta} = \sum_{i=1}^{4} \frac{\partial N_i}{\partial \eta} y_i$$

所以雅可比矩阵为

$$J = \begin{bmatrix} \dfrac{\partial x}{\partial \xi} & \dfrac{\partial y}{\partial \xi} \\ \dfrac{\partial x}{\partial \eta} & \dfrac{\partial y}{\partial \eta} \end{bmatrix} = \begin{bmatrix} \dfrac{\partial N_1}{\partial \xi} & \dfrac{\partial N_2}{\partial \xi} & \dfrac{\partial N_3}{\partial \xi} & \dfrac{\partial N_4}{\partial \xi} \\ \dfrac{\partial N_1}{\partial \eta} & \dfrac{\partial N_2}{\partial \eta} & \dfrac{\partial N_3}{\partial \eta} & \dfrac{\partial N_4}{\partial \eta} \end{bmatrix} \begin{bmatrix} x_1 & y_1 \\ x_2 & y_2 \\ x_3 & y_3 \\ x_4 & y_4 \end{bmatrix}$$

由形函数(3.41)，得

$$\frac{\partial N_1}{\partial \xi} = -\frac{1}{4}(1+\eta), \quad \frac{\partial N_2}{\partial \xi} = -\frac{1}{4}(1-\eta)$$

$$\frac{\partial N_3}{\partial \xi} = \frac{1}{4}(1-\eta), \quad \frac{\partial N_4}{\partial \xi} = \frac{1}{4}(1+\eta)$$

$$\frac{\partial N_1}{\partial \eta} = \frac{1}{4}(1-\xi), \quad \frac{\partial N_2}{\partial \eta} = -\frac{1}{4}(1-\xi)$$

$$\frac{\partial N_3}{\partial \eta} = -\frac{1}{4}(1+\xi), \quad \frac{\partial N_4}{\partial \eta} = \frac{1}{4}(1+\xi)$$

于是有

$$J = \frac{1}{4} \begin{bmatrix} -(1+\eta) & -(1-\eta) & 1-\eta & 1+\eta \\ 1-\xi & -(1-\xi) & -(1+\xi) & 1+\xi \end{bmatrix} \begin{bmatrix} x_1 & y_1 \\ x_2 & y_2 \\ x_3 & y_3 \\ x_4 & y_4 \end{bmatrix} = \frac{1}{4} \begin{bmatrix} \alpha\eta+c_1 & \beta\eta+c_2 \\ \alpha\xi+c_3 & \beta\eta+c_4 \end{bmatrix}$$

式中：

$$\alpha = -x_1+x_2-x_3+x_4, \quad \beta = -y_1+y_2-y_3+y_4$$

$$c_1 = -x_1-x_2+x_3+x_4, \quad c_2 = -y_1-y_2+y_3+y_4$$

$$c_3 = x_1-x_2-x_3+x_4, \quad c_4 = y_1-y_2-y_3+y_4$$

所以，雅可比变换行列式

$$|J| = \frac{1}{16} \begin{vmatrix} \alpha\eta+c_1 & \beta\eta+c_2 \\ \alpha\xi+c_3 & \beta\eta+c_4 \end{vmatrix} = J(\xi, \eta)$$

这样，$|J|$ 是 ξ、η 的线性函数，用 $J(\xi, \eta)$ 表示。

因此，我们可得

$$I = \iint_e u \mathrm{d}x\mathrm{d}y = \int_{-1}^1 \int_{-1}^1 \big[\sum_{i=1}^4 N_i(\xi, \eta) u_i \big] \boldsymbol{J}(\xi, \eta) \mathrm{d}\xi \mathrm{d}\eta$$

$$= \sum_{i=1}^4 \big[\int_{-1}^1 \int_{-1}^1 N_i(\xi, \eta) \boldsymbol{J}(\xi, \eta) \mathrm{d}\xi \mathrm{d}\eta \big] u_i = \sum_{i=1}^4 k_i u_i$$

式中：$k_i = \int_{-1}^1 \int_{-1}^1 N_i(\xi, \eta) \boldsymbol{J}(\xi, \eta) \mathrm{d}\xi \mathrm{d}\eta$。 一般情况下，$k_i$ 是复杂函数的积分，利用解析法计算这个积分非常麻烦或者不可能。

（2）双二次插值

取图 3.14(a)所示的正方形单元（母单元），包含八个节点的编号及其坐标。构造的形函数为：

$$\begin{cases} N_1 = \dfrac{1}{4}(1-\xi)(1+\eta)(-\xi+\eta-1) \\[2mm] N_2 = \dfrac{1}{4}(1-\xi)(1-\eta)(-\xi-\eta-1) \\[2mm] N_3 = \dfrac{1}{4}(1+\xi)(1-\eta)(\xi-\eta-1) \\[2mm] N_4 = \dfrac{1}{4}(1+\xi)(1+\eta)(\xi+\eta-1) \\[2mm] N_5 = \dfrac{1}{2}(1-\eta^2)(1-\xi) \\[2mm] N_6 = \dfrac{1}{2}(1-\xi^2)(1-\eta) \\[2mm] N_7 = \dfrac{1}{2}(1-\eta^2)(1+\xi) \\[2mm] N_8 = \dfrac{1}{2}(1-\xi^2)(1+\eta) \end{cases} \tag{3.45}$$

易验证，形函数式(3.45)满足：

$$N_i(j) = \begin{cases} 1, & i=j \\ 0, & i \neq j \end{cases}$$

的要求。

图 3.14(b)上任意曲边四边形单元（子单元）的 8 个节点的坐标分别是(x_1, y_1)，(x_2, y_2)，$\cdots$，(x_8, y_8)，函数值分别为 u_1，u_2，$\cdots$，u_8。子单元上的 u、x 和 y 可表示成：

$$u = \sum_{i=1}^8 N_i u_i, \quad x = \sum_{i=1}^8 N_i x_i, \quad y = \sum_{i=1}^8 N_i y_i \tag{3.46}$$

将形函数式(3.45)代入上式，整理后，得

$$\begin{cases} u = A_1\xi^2\eta + A_2\xi\eta^2 + A_3\xi^2 + A_4\eta^2 + A_5\xi\eta + A_6\xi + A_7\eta + A_8 \\ x = B_1\xi^2\eta + B_2\xi\eta^2 + B_3\xi^2 + B_4\eta^2 + B_5\xi\eta + B_6\xi + B_7\eta + B_8 \\ y = C_1\xi^2\eta + C_2\xi\eta^2 + C_3\xi^2 + C_4\eta^2 + C_5\xi\eta + C_6\xi + C_7\eta + C_8 \end{cases} \tag{3.47}$$

式中：A_1，A_2，$\cdots$，C_8 是常数。

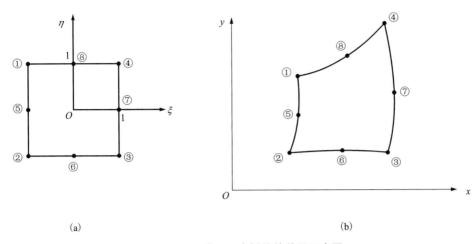

图 3.14　二维双二次插值的单元示意图

(3)双三次插值

图 3.15(a)、图 3.15(b)分别是母单元和子单元,共取 12 个节点。构造的形函数:

$$\begin{cases} N_i = \dfrac{1}{32}(1+\xi_i\xi)(1+\eta_i\eta)\left[9(\xi^2+\eta^2)-10\right], & i=1,2,3,4 \\[2mm] N_i = \dfrac{9}{32}(1+\xi_i\xi)(1-\eta^2)(1+9\eta_i\eta), & i=5,6,7,8 \\[2mm] N_i = \dfrac{9}{32}(1+\eta_i\eta)(1-\xi^2)(1+9\xi_i\xi), & i=9,10,11,12 \end{cases} \tag{3.48}$$

式中:(ξ_i,η_i)是节点的坐标。

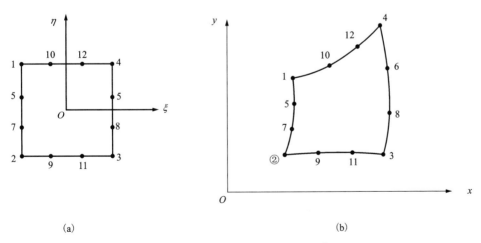

图 3.15　二维双三次插值的单元示意图

2. 曲边三角形单元

平面上的等腰直角三角形(母单元)三个顶点的编号及坐标如图 3.16(a)所示。构造的形

函数为:

$$N_1 = L_1, \quad N_2 = L_2, \quad N_3 = L_3 = 1 - L_1 - L_2 \tag{3.49}$$

式中: L_1、L_2 和 L_3 为三角形的面积坐标。

易验证,形函数满足

$$N_i(j) = \begin{cases} 1, & i = j \\ 0, & i \neq j \end{cases}$$

的要求,且为 L_1、L_2 的线性函数。

图 3.16(b)中的三角形(子单元)顶点坐标分别是 (x_1, y_1)、(x_2, y_2) 和 (x_3, y_3),函数值分别是 u_1、u_2 和 u_3。将子单元的 u、x 和 y 表示成:

$$\begin{cases} u = N_1 u_1 + N_2 u_2 + N_3 u_3 \\ x = N_1 x_1 + N_2 x_2 + N_3 x_3 \\ y = N_1 y_1 + N_2 y_2 + N_3 y_3 \end{cases} \tag{3.50}$$

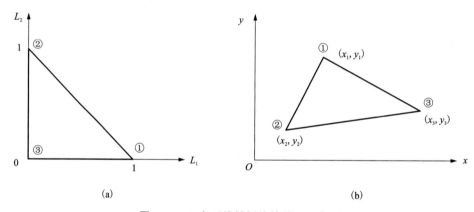

(a)   (b)

图 3.16 三角形线性插值的单元示意图

对于图 3.17(a)上三角形单元(母单元)中的 6 个点,构造的形函数如下:

$$\begin{cases} N_1 = (2L_1 - 1)L_1 \\ N_2 = (2L_2 - 1)L_2 \\ N_3 = (2L_3 - 1)L_3 \\ N_4 = 4L_2 L_3 \\ N_5 = 4L_3 L_1 \\ N_6 = 4L_1 L_2 \end{cases} \tag{3.51}$$

易验证,形函数满足

$$N_i(j) = \begin{cases} 1, & i = j \\ 0, & i \neq j \end{cases}$$

的要求。

图 3.17(b)中的曲边三角形(子单元)的 6 个点坐标分别是(x_1, y_1)，(x_2, y_2)，…，(x_6, y_6)，函数值分别是 u_1，u_2，…，u_6。将子单元的 u、x 和 y 表示成：

$$u = \sum_{i=1}^{6} N_i u_i, \quad x = \sum_{i=1}^{6} N_i x_i, \quad y = \sum_{i=1}^{6} N_i y_i \tag{3.52}$$

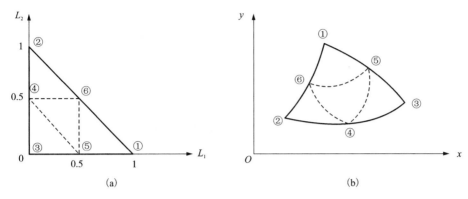

图 3.17　三角形二次插值的单元示意图

而对于图 3.18 所示的母单元和子单元，构造的形函数如下：

$$\begin{cases} N_1 = \dfrac{1}{2}(3L_1-1)(3L_1-2)L_1 \\[2mm] N_2 = \dfrac{1}{2}(3L_2-1)(3L_2-2)L_2 \\[2mm] N_3 = \dfrac{1}{2}(3L_3-1)(3L_3-2)L_3 \\[2mm] N_4 = \dfrac{9}{2}L_1L_2(3L_1-1) \\[2mm] N_5 = \dfrac{9}{2}L_1L_2(3L_2-1) \\[2mm] N_6 = \dfrac{9}{2}L_2L_3(3L_2-1) \\[2mm] N_7 = \dfrac{9}{2}L_2L_3(3L_3-1) \\[2mm] N_8 = \dfrac{9}{2}L_1L_3(3L_3-1) \\[2mm] N_9 = \dfrac{9}{2}L_1L_3(3L_1-1) \\[2mm] N_{10} = 27L_1L_2L_3 \end{cases} \tag{3.53}$$

利用这些形函数构造插值函数，其子单元上的三角形的曲边是三次曲线。

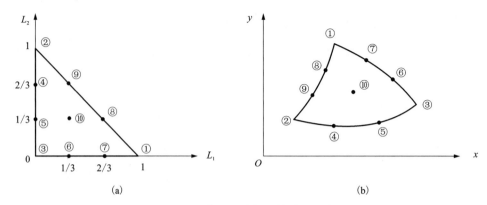

图 3.18　三角形三次插值的单元示意图

3.2.3　三维单元

这里我们只讨论六面体单元。

1. 线性插值

母单元是一个边长为 2 的正方体，取 8 个角点为节点，其编号及坐标如图 3.19(a)所示。构造的形函数为：

$$N_i = \frac{1}{8}(1+\xi_i\xi)(1+\eta_i\eta)(1+\zeta_i\zeta) \tag{3.54}$$

式中：(ξ_i, η_i, ζ_i) 是 i 点的坐标，即有

$$\begin{cases} N_1 = \dfrac{1}{8}(1-\xi)(1-\eta)(1-\zeta) \\[2mm] N_2 = \dfrac{1}{8}(1-\xi)(1-\eta)(1+\zeta) \\[2mm] N_3 = \dfrac{1}{8}(1-\xi)(1+\eta)(1+\zeta) \\[2mm] N_4 = \dfrac{1}{8}(1-\xi)(1+\eta)(1-\zeta) \\[2mm] N_5 = \dfrac{1}{8}(1+\xi)(1-\eta)(1-\zeta) \\[2mm] N_6 = \dfrac{1}{8}(1+\xi)(1-\eta)(1+\zeta) \\[2mm] N_7 = \dfrac{1}{8}(1+\xi)(1+\eta)(1+\zeta) \\[2mm] N_8 = \dfrac{1}{8}(1+\xi)(1+\eta)(1-\zeta) \end{cases}$$

容易验证,形函数式满足:

$$N_i(j) = \begin{cases} 1, & i=j \\ 0, & i \neq j \end{cases}$$

的条件。

图 3.19(b)是棱边为直线的任意六面体单元(子单元),8 个顶点坐标是 (x_1, y_1),(x_2, y_2),$\cdots$,(x_8, y_8),函数值是 u_1、u_2,$\cdots$,u_8。将子单元的 u、x、y 和 z 表示成:

$$u = \sum_{i=1}^{8} N_i u_i, \quad x = \sum_{i=1}^{8} N_i x_i, \quad y = \sum_{i=1}^{8} N_i y_i, \quad z = \sum_{i=1}^{8} N_i z_i \tag{3.55}$$

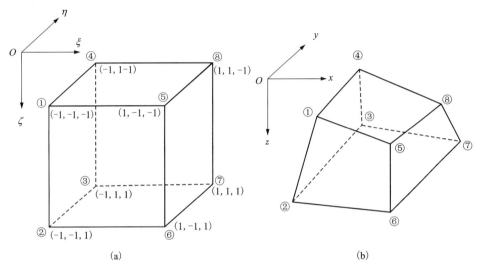

(a)　　　　　　　　　　　　　　　(b)

图 3.19　三维线性插值的六面体单元示意图

例 3.6 已知六面体单元 8 个顶点的坐标 (x_1, y_1, z_1),(x_2, y_2, z_2),$\cdots$,(x_8, y_8, z_8),及相应的函数值 u_1,u_2,$\cdots$,u_8,求积分 $I = \iiint_e u \mathrm{d}x \mathrm{d}y \mathrm{d}z$。

解　令

$$u = \sum_{i=1}^{8} N_i u_i = \sum_{i=1}^{8} N_i(\xi, \eta, \zeta) u_i$$

根据雅可比变换有

$$\mathrm{d}x\mathrm{d}y\mathrm{d}z = \begin{vmatrix} \dfrac{\partial x}{\partial \xi} & \dfrac{\partial y}{\partial \xi} & \dfrac{\partial z}{\partial \xi} \\ \dfrac{\partial x}{\partial \eta} & \dfrac{\partial y}{\partial \eta} & \dfrac{\partial z}{\partial \eta} \\ \dfrac{\partial x}{\partial \zeta} & \dfrac{\partial y}{\partial \zeta} & \dfrac{\partial z}{\partial \zeta} \end{vmatrix} \mathrm{d}\xi\mathrm{d}\eta\mathrm{d}\zeta = |\boldsymbol{J}| \mathrm{d}\xi\mathrm{d}\eta\mathrm{d}\zeta$$

式中:

$$|\boldsymbol{J}| = \begin{vmatrix} \dfrac{\partial x}{\partial \xi} & \dfrac{\partial y}{\partial \xi} & \dfrac{\partial z}{\partial \xi} \\[2mm] \dfrac{\partial x}{\partial \eta} & \dfrac{\partial y}{\partial \eta} & \dfrac{\partial z}{\partial \eta} \\[2mm] \dfrac{\partial x}{\partial \zeta} & \dfrac{\partial y}{\partial \zeta} & \dfrac{\partial z}{\partial \zeta} \end{vmatrix} = \boldsymbol{J}(\xi, \eta, \zeta)$$

是雅可比变换行列式, 是 ξ、η、ζ 的函数。

于是,

$$I = \iiint_e u \mathrm{d}x\mathrm{d}y\mathrm{d}z = \sum_{i=1}^{8}\left[\int_{-1}^{1}\int_{-1}^{1}\int_{-1}^{1} N_i(\xi, \eta, \zeta)\boldsymbol{J}(\xi, \eta, \zeta)\mathrm{d}\xi\mathrm{d}\eta\mathrm{d}\zeta \cdot u_i\right] = \sum_{i=1}^{8} k_i u_i$$

式中: $k_i = \int_{-1}^{1}\int_{-1}^{1}\int_{-1}^{1} N_i(\xi, \eta, \zeta)\boldsymbol{J}(\xi, \eta, \zeta)\mathrm{d}\xi\mathrm{d}\eta\mathrm{d}\zeta$, 而利用解析法计算这个积分非常麻烦或者不可能。

2. 二次插值

母单元是图 3.20(a) 所示的正方体, 子单元如图 3.20(b) 所示。除 8 个顶点外, 再取 12 条棱边的中点为节点, 共 20 个节点。

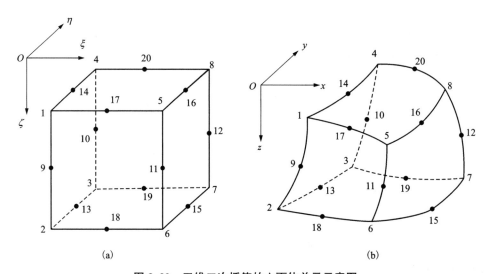

图 3.20 三维二次插值的六面体单元示意图

构造的形函数为:

$$\begin{cases} N_i = \dfrac{1}{8}(1+\xi_i\xi)+(1+\eta_i\eta)(1+\zeta_i\zeta)(\xi_i\xi+\eta_i\eta+\zeta_i\zeta-2)\,, & i=1,\ 2,\ \cdots,\ 8 \\[2mm] N_i = \dfrac{1}{4}(1-\eta^2)(1+\zeta_i\zeta)(1+\xi_i\xi)\,, & i=9,\ 10,\ \cdots,\ 12 \\[2mm] N_i = \dfrac{1}{4}(1-\xi^2)(1+\eta_i\eta)(1+\zeta_i\zeta)\,, & i=13,\ 14,\ \cdots,\ 16 \\[2mm] N_i = \dfrac{1}{4}(1-\zeta^2)(1+\xi_i\xi)(1+\eta_i\eta)\,, & i=17,\ 18,\ \cdots,\ 20 \end{cases} \qquad (3.56)$$

式中: $(\xi_i,\ \eta_i,\ \zeta_i)$ 是 i 点的坐标。

3.3　高斯数值积分

在等参单元的积分中, 经常遇到下列类型的积分:

$$\int_{-1}^{1} f(\xi)\,\mathrm{d}\xi,\ \int_{-1}^{1}\int_{-1}^{1} f(\xi,\ \eta)\,\mathrm{d}\xi\mathrm{d}\eta,\ \int_{-1}^{1}\int_{-1}^{1}\int_{-1}^{1} f(\xi,\ \eta,\ \zeta)\,\mathrm{d}\xi\mathrm{d}\eta\mathrm{d}\zeta$$

积分式中被积函数一般是比较复杂的。若采用解析法计算这类积分, 非常麻烦, 甚至不可能, 通常利用数值积分方法计算这类积分。本节只介绍高斯-勒让德求积公式。

3.3.1　一维数值积分

一维高斯-勒让德求积公式为

$$I = \int_{-1}^{1} f(\xi)\,\mathrm{d}\xi \approx \sum_{i=1}^{n} W_i f(\xi_i) \qquad (3.57)$$

式中: ξ_i 是区间 $[-1,\ 1]$ 中几个积分点, 称为高斯点; W_i 为高斯求积系数。

下面, 我们给出生成高斯点和高斯求积系数的 Matlab 程序:

```
function [ x w ] = getGaussQuadWeights(N)
beta = 0.5./sqrt(1- (2*(1:N- 1)).^(- 2));
T = diag(beta,1) + diag(beta,- 1);
[ V,D ] = eig(T);
[ x,i ] = sort(diag(D));
w = 2*V(1,i)'.^2;
end
```

3.3.2　二维和三维数值积分

利用一维高斯-勒让德积分公式, 容易将其拓展为二重积分, 具体为

$$\int_{-1}^{1}\int_{-1}^{1} f(\xi,\ \eta)\,\mathrm{d}\xi\mathrm{d}\eta = \int_{-1}^{1}\left[\int_{-1}^{1} f(\xi,\ \eta)\,\mathrm{d}\xi\right]\mathrm{d}\eta$$

$$\approx \int_{-1}^{1}\left[\sum_{i=1}^{n} W_i f(\xi_i,\ \eta)\right]\mathrm{d}\eta$$

$$\approx \sum_{i=1}^{n} W_i \int_{-1}^{1} f(\xi_i,\ \eta)\,\mathrm{d}\eta$$

$$\approx \sum_{i=1}^{n} W_i \sum_{j=1}^{n} W_j f(\xi_i, \eta_j)$$

$$\approx \sum_{i=1}^{M} \sum_{j=1}^{N} W_i W_j f(\xi_i, \eta_j) \qquad (3.58)$$

同理,

$$\int_{-1}^{1} \int_{-1}^{1} \int_{-1}^{1} f(\xi, \eta, \zeta) \, \mathrm{d}\xi \mathrm{d}\eta \mathrm{d}\zeta \approx \sum_{i=1}^{M} \sum_{j=1}^{N} \sum_{k=1}^{L} W_i W_j W_k f(\xi_i, \eta_j, \zeta_k) \qquad (3.59)$$

在地球物理波场数值模拟中,高斯结点数通常情况下不宜取得过多(一般小于10),以免过多增加计算量。另外 ξ、η、ζ 方向的高斯节点数 M、N 和 L 可以取得不同。下面给出几组高斯-勒让德求积公式的高斯点和高斯求积系数。

表 3.4　高斯-勒让德求积公式的高斯点和高斯求积系数

积分点数	高斯点	高斯求积系数
1	0.0	2.0
2	$-1/\sqrt{3}$	1.0
	$1/\sqrt{3}$	1.0
3	$\sqrt{0.6}$	5/9
	0.0	8/9
	$-\sqrt{0.6}$	5/9
4	0.861136311594053	0.347854845137454
	0.339981043584856	0.652145154862546
	-0.339981043584856	0.652145154862546
	-0.861136311594053	0.347854845137454
5	0.906179845938664	0.236926885056189
	0.538469310105683	0.478628670499366
	0	0.568888888888889
	-0.538469310105683	0.478628670499366
	-0.906179845938664	0.236926885056189
6	0.932469514203152	0.171324492379170
	0.661209386466265	0.360761573048139
	0.238619186083197	0.467913934572691
	-0.238619186083197	0.467913934572691
	-0.661209386466265	0.360761573048139
	-0.932469514203152	0.171324492379170

续表3. 4

积分点数	高斯点	高斯求积系数
12	−0. 981560634246732	0. 04717533638647547
	0. 904117256370452	0. 1069393259953637
	−0. 7699026741943177	0. 1600783285433586
	−0. 5873179542866143	0. 2031674267230672
	−0. 3678314989981804	0. 2334925365383534
	−0. 12523340851114688	0. 2491470458134027
	0. 12523340851114688	0. 2491470458134027
	0. 3678314989981804	0. 2334925365383534
	0. 5873179542866143	0. 2031674267230672
	0. 7699026741943177	0. 1600783285433586
	0. 904117256370452	0. 1069393259953637
	0. 981560634246732	0. 04717533638647547

第4章 稳定场方程的有限单元法

稳定场方程通常指物理量在不随时间变化的情况下的偏微分方程，包括拉普拉斯方程、泊松方程和亥姆霍兹方程，主要描述稳定温度场、静电场、时变电磁波的电场或磁场空间分布等。本章主要讨论有限单元法求解稳定场方程的边值问题。

4.1 一维稳定场方程的有限元解法

4.1.1 Dirichlet 边界问题

Dirichlet 边界条件，又称为第一类边界条件，它给出了未知函数在边界上的值。

在 Dirichlet 边界条件下，考虑如下一维稳定场方程的边值问题：

$$\begin{cases} \dfrac{\mathrm{d}}{\mathrm{d}x}\left[p(x)\dfrac{\mathrm{d}u}{\mathrm{d}x}\right]+q(x)u+f(x)=0, & a<x<b \\ u\big|_{x=a}=\alpha \\ u\big|_{x=b}=\beta \end{cases} \tag{4.1}$$

式中：$p(x)$、$q(x)$ 和 $f(x)$ 为 x 的已知函数；α 和 β 为常数；u 为待求函数。

这里，我们采用变分原理导出相应的有限元方程组。

1. 算法推导

边值问题(4.1)对应的变分问题为：

$$\begin{cases} F(u)=\displaystyle\int_a^b\left[\dfrac{1}{2}p\left(\dfrac{\mathrm{d}u}{\mathrm{d}x}\right)^2-\dfrac{1}{2}qu^2-fu\right]\mathrm{d}x=\min \\ u(x)\big|_{x=a}=\alpha \\ u(x)\big|_{x=b}=\beta \end{cases} \tag{4.2}$$

下面我们采用有限单元法进行求解。

(1)区域剖分。将区域剖分为若干单元，类似于有限差分法的网格离散化，网格剖分可以采用非均匀的网格单元。

(2)选取插值函数。采用线性插值方式，其构造的形函数为

$$N_1=\frac{1-\xi}{2}, \quad N_2=\frac{1+\xi}{2}$$

若单元的长度为 Δx，则有

$$\mathrm{d}x=\frac{\Delta x}{2}\mathrm{d}\xi$$

(3)单元分析。将全区域的积分分解为单元积分之和。

单元积分1:

$$\int_e \frac{1}{2} p \left(\frac{\mathrm{d}u}{\mathrm{d}x}\right)^2 \mathrm{d}x = \frac{1}{2} u_e^{\mathrm{T}} \int_e p \left(\frac{\mathrm{d}N}{\mathrm{d}x}\right) \left(\frac{\mathrm{d}N}{\mathrm{d}x}\right)^{\mathrm{T}} \mathrm{d}x u_e \approx \frac{1}{2} u_e^{\mathrm{T}} (k_{ij}) u_e = \frac{1}{2} u_e^{\mathrm{T}} K_{1e} u_e \quad (4.3)$$

其中,

$$K_{1e} = \int_e p \frac{\mathrm{d}N_i}{\mathrm{d}x} \frac{\mathrm{d}N_j}{\mathrm{d}x} \mathrm{d}x = \int_e p \left(\frac{\mathrm{d}N_i}{\mathrm{d}\xi} \frac{\mathrm{d}\xi}{\mathrm{d}x}\right) \left(\frac{\mathrm{d}N_j}{\mathrm{d}\xi} \frac{\mathrm{d}\xi}{\mathrm{d}x}\right) |J| \mathrm{d}\xi$$

$$= \int_e p \left(\frac{\mathrm{d}N_i}{\mathrm{d}\xi} \frac{\mathrm{d}N_j}{\mathrm{d}\xi}\right) \frac{2}{\Delta x} \mathrm{d}\xi = \int_{-1}^1 p \left(\frac{\mathrm{d}N_i}{\mathrm{d}\xi} \frac{\mathrm{d}N_j}{\mathrm{d}\xi}\right) \frac{2}{\Delta x} \mathrm{d}\xi$$

上式需要采用数值积分计算。若 $p(x)$ 为常数,我们可以手动计算积分,则有

$$K_{1e} = p \int_{-1}^1 \begin{pmatrix} \dfrac{\mathrm{d}N_1}{\mathrm{d}\xi} \dfrac{\mathrm{d}N_1}{\mathrm{d}\xi} & \dfrac{\mathrm{d}N_1}{\mathrm{d}\xi} \dfrac{\mathrm{d}N_2}{\mathrm{d}\xi} \\ \dfrac{\mathrm{d}N_2}{\mathrm{d}\xi} \dfrac{\mathrm{d}N_1}{\mathrm{d}\xi} & \dfrac{\mathrm{d}N_2}{\mathrm{d}\xi} \dfrac{\mathrm{d}N_2}{\mathrm{d}\xi} \end{pmatrix} \frac{2}{\Delta x} \mathrm{d}\xi = p \begin{pmatrix} \dfrac{1}{\Delta x} & -\dfrac{1}{\Delta x} \\ -\dfrac{1}{\Delta x} & \dfrac{1}{\Delta x} \end{pmatrix}$$

单元积分2:

$$-\int_e \frac{1}{2} q u^2 \mathrm{d}x = -\frac{1}{2} u_e^{\mathrm{T}} \int_e q N N^{\mathrm{T}} \mathrm{d}x u_e = -\frac{1}{2} u_e^{\mathrm{T}} (k_{ij}) u_e \approx -\frac{1}{2} u_e^{\mathrm{T}} K_{2e} u_e \quad (4.4)$$

其中,

$$K_{2e} = \int_e q N_i N_j \mathrm{d}x = \int_e q N_i N_j |J| \mathrm{d}\xi = \int_e q N_i N_j \frac{\Delta x}{2} \mathrm{d}\xi = \int_{-1}^1 q N_i N_j \frac{\Delta x}{2} \mathrm{d}\xi$$

上式也需要采用数值积分计算。若 $q(x)$ 为常数,我们可以手动计算积分,则有

$$K_{2e} = q \int_{-1}^1 \begin{pmatrix} N_1 N_1 & N_1 N_2 \\ N_2 N_1 & N_2 N_2 \end{pmatrix} \frac{\Delta x}{2} \mathrm{d}\xi = q \begin{pmatrix} \dfrac{\Delta x}{3} & \dfrac{\Delta x}{6} \\ \dfrac{\Delta x}{6} & \dfrac{\Delta x}{3} \end{pmatrix}$$

单元积分3:

$$-\int_e f u \mathrm{d}x = -\int_e f N^{\mathrm{T}} u \mathrm{d}x = -u_e^{\mathrm{T}} P_e \quad (4.5)$$

其中,

$$P_e = \int_e f N_i \mathrm{d}x = \int_e f N_i \frac{\Delta x}{2} \mathrm{d}\xi = \int_{-1}^1 f N_i \frac{\Delta x}{2} \mathrm{d}\xi$$

上式同样需要采用数值积分计算。若 $f(x)$ 为常数,我们可以手动计算积分,则有

$$P_e = f \int_{-1}^1 \begin{pmatrix} N_1 \\ N_2 \end{pmatrix} \frac{\Delta x}{2} \mathrm{d}\xi = f \begin{pmatrix} \dfrac{\Delta x}{2} \\ \dfrac{\Delta x}{2} \end{pmatrix}$$

(4)总体合成。将单元的 u_e、K_{1e}、K_{2e} 和 P_e 扩展到全体节点:

$$F_e(u) = \frac{1}{2} u_e^{\mathrm{T}} K_{1e} u_e - \frac{1}{2} u_e^{\mathrm{T}} K_{2e} u_e - u_e^{\mathrm{T}} P_e = \frac{1}{2} u^{\mathrm{T}} \overline{K}_e u - u^{\mathrm{T}} \overline{P}_e$$

然后对各单元相加,得

$$F(u) = \sum F_e(u) = \frac{1}{2}u^{\mathrm{T}}\sum \overline{K}_e u - u^{\mathrm{T}}\overline{P}_e = \frac{1}{2}u^{\mathrm{T}}Ku - u^{\mathrm{T}}P \qquad (4.6)$$

其中 $K = \sum \overline{K}_e$ 是总体系数矩阵，$P = \overline{P}_e$ 是总体的右侧列向量。

(5)求变分。对式(4.6)求变分

$$\delta F(u) = \frac{1}{2}\delta u^{\mathrm{T}}Ku + \frac{1}{2}u^{\mathrm{T}}K\delta u - \delta u^{\mathrm{T}}P = 0$$

由于 K 的对称性，有

$$\delta u^{\mathrm{T}}Ku = u^{\mathrm{T}}K\delta u$$

所以

$$\delta u^{\mathrm{T}}Ku - \delta u^{\mathrm{T}}P = \delta u^{\mathrm{T}}(Ku - P) = 0$$

由于 $\delta u^{\mathrm{T}} \neq 0$，因此

$$Ku = P \qquad (4.7)$$

(6)解线性方程组。在解线性方程组(4.7)之前，需要将第一类边界条件代入，现在介绍代入第一类边界条件的技巧。

假定 $Ku = P$ 的形式为

$$
\begin{pmatrix}
k_{11} & k_{12} & \cdots & k_{1j} & \cdots & k_{1j} \\
k_{21} & k_{22} & \cdots & k_{2j} & \cdots & k_{2j} \\
\vdots & \vdots & & \vdots & & \vdots \\
k_{j1} & k_{j2} & \cdots & k_{jj} & \cdots & k_{jn} \\
\vdots & \vdots & & \vdots & & \vdots \\
k_{n1} & k_{n2} & \cdots & k_{nj} & \cdots & k_{nn}
\end{pmatrix}
\begin{pmatrix} u_1 \\ u_2 \\ \vdots \\ u_j \\ \vdots \\ u_n \end{pmatrix}
=
\begin{pmatrix} p_1 \\ p_2 \\ \vdots \\ p_j \\ \vdots \\ p_n \end{pmatrix}
\qquad (4.8)
$$

若已知 $u_j = b$，则式(4.8)变为

$$
\begin{pmatrix}
k_{11} & k_{12} & \cdots & 0 & \cdots & k_{1j} \\
k_{21} & k_{22} & \cdots & 0 & \cdots & k_{2j} \\
\vdots & \vdots & & \vdots & & \vdots \\
0 & 0 & \cdots & 1 & \cdots & 0 \\
\vdots & \vdots & & \vdots & & \vdots \\
k_{n1} & k_{n2} & \cdots & 0 & \cdots & k_{nn}
\end{pmatrix}
\begin{pmatrix} u_1 \\ u_2 \\ \vdots \\ u_j \\ \vdots \\ u_n \end{pmatrix}
=
\begin{pmatrix} -k_{1j}b + p_1 \\ -k_{2j}b + p_2 \\ \vdots \\ b \\ \vdots \\ -k_{nj}b + p_n \end{pmatrix}
\qquad (4.9)
$$

我们称这种方法为对角元素改 1 法。但将式(4.8)改为式(4.9)，在计算程序的设计上是比较麻烦的，只能用于强制边界条件为零值的情况。另外，我们可采用对角元素乘大数法，即将 k_{jj} 乘上一个很大的数(10^{10} 左右数量级)，并将右侧列向量的第 j 个元素改为 $k_{22} \cdot 10^{10} \cdot b$：

$$
\begin{pmatrix}
k_{11} & k_{12} & \cdots & k_{1j} & \cdots & k_{1j} \\
k_{21} & k_{22} & \cdots & k_{2j} & \cdots & k_{2j} \\
\vdots & \vdots & & \vdots & & \vdots \\
k_{j1} & k_{j2} & \cdots & k_{jj} \cdot 10^{10} & \cdots & k_{jn} \\
\vdots & \vdots & & \vdots & & \vdots \\
k_{n1} & k_{n2} & \cdots & k_{nj} & \cdots & k_{nn}
\end{pmatrix}
\begin{pmatrix} u_1 \\ u_2 \\ \vdots \\ u_j \\ \vdots \\ u_n \end{pmatrix}
=
\begin{pmatrix} p_1 \\ p_2 \\ \vdots \\ k_{jj} \cdot 10^{10} \cdot b \\ \vdots \\ p_n \end{pmatrix}
\qquad (4.10)
$$

经过修改后的第 j 个方程为

$$k_{j1}u_1+k_{j2}u_2+\cdots+k_{jj}\cdot 10^{10}u_j+\cdots k_{jn}u_n=k_{jj}\cdot 10^{10}\cdot b$$

由于 $k_{jj}\cdot 10^{10}u_j\gg k_{ji}(i\neq j)$，方程左端的 $k_{jj}\cdot 10^{10}u_j$ 项较其他项要大得多，因此近似得到

$$k_{jj}\cdot 10^{10}u_j=k_{jj}\cdot 10^{10}\cdot b$$

则有

$$u_j=b$$

这样就将线性方程组(4.8)改为了线性方程组(4.10)，在程序设计上十分方便，因此在有限元法中经常采用。

求解代入第一类边界条件后的线性方程组(4.10)，最后得到各节点的 u。至此，有限单元法的求解过程结束。

2.程序设计

下面我们给出利用有限单元法计算 Dirichlet 边界条件下一维稳定场方程的 Matlab 主函数：

```
function u＝fem1d_Dirichlet(x,alpha,beta)
%  输入参数:
%  x:剖分节点的坐标值
%  alpha: 左边界值
%  beta：右边界值
%  输出参数：
%  u:有限元数值解
N＝size(x,1); %  节点数
Ne＝N-1;     %  单元数
map＝[1:N-1; 2:N]'; %  存放单元节点编号
num_basis＝size(map,2);
K＝sparse(N,N);
P＝sparse(N,1);
K1e＝zeros(num_basis,num_basis,Ne);
K2e＝zeros(num_basis,num_basis,Ne);
Pe＝zeros(num_basis,Ne);
%  数值积分计算单元矩阵
gauss＝2;
s＝[-1/sqrt(3),1/sqrt(3)];
wt＝[1, 1];
xl_v＝x(map);
for k＝1:Ne
      for igpt＝1:gauss
          sigpt＝s(igpt);
          weight＝wt(igpt);
```

```
        [jac,phi,dphids] = deriv(sigpt,xl_v); % 子函数：计算 Jacobian 矩阵
        [p,q,rhs] = gauss_f(sigpt,xl_v); % 子函数：计算 p(x)、q(x)、f(x)
        for j = 1:num_basis
            for i = 1:num_basis
                K1e(i,j,k) = K1e(i,j,k)+weight*p(k)*dphids(:,i)*dphids(:,j)/jac(k);
                K2e(i,j,k) = K2e(i,j,k)+weight*q(k)*phi(:,i)*phi(:,j)*jac(k);
            end
            Pe(j,k) = Pe(j,k)+weight*rhs(k)*phi(:,j)*jac(k);
        end
    end
end
% 组装刚度矩阵
for iel = 1:Ne
    for i = 1:2
        ii = map(iel,i);
        for j = 1:2
            jj = map(iel,j);
            K(ii,jj) = K(ii,jj)+K1e(i,j,iel)- K2e(i,j,iel);
        end
        P(ii) = P(ii)+Pe(i,iel);
    end
end
% 第一类边界条件(对角元素改 1 法)
K(1,:) = 0;  K(1,1) = 1;   P(1) = alpha;
K(end,:) = 0; K(end,end) = 1;P(end) = beta;
% 第一类边界条件(对角元素乘大数法)
% K(1,1) = 10^10*K(1,1); P(1) = K(1,1)*alpha;
% K(end,end) = 10^10*K(end,end); P(end) = K(end,end)*beta;
% 线性方程组求解
u = K\P;
子函数 1：
function [jac,phi,dphids] = deriv(s,xl_v)
nel = size(xl_v,1);
[phi,dphids] = shape1D(s); % 形函数
num_basis = length(phi);
dxds = zeros(nel,1);
jac = zeros(nel,1);
for i = 1:num_basis
    dxds(:,1) = dxds(:,1) + xl_v(:,i) *dphids(i);
```

```
end
jac(1:end,1) = dxds;
```

子函数 2：

```
function [p, q, rhs] = gauss_f(s,xl)
nel = size(xl,1);
xx = zeros(nel,1);
[phi_e] = shape1D(s);
num_basis = length(phi_e);
for ivtx = 1:num_basis
    xx = xx+phi_e(ivtx)*xl(:,ivtx);
end
[p,q,rhs] = fun(xx); % 调用 p(x)、q(x)、f(x)
```

子函数 3：

```
function [phi,dphids] = shape1D(s)
phi(1) = (1-s)/2;
phi(2) = (1+s)/2;
dphids(1) = -1/2;
dphids(2) = 1/2;
```

3. 数值试验

例 4.1　利用有限单元法求解下列一维 Poisson 方程的近似解：

$$\begin{cases} u''(x)-1=0,\ 0\leqslant x\leqslant 1 \\ u\,|_{x=0}=0 \\ u\,|_{x=1}=0 \end{cases}$$

解　该一维 Poisson 方程的精确解为：$u(x)=\dfrac{x^2-x}{2}$。

首先建立计算 $p(x)$、$q(x)$ 和 $f(x)$ 的 Matlab 函数文件：

```
function [fp,fq,f] = fun(x)
fp = zeros(size(x,1),1)+1;
fq = zeros(size(x,1),1)+0;
f = -zeros(size(x,1),1)-1;
```

将计算区间 [0,1] 均匀剖分为 20 等份，调用函数 fem1d_Dirichlet 计算，脚本程序如下：

```
Ne = 20;
a = 0;
b = 1;
x = [0:(b-a)/Ne:b]';
u_num = fem1d_Dirichlet(x,0,0);
```

有限元数值计算结果如图 4.1 所示。从图上可以看出，有限元数值解与精确解吻合得非常好，且数值解和精确解之间的绝对误差非常小，其绝对误差的数量级为 10^{-16}。

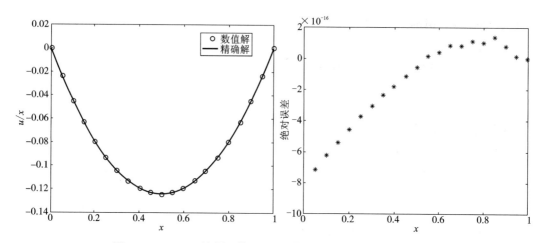

图 4.1　Dirichlet 边界一维 Poisson 方程的有限单元法计算结果

图 4.2 为该一维泊松方程有限元形成的总体系数矩阵非零元素分布图，其中图 4.2(a) 的第一类边界条件采用了对角元素改 1 法，非零元素为 59 个，但总体系数矩阵不具有对称性；图 4.2(b) 的第一类边界条件采用了对角元素乘大数法，非零元素为 61 个，且总体系数矩阵具有对称性

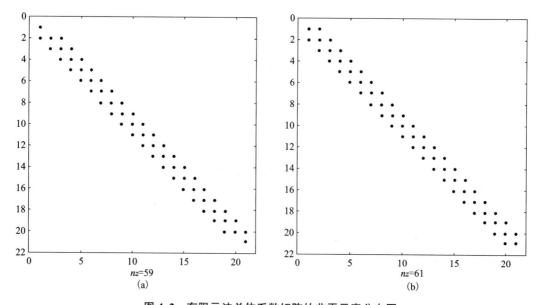

图 4.2　有限元法总体系数矩阵的非零元素分布图

考虑到这个微分方程的 $p(x)$、$q(x)$ 和 $f(x)$ 均为常数，我们可以手动计算单元积分，有限元法计算的 Matlab 脚本程序如下：

```
clear all;
NP = 21; %节点数
```

```
NE = NP- 1; %单元数
a = 1;
f = - 1;
x = 0:a/NE:a;
dx = x(2)- x(1); %单元长度
K  = zeros(NP,NP);
u  = zeros(NP,1);
P  = zeros(NP,1);
% 单元矩阵
K1e  = [1/dx - 1/dx; - 1/dx  1/dx];
Pe  =f*[dx/2 dx/2]';
% 存放单元节点编号
for i=1:NE
    ME(i,1) = i; ME(i,2) = i+1;
end
% 形成线性方程组
for iel=1:NE
    for i=1:2
        ii= ME(iel,i);
        for j=1:2
            jj = ME(iel,j);
            K(ii,jj)= K(ii,jj)+K1e(i,j);
        end
        P(ii)= P(ii)+Pe(i);
    end
end
% 第一类边界条件(对角元素改 1 法)
% K(1,:) = 0; K(1,1)  = 1; P(1) = 0;
% K(end,:) = 0; K(end,end) = 1; P(end) = 0;
% 第一类边界条件(对角元素乘大数法)
K(1,1)=10^10*K(1,1); P(1)=K(1,1)*0;
K(end,end)=10^10*K(end,end); P(end)=K(end,end)*0;
% 线性方程组求解
u = K\P;
% 解析解
u_ana=0.5*x.^2- 0.5*x;
% 图示计算结果
plot(x,u,'ro');
hold on
```

```
plot(x,u_ana)
grid on
xlabel('x');
ylabel('u(x)');
legend('数值解','精确解');
```

例 4.2 利用有限单元法求解下列一维变系数 Helmholtz 方程的差分近似解:

$$\begin{cases} \dfrac{\mathrm{d}}{\mathrm{d}x}\left(x\dfrac{\mathrm{d}u}{\mathrm{d}x}\right)+u=\sin x+\cos x-x\sin x,\ 0\leqslant x\leqslant\pi \\ u\big|_{x=0}=0 \\ u\big|_{x=\pi}=0 \end{cases}$$

解 该一维变系数 Helmholtz 方程的精确解为: $u=\sin x$。

首先建立计算 $p(x)$、$q(x)$ 和 $f(x)$ 的 Matlab 函数文件:

```
function [fp,fq,f] = fun(x)
fp = x;
fq = zeros(size(x,1),1)+1;
f = -(sin(x)+cos(x)- x.*sin(x));
```

将计算区间 $[0,\pi]$ 均匀剖分为 40 等份,调用函数 fem1d_Dirichlet 计算,脚本程序如下:

```
Ne = 40;
a = 0;
b = pi;
x = [0:(b- a)/Ne:b]';
u_num = fem1d_Dirichlet(x,0,0);
```

有限元数值计算结果如图 4.3 所示。从图上可以看出,有限元数值解与精确解吻合得很好,且数值解和精确解之间的绝对误差比较小,其绝对误差的最大值为 0.0012。

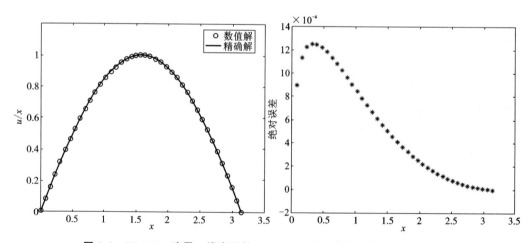

图 4.3　Dirichlet 边界一维变系数 Helmholtz 方程的有限单元法计算结果

4.1.2　Neumann 边界问题

Neumann 边界条件, 又称为第二类边界条件, 它给出了未知函数在边界上的法线方向的导数值。

在 Neumann 边界条件下, 考虑如下一维稳定场方程的边值问题:

$$\begin{cases} \dfrac{d}{dx}\left[p(x)\dfrac{du}{dx}\right]+q(x)u+f(x)=0, & a<x<b \\ u\big|_{x=a}=\alpha \\ u'\big|_{x=b}=\beta \end{cases} \tag{4.11}$$

式中: $p(x)$、$q(x)$ 和 $f(x)$ 均为 x 的已知函数; α 和 β 为常数; u 为待求函数。

边值问题(4.11)对应的变分问题为:

$$\begin{cases} F(u)=\displaystyle\int_a^b\left[\frac{1}{2}p\left(\frac{du}{dx}\right)^2-\frac{1}{2}qu^2-fu\right]dx-\int\beta u d\Gamma=\min \\ u(x)\big|_{x=a}=\alpha \end{cases} \tag{4.12}$$

采用有限单元法求解, 式(4.12)的前面三项单元积分分别按式(4.3)、式(4.4)和式(4.5)计算, 而第四项积分为:

$$-\int\beta u d\Gamma=-u^{\mathrm{T}}P_2 \tag{4.13}$$

其中,

$$P_2=\begin{pmatrix} 0 \\ 0 \\ \vdots \\ 0 \\ \beta \end{pmatrix}$$

将单元矩阵扩展到所有节点, 加入第一类边界条件, 即可得到相应的线性方程组, 求解该线性方程组即得到各节点的 u 值。

下面我们给出利用有限单元法计算 Neumann 边界条件下一维稳定场方程的 Matlab 主函数:

```
function u=fem1d_Neumann(x,alpha,beta)
% 输入参数:
% x:剖分节点的坐标值
% alpha: 左边界值
% beta: 右边界值
% 输出参数:
% u:有限元数值解
N=size(x,1); % 节点数
Ne=N-1;    % 单元数
map=[1:N-1; 2:N]'; % 存放单元节点编号
num_basis=size(map,2);
```

```
K = sparse(N,N);
P = sparse(N,1);
P1 = sparse(N,1);
P2 = sparse(N,1);
K1e = zeros(num_basis,num_basis,Ne);
K2e = zeros(num_basis,num_basis,Ne);
Pe = zeros(num_basis,Ne);
% 数值积分计算单元矩阵
gauss = 2;
s = [ - 1/sqrt(3),1/sqrt(3)];
wt = [1, 1];
xl_v = x(map);
for k = 1:Ne
    for igpt = 1:gauss
        sigpt = s(igpt);
        weight = wt(igpt);
        [jac,phi,dphids] = deriv(sigpt,xl_v); % 子函数:计算 Jacobian 矩阵
        [p,q,rhs] = gauss_f(sigpt,xl_v);% 子函数:计算 p(x)、q(x)、f(x)
        for j = 1:num_basis
            for i = 1:num_basis
                K1e(i,j,k) = K1e(i,j,k)+weight*p(k)*dphids(:,i)*dphids(:,j)/jac(k);
                K2e(i,j,k) = K2e(i,j,k)+weight*q(k)*phi(:,i)*phi(:,j)*jac(k);
            end
            Pe(j,k) = Pe(j,k)+weight*rhs(k)*phi(:,j)*jac(k);
        end
    end
end
% 组装刚度矩阵
for iel = 1:Ne
    for i = 1:2
        ii = map(iel,i);
        for j = 1:2
            jj = map(iel,j);
            K(ii,jj) = K(ii,jj)+K1e(i,j,iel)- K2e(i,j,iel);
        end
        P1(ii) = P1(ii)+Pe(i,iel);
    end
end
P2(end) = beta;
```

P = P1 + P2;
% 第一类边界条件(对角元素乘大数法)
K(1,1) = 10^10*K(1,1); P(1) = K(1,1)*alpha;
% 线性方程组求解
u = K\P;

例 4.3 利用有限单元法求解下列 Neumann 边界条件下一维 Helmholtz 方程的近似解：

$$\begin{cases} \dfrac{\mathrm{d}^2 u}{\mathrm{d}x^2} + u + x = 0, \ 0 \leqslant x \leqslant 1 \\ u\big|_{x=0} = 0 \\ u'\big|_{x=1} = \dfrac{\cos 1}{\sin 1} - 1 \end{cases}$$

解 该一维 Helmholtz 方程的精确解为：$u(x) = \dfrac{\sin x}{\sin 1} - x$。

首先建立计算 $p(x)$、$q(x)$ 和 $f(x)$ 的 Matlab 函数文件：

function [fp,fq,f] = fun(x)
fp = zeros(size(x),1),1)+1;
fq = zeros(size(x),1),1)+1;
f = x;

将计算区间 [0, 1] 均匀剖分为 20 等份，调用函数 fem1d_Neumann 计算，脚本程序如下：

Ne = 20;
a = 0;
b = 1;
x = [0:(b- a)/Ne:b]';
u_num = fem1d_Neumann(x,0,cos(1)/sin(1)- 1);

有限元数值计算结果如图 4.4 所示。从图上可以看出，有限元数值解与精确解吻合得很好，且数值解和精确解之间的绝对误差非常小，其绝对误差的数量级为 10^{-5}。

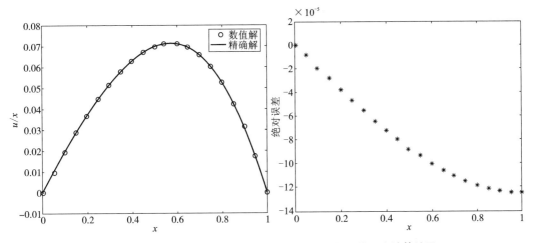

图 4.4 Neumann 边界一维 Helmholtz 方程的有限单元法计算结果

4.1.3 Robin 边界问题

Robin 边界条件，又称为第三类边界条件或混合边界条件，它给出了在边界处未知函数和它在法线方向上导数的线性组合的值。

在 Robin 边界条件下，考虑如下一维稳定场方程的边值问题：

$$\begin{cases} \dfrac{\mathrm{d}}{\mathrm{d}x}\left[p(x)\dfrac{\mathrm{d}u}{\mathrm{d}x}\right]+q(x)u+f(x)=0,\ a<x<b \\ u\big|_{x=a}=\alpha \\ (u'+\gamma u)\big|_{x=b}=\beta \end{cases} \tag{4.14}$$

式中：$p(x)$、$q(x)$ 和 $f(x)$ 均为 x 的已知函数；α、β 和 γ 为常数；u 为待求函数。

边值问题(4.14)对应的变分问题为：

$$\begin{cases} F(u)=\int_a^b\left[\dfrac{1}{2}p\left(\dfrac{\mathrm{d}u}{\mathrm{d}x}\right)^2-\dfrac{1}{2}qu^2-fu\right]\mathrm{d}x+\int\left(\dfrac{1}{2}\gamma u^2-\beta u\right)\mathrm{d}\varGamma=\min \\ u(x)\big|_{x=a}=\alpha \end{cases} \tag{4.15}$$

采用有限单元法求解，式(4.15)的前面三项单元积分分别按式(4.3)、式(4.4)和式(4.5)计算，第五项单元积分按式(4.13)计算，而第四项积分为：

$$\int\left(\dfrac{1}{2}\gamma \boldsymbol{u}^2\right)\mathrm{d}\varGamma=\dfrac{1}{2}\boldsymbol{u}^{\mathrm{T}}\boldsymbol{K}_3\boldsymbol{u} \tag{4.16}$$

其中

$$\boldsymbol{K}_3=\begin{pmatrix} 0 & 0 & \cdots & 0 \\ 0 & 0 & \cdots & 0 \\ \vdots & \vdots & & \vdots \\ 0 & 0 & \cdots & \gamma \end{pmatrix}$$

将单元矩阵扩展到所有节点，加入第一类边界条件，即可得到相应的线性方程组，求解该线性方程组即得到各节点的 u 值。

下面我们给出利用有限单元法计算 Robin 边界条件下一维稳定场方程的 Matlab 主函数：

```
function u=fem1d_Robin(x,alpha,beta,gamma)
% 输入参数：
% x:剖分节点的坐标值
% alpha: 左边界值
% beta: 右边界值
% gamma: 第三类边界系数
% 输出参数：
% u:有限元数值解
N=size(x,1); % 节点数
Ne=N-1;    % 单元数
map=[1:N-1; 2:N]'; % 存放单元节点编号
num_basis=size(map,2);
K=sparse(N,N);
```

```
K3 = sparse(N,N);
P = sparse(N,1);
P1 = sparse(N,1);
P2 = sparse(N,1);
K1e = zeros(num_basis,num_basis,Ne);
K2e = zeros(num_basis,num_basis,Ne);
Pe = zeros(num_basis,Ne);
% 数值积分计算单元矩阵
gauss = 2;
s = [- 1/sqrt(3),1/sqrt(3)];
wt = [1, 1];
xl_v = x(map);
for k = 1:Ne
    for igpt = 1:gauss
        sigpt = s(igpt);
        weight = wt(igpt);
        [jac,phi,dphids] = deriv(sigpt,xl_v); % 子函数:计算 Jacobian 矩阵
        [p,q,rhs] = gauss_f(sigpt,xl_v);% 子函数:计算 p(x)、q(x)、f(x)
        for j = 1:num_basis
            for i = 1:num_basis
                K1e(i,j,k) = K1e(i,j,k)+weight*p(k)*dphids(:,i)*dphids(:,j)/jac(k);
                K2e(i,j,k) = K2e(i,j,k)+weight*q(k)*phi(:,i)*phi(:,j)*jac(k);
            end
            Pe(j,k) = Pe(j,k)+weight*rhs(k)*phi(:,j)*jac(k);
        end
    end
end
% 组装刚度矩阵
for iel = 1:Ne
    for i = 1:2
        ii = map(iel,i);
        for j = 1:2
            jj = map(iel,j);
            K(ii,jj) = K(ii,jj)+K1e(i,j,iel)- K2e(i,j,iel);
        end
        P1(ii) = P1(ii)+Pe(i,iel);
    end
end
K3(end,end) = gamma;
```

P2(end)=beta;

K=K+K3;

P=P1+P2;

% 第一类边界条件(对角元素乘大数法)

K(1,1)=10^10*K(1,1); P(1)=K(1,1)*alpha;

% 线性方程组求解

u=K\P;

例4.4 利用有限单元法求解下列 Robin 边界条件下一维 Poisson 方程的近似解：

$$\begin{cases} \dfrac{\mathrm{d}^2 u}{\mathrm{d}x^2}+2=0, \ 0 \leqslant x \leqslant 1 \\ u\,|_{x=0}=0 \\ (u'+u)\,|_{x=1}=1 \end{cases}$$

解 该一维 Poisson 方程的精确解为：$u(x)=-x^2+2x$。

首先建立计算 $p(x)$、$q(x)$ 和 $f(x)$ 的 Matlab 函数文件：

function [fp,fq,f] = fun(x)

fp=zeros(size(x,1),1)+1;

fq=zeros(size(x,1),1)+0;

f=zeros(size(x,1),1)+2;

将计算区间[0，1]均匀剖分为 20 等份，调用函数 fem1d_Robin 计算，脚本程序如下：

Ne=20;

a=0;

b=1;

x=[0:(b-a)/Ne:b]';

u_num=fem1d_Robin(x,0,1,1);

有限元数值计算结果如图 4.5 所示。从图上可以看出，有限元数值解与精确解吻合得很好，且数值解和精确解之间的绝对误差非常小，其绝对误差的数量级为 10^{-12}。

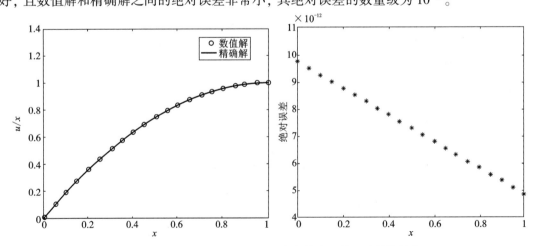

图 4.5 Robin 边界一维 Poisson 方程的有限单元法计算结果

4.2 二维稳定场方程的有限元解法

考虑如下二维稳定场方程的边值问题:

$$\begin{cases} \dfrac{\partial}{\partial x}\left[p(x,y)\dfrac{\partial u}{\partial x}\right]+\dfrac{\partial}{\partial y}\left[p(x,y)\dfrac{\partial u}{\partial y}\right]+q(x,y)u+f(x,y)=0,\ a<x<b,\ c<y<d \\ u\big|_{x=a}=\varphi_1(y),\ u\big|_{x=b}=\varphi_2(y) \\ u\big|_{y=c}=\phi_1(x),\ u\big|_{y=d}=\phi_2(x) \end{cases} \tag{4.17}$$

式中: u 为待求函数; $p(x,y)$、$q(x,y)$ 和 $f(x,y)$ 为已知函数; $\varphi_1(y)$、$\varphi_2(y)$、$\phi_1(x)$ 和 $\phi_2(x)$ 为边界值。这里,我们采用变分原理导出相应的有限元方程组。

1. 算法推导

边值问题(4.17)对应的变分问题为:

$$\begin{cases} F(u)=\displaystyle\int_a^b\int_c^d\left\{\dfrac{1}{2}p(x,y)\left[\left(\dfrac{\partial u}{\partial x}\right)^2+\left(\dfrac{\partial u}{\partial y}\right)^2\right]-\dfrac{1}{2}q(x,y)u^2-f(x,y)u\right\}\mathrm{d}x\mathrm{d}y=\min \\ u\big|_{x=a}=\varphi_1(y),\ u\big|_{x=b}=\varphi_2(y) \\ u\big|_{y=c}=\phi_1(x),\ u\big|_{y=d}=\phi_2(x) \end{cases}$$

$$\tag{4.18}$$

下面我们采用有限单元法进行求解。

(1)区域剖分。采用矩形单元将整个计算区域进行网格离散,网格剖分可以采用非均匀的网格单元,如图 4.6 所示。

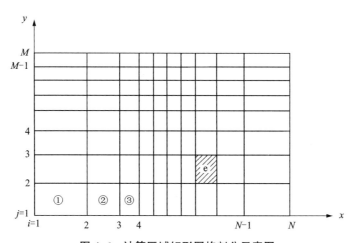

图 4.6　计算区域矩形网格剖分示意图

(2)选取插值函数。采用矩形单元双线性插值方式,在每个单元上取 4 个点,单元节点编号及坐标如图 4.7 所示。

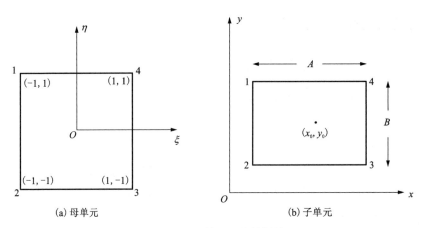

(a) 母单元   (b) 子单元

图 4.7　矩形单元双线性插值

图 4.7(a)是母单元,图 4.7(b)是子单元。两个单元间的坐标变换关系为

$$x=x_0+\frac{A}{2}\xi,\ y=y_0+\frac{B}{2}\eta \tag{4.19}$$

其中(x_0,y_0)为子单元的中心点,A、B 为子单元的两个边长。两个单元的微分关系为

$$\mathrm{d}x=\frac{A}{2}\mathrm{d}\xi,\ \mathrm{d}y=\frac{B}{2}\mathrm{d}\eta,\ \mathrm{d}x\mathrm{d}y=\frac{AB}{4}\mathrm{d}\xi\mathrm{d}\eta \tag{4.20}$$

构造的矩形单元双线性插值形函数可表示为

$$\begin{cases} N_1=\dfrac{1}{4}(1-\xi)(1+\eta) \\[2mm] N_2=\dfrac{1}{4}(1-\xi)(1-\eta) \\[2mm] N_3=\dfrac{1}{4}(1+\xi)(1-\eta) \\[2mm] N_4=\dfrac{1}{4}(1+\xi)(1+\eta) \end{cases} \tag{4.21}$$

(3)单元分析。将全区域的积分分解为单元积分之和。

单元积分 1:

$$\int_e \frac{1}{2}p\left[\left(\frac{\partial u}{\partial x}\right)^2+\left(\frac{\partial u}{\partial y}\right)^2\right]\mathrm{d}x\mathrm{d}y=\frac{1}{2}\boldsymbol{u}_e^{\mathrm{T}}(k_{ij})\boldsymbol{u}_e=\frac{1}{2}\boldsymbol{u}_e^{\mathrm{T}}\boldsymbol{K}_{1e}\boldsymbol{u}_e \tag{4.22}$$

其中$\boldsymbol{K}_{1e}=(k_{ij})$,$k_{ij}=k_{ji}$,

$$\begin{aligned} k_{ij}&=\int_e p\left[\left(\frac{\partial u}{\partial x}\right)^2+\left(\frac{\partial u}{\partial y}\right)^2\right]\mathrm{d}x\mathrm{d}y \\[2mm] &=\int_e p\left[\left(\frac{\partial N_i}{\partial \xi}\frac{\partial \xi}{\partial x}\right)\left(\frac{\partial N_j}{\partial \xi}\frac{\partial \xi}{\partial x}\right)+\left(\frac{\partial N_i}{\partial \eta}\frac{\partial \eta}{\partial y}\right)\left(\frac{\partial N_j}{\partial \eta}\frac{\partial \eta}{\partial y}\right)\right]|J|\mathrm{d}\xi\mathrm{d}\eta \\[2mm] &=\int_{-1}^{1}\int_{-1}^{1} p\left[\left(\frac{\partial N_i}{\partial \xi}\right)\left(\frac{\partial N_j}{\partial \xi}\right)\frac{B}{A}+\left(\frac{\partial N_i}{\partial \eta}\right)\left(\frac{\partial N_j}{\partial \eta}\right)\frac{A}{B}\right]\mathrm{d}\xi\mathrm{d}\eta \end{aligned}$$

上式需要采用数值积分计算。若 $p(x,y)$ 为常数，我们可以手动计算积分，则有

$$K_{1e}=\frac{pB}{6A}\begin{bmatrix} 2 & 1 & -1 & -2 \\ 1 & 2 & -2 & -1 \\ -1 & -2 & 2 & 1 \\ -2 & -1 & 1 & 2 \end{bmatrix}+\frac{pA}{6B}\begin{bmatrix} 2 & -2 & -1 & 1 \\ -2 & 2 & 1 & -1 \\ -1 & 1 & 2 & -2 \\ 1 & -1 & -2 & 2 \end{bmatrix}$$

单元积分2：

$$\int_e \frac{1}{2}qu^2\mathrm{d}x\mathrm{d}y=\frac{1}{2}\boldsymbol{u}_e^{\mathrm{T}}(k_{ij})\boldsymbol{u}_e=\frac{1}{2}\boldsymbol{u}_e^{\mathrm{T}}\boldsymbol{K}_{2e}\boldsymbol{u}_e \tag{4.23}$$

其中 $\boldsymbol{K}_{2e}=(k_{ij})$，$k_{ij}=k_{ji}$，且

$$k_{ij}=\int_e qN_iN_j|J|\mathrm{d}\xi\mathrm{d}\eta=\int_{-1}^{1}\int_{-1}^{1}qN_iN_j\frac{AB}{4}\mathrm{d}\xi\mathrm{d}\eta$$

上式需要采用数值积分计算。若 $q(x,y)$ 为常数，我们可以手动计算积分，则有

$$\boldsymbol{K}_{2e}=\frac{qAB}{36}\begin{bmatrix} 4 & 2 & 1 & 2 \\ 2 & 4 & 2 & 1 \\ 1 & 2 & 4 & 2 \\ 2 & 1 & 2 & 4 \end{bmatrix}$$

单元积分3：

$$-\int_e fu\mathrm{d}x\mathrm{d}y=-\int_e f\boldsymbol{N}^{\mathrm{T}}\boldsymbol{u}\mathrm{d}x\mathrm{d}y=-\boldsymbol{u}_e^{\mathrm{T}}\boldsymbol{P}_e \tag{4.24}$$

其中，

$$\boldsymbol{P}_e=\int_e fN_i\mathrm{d}x\mathrm{d}y=\int_e fN_i|J|\mathrm{d}\xi\mathrm{d}\eta=\int_{-1}^{1}\int_{-1}^{1}fN_i\frac{AB}{4}\mathrm{d}\xi\mathrm{d}\eta$$

上式同样需要采用数值积分计算。若 $f(x,y)$ 为常数，我们可以手动计算积分，则有

$$\boldsymbol{P}_e=f\int_{-1}^{1}\int_{-1}^{1}\begin{pmatrix} N_1 \\ N_2 \\ N_3 \\ N_4 \end{pmatrix}\frac{AB}{4}\mathrm{d}\xi\mathrm{d}\eta=\frac{fAB}{4}\cdot\begin{pmatrix} 1 \\ 1 \\ 1 \\ 1 \end{pmatrix}$$

接下来，需要进行总体合成、求变分，然后加入第一类边界条件求解线性方程组，即得有限元数值解。

2. 数值试验

例4.5 利用有限单元法求解下列二维 Helmholtz 方程定解问题的近似解：

$$\begin{cases} \dfrac{\partial^2 u}{\partial x^2}+\dfrac{\partial^2 u}{\partial y^2}=u+3, & 0<x<1,\ 0<y<1 \\ u(0,y)=0, & u(1,y)=0 \\ u(x,0)=0, & u(x,1)=0 \end{cases}$$

解 利用分离变量法可得该问题的解析解为

$$u(x,y)=\sum_{m=1,3,\cdots}^{\infty}\sum_{n=1,3,\cdots}^{\infty}-\frac{48}{(1+\pi^2m^2+\pi^2n^2)}\frac{1}{mn\pi^2}\sin(n\pi x)\sin(m\pi y)$$

图示解析解的程序设计如下：

```
clear all;
[X,Y] = meshgrid(0:.02:1);
n1 = length(X);
uxy = zeros(n1,n1);
for n = 0:200
    for m = 0:200
        np = 2*n+1;mp = 2*m+1;
        lamda = (np*np+mp*mp)*pi*pi;
        Enm = 1/(np*mp*(1+lamda));
        uxy = sin(np*pi*X).*sin(mp*pi*Y)*Enm+uxy;
    end
end
uxy = -48*uxy/(pi*pi);
surf(X,Y,uxy)
colorbar;
xlabel('x');
ylabel('y');
zlabel('u(x,y)');
```

考虑到这个偏微分方程的 $p(x, y) = 1$、$q(x, y) = -1$ 和 $f(x, y) = -3$ 均为常数，我们可以手动计算单元积分。取网格剖分单元 $N = M = 40$，有限元法计算的 Matlab 脚本程序如下：

```
clear all;
a = 1;
b = 1;
p = 1;
q = -1;
f = -3;
NX = 40;
Dx = a/NX;
NY = 40;
Dy = b/NY;
NE = NX*NY;
NP = (NX+1)*(NY+1);
K  = zeros(NP,NP);
K1 = zeros(NP,NP);
K2 = zeros(NP,NP);
P  = zeros(NP,1);
% 存放单元节点编号
for IY = 1:NY
```

```
        for IX=1:NX
            N=(IY-1)*NX+IX;
            N1=(IY-1)*(NX+1)+IX;
            ME(1,N)=N1+NX+1;
            ME(2,N)=N1;
            ME(3,N)=N1+1;
            ME(4,N)=N1+NX+2;
        end
    end
%形成矩阵 K、P
for h=1:NE
    BA=Dy/Dx/6;
    AB=Dx/Dy/6;
    K1e=p*BA*[2 1 -1 -2;1 2 -2 -1;-1 -2 2 1;-2 -1 1 2]...
        +p*AB*[2 -2 -1 1;-2 2 1 -1;-1 1 2 -2;1 -1 -2 2];
    K2e=(q*Dx*Dy/36)*[4 2 1 2;2 4 2 1;1 2 4 2;2 1 2 4];
    Pe=f*Dx*Dy*[1/4 1/4 1/4 1/4]';
    for j=1:4
        NJ=ME(j,h);
        for k=1:4
            NK=ME(k,h);
            K1(NJ,NK)=K1(NJ,NK)+K1e(j,k);
            K2(NJ,NK)=K2(NJ,NK)+K2e(j,k);
        end
        P(NJ)=P(NJ)+Pe(k);
    end
end
K=K1-K2;
%加入第一类边界条件
for i=1:NX+1
    for j=1:NY+1
        h=(j-1)*(NX+1)+i;
        if(i==1||i==NX+1||j==1||j==NY+1)
            K(h,h)=K(h,h)*10^10;
            P(h,1)=K(h,h)*0;
        end
    end
end
%线性方程组求解
```

```
u=K\P;
%图示计算结果
u_new=reshape(u,NX+1,NY+1);
x=0:Dx:a;
y=0:Dy:b;
surf(x,y,u_new');
colorbar;
xlabel('x');
ylabel('y');
zlabel('u(x,y)');
```

有限元数值计算结果如图4.8所示。从图上可以看出，有限元数值解与解析解吻合得非常好。

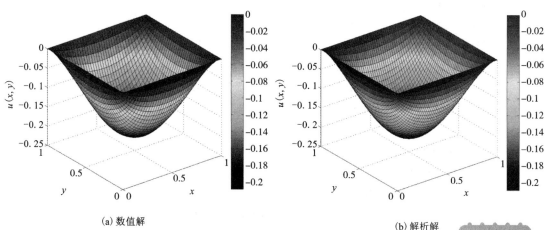

(a) 数值解   (b) 解析解

图 4.8　二维 Helmholtz 方程定解问题的有限单元法计算结果

4.3　三维稳定场方程的有限元解法

考虑如下三维稳定场方程的边值问题：

$$\begin{cases} \dfrac{\partial}{\partial x}\left[p(x,y,z)\dfrac{\partial u}{\partial x}\right]+\dfrac{\partial}{\partial y}\left[p(x,y,z)\dfrac{\partial u}{\partial y}\right]+\dfrac{\partial}{\partial z}\left[p(x,y,z)\dfrac{\partial u}{\partial z}\right]+ \\ \qquad q(x,y,z)u+f(x,y,z)=0,\ a<x<b,\ c<y<d,\ m<z<n \\ u\big|_{x=a}=f_1(y,z),\ u\big|_{x=b}=f_2(y,z) \\ u\big|_{y=c}=g_1(x,z),\ u\big|_{y=d}=g_2(x,z) \\ u\big|_{z=m}=h_1(x,y),\ u\big|_{z=n}=h_2(x,y) \end{cases} \tag{4.25}$$

式中：u 为待求函数；$p(x,y,z)$、$q(x,y,z)$ 和 $f(x,y,z)$ 均为已知函数；$f_1(y,z)$、$f_2(y,z)$、$g_1(x,z)$、$g_2(x,z)$、$h_1(x,y)$ 和 $h_2(x,y)$ 为边界值。这里，我们采用变分原理导出相应的有限元方程组。

1. 算法推导

边值问题(4.25)对应的变分问题为：

$$
\begin{cases}
F(u)=\int_a^b\int_c^d\int_m^n\left\{\dfrac{1}{2}p(x,y,z)\left[\left(\dfrac{\partial u}{\partial x}\right)^2+\left(\dfrac{\partial u}{\partial y}\right)^2\right]-\dfrac{1}{2}q(x,y,z)u^2-f(x,y,z)u\right\}\mathrm{d}x\mathrm{d}y\mathrm{d}z=\min\\
u|_{x=a}=f_1(y,z),\ u|_{x=b}=f_2(y,z)\\
u|_{y=c}=g_1(x,z),\ u|_{y=d}=g_2(x,z)\\
u|_{z=m}=h_1(x,y),\ u|_{z=n}=h_2(x,y)
\end{cases}
$$

$$(4.26)$$

下面我们采用有限单元法进行求解。

(1)区域剖分。采用六面体单元对整个计算区域进行网格离散，网格剖分可以采用非均匀的网格单元，如图 4.9 所示。

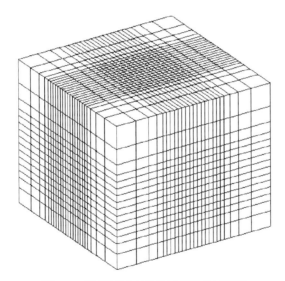

图 4.9　计算区域六面体网格剖分示意图

(2)选取插值函数。采用六面体单元线性插值方式，每个单元的八个角为节点，八个顶点的编号及坐标如图 4.10 所示。

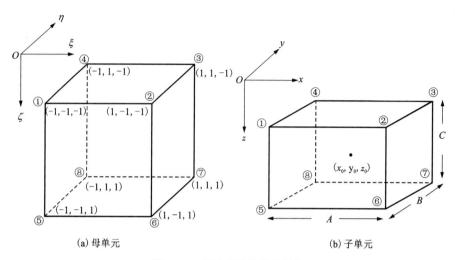

(a) 母单元 　　　　　　　　　　　(b) 子单元

图 4.10　六面体单元线性插值

图 4.9(a)为母单元,图 4.9(b)为子单元。两者的坐标关系为

$$x = x_0 + \frac{A}{2}\xi, \ y = y_0 + \frac{B}{2}\eta, \ z = z_0 + \frac{C}{2}\zeta \tag{4.27}$$

其中(x_0, y_0, z_0)为子单元的中心点,A、B、C为子单元的三个边长。两个单元的微分关系为

$$\mathrm{d}x = \frac{A}{2}\mathrm{d}\xi, \ \mathrm{d}y = \frac{B}{2}\mathrm{d}\eta, \ \mathrm{d}z = \frac{C}{2}\mathrm{d}\zeta, \ \mathrm{d}x\mathrm{d}y\mathrm{d}z = \frac{ABC}{8}\mathrm{d}\xi\mathrm{d}\eta\mathrm{d}\zeta \tag{4.28}$$

构造的六面体单元线性插值形函数可表示为

$$\begin{cases} N_1 = \dfrac{1}{8}(1-\xi)(1-\eta)(1-\zeta) \\[2mm] N_2 = \dfrac{1}{8}(1+\xi)(1-\eta)(1-\zeta) \\[2mm] N_3 = \dfrac{1}{8}(1+\xi)(1+\eta)(1-\zeta) \\[2mm] N_4 = \dfrac{1}{8}(1-\xi)(1+\eta)(1-\zeta) \\[2mm] N_5 = \dfrac{1}{8}(1-\xi)(1-\eta)(1+\zeta) \\[2mm] N_6 = \dfrac{1}{8}(1+\xi)(1-\eta)(1+\zeta) \\[2mm] N_7 = \dfrac{1}{8}(1+\xi)(1+\eta)(1+\zeta) \\[2mm] N_8 = \dfrac{1}{8}(1-\xi)(1+\eta)(1+\zeta) \end{cases} \tag{4.29}$$

(3)单元分析。将全区域的积分分解为单元积分之和。

单元积分 1:

$$\int_e \frac{1}{2}p\left[\left(\frac{\partial u}{\partial x}\right)^2+\left(\frac{\partial u}{\partial y}\right)^2+\left(\frac{\partial u}{\partial z}\right)^2\right]\mathrm{d}x\mathrm{d}y\mathrm{d}z=\frac{1}{2}\boldsymbol{u}_e^{\mathrm{T}}(k_{ij})\boldsymbol{u}_e=\frac{1}{2}\boldsymbol{u}_e^{\mathrm{T}}\boldsymbol{K}_{1e}\boldsymbol{u}_e \qquad (4.30)$$

其中 $\boldsymbol{K}_{1e}=(k_{ij})$，$k_{ij}=k_{ji}$，

$$
\begin{aligned}
k_{ij} &= \int_e p\left[\left(\frac{\partial u}{\partial x}\right)^2+\left(\frac{\partial u}{\partial y}\right)^2+\left(\frac{\partial u}{\partial z}\right)^2\right]\mathrm{d}x\mathrm{d}y\mathrm{d}z \\
&= \int_e p\left[\left(\frac{\partial N_i}{\partial\xi}\frac{\partial\xi}{\partial x}\right)\left(\frac{\partial N_j}{\partial\xi}\frac{\partial\xi}{\partial x}\right)+\left(\frac{\partial N_i}{\partial\eta}\frac{\partial\eta}{\partial y}\right)\left(\frac{\partial N_j}{\partial\eta}\frac{\partial\eta}{\partial y}\right)+\left(\frac{\partial N_i}{\partial\zeta}\frac{\partial\zeta}{\partial y}\right)\left(\frac{\partial N_j}{\partial\zeta}\frac{\partial\zeta}{\partial y}\right)\right]\frac{ABC}{8}\mathrm{d}\xi\mathrm{d}\eta\mathrm{d}\zeta \\
&= \int_{-1}^{1}\int_{-1}^{1}\int_{-1}^{1} p\left[\left(\frac{\partial N_i}{\partial\xi}\right)\left(\frac{\partial N_j}{\partial\xi}\right)\frac{BC}{2A}+\left(\frac{\partial N_i}{\partial\eta}\right)\left(\frac{\partial N_j}{\partial\eta}\right)\frac{AC}{2B}+\left(\frac{\partial N_i}{\partial\zeta}\right)\left(\frac{\partial N_j}{\partial\zeta}\right)\frac{AB}{2C}\right]\mathrm{d}\xi\mathrm{d}\eta\mathrm{d}\zeta
\end{aligned}
$$

上式需要采用数值积分计算。若 $p(x,y,z)$ 为常数，我们可以手动计算积分，则有

$$
\boldsymbol{K}_{1e}=\frac{p}{36}\frac{BC}{A}\cdot
\begin{pmatrix}
4 & -4 & -2 & 2 & 2 & -2 & -1 & 1 \\
-4 & 4 & 2 & -2 & -2 & 2 & 1 & -1 \\
-2 & 2 & 4 & -4 & -1 & 1 & 2 & -2 \\
2 & -2 & -4 & 4 & 1 & -1 & -2 & 2 \\
2 & -2 & -1 & 1 & 4 & -4 & -2 & 2 \\
-2 & 2 & 1 & -1 & -4 & 4 & 2 & -2 \\
-1 & 1 & 2 & -2 & -2 & 2 & 4 & -4 \\
1 & -1 & -2 & 2 & 2 & -2 & -4 & 4
\end{pmatrix}+
$$

$$
\frac{p}{36}\frac{AC}{B}\cdot
\begin{pmatrix}
4 & 2 & -2 & -4 & 2 & 1 & -1 & -2 \\
2 & 4 & -4 & -2 & 1 & 2 & -2 & -1 \\
-2 & -4 & 4 & 2 & -1 & -2 & 2 & 1 \\
-4 & -2 & 2 & 4 & -2 & -1 & 1 & 2 \\
2 & 1 & -1 & -2 & 4 & 2 & -2 & -4 \\
1 & 2 & -2 & -1 & 2 & 4 & -4 & -2 \\
-1 & -2 & 2 & 1 & -2 & -4 & 4 & 2 \\
-2 & -1 & 1 & 2 & -4 & -2 & 2 & 4
\end{pmatrix}+
$$

$$
\frac{p}{36}\frac{AB}{C}\cdot
\begin{pmatrix}
4 & 2 & 1 & 2 & -4 & -2 & -1 & -2 \\
2 & 4 & 2 & 1 & -2 & -4 & -2 & -1 \\
1 & 2 & 4 & 2 & -1 & -2 & -4 & -2 \\
2 & 1 & 2 & 4 & -2 & -1 & -2 & -4 \\
-4 & -2 & -1 & -2 & 4 & 2 & 1 & 2 \\
-2 & -4 & -2 & -1 & 2 & 4 & 2 & 1 \\
-1 & -2 & -4 & -2 & 1 & 2 & 4 & 2 \\
-2 & -1 & -2 & -4 & 2 & 1 & 2 & 4
\end{pmatrix}
$$

单元积分 2：

$$\int_e \frac{1}{2}qu^2\mathrm{d}x\mathrm{d}y\mathrm{d}z=\frac{1}{2}\boldsymbol{u}_e^{\mathrm{T}}(k_{ij})\boldsymbol{u}_e=\frac{1}{2}\boldsymbol{u}_e^{\mathrm{T}}\boldsymbol{K}_{2e}\boldsymbol{u}_e \qquad (4.31)$$

其中 $\boldsymbol{K}_{2e}=(k_{ij})$，$k_{ij}=k_{ji}$，且

$$k_{ij}=\int_e qN_iN_j\,|\,J\,|\,\mathrm{d}\xi\mathrm{d}\eta\mathrm{d}\zeta=\int_{-1}^{1}\int_{-1}^{1}\int_{-1}^{1}qN_iN_j\frac{ABC}{8}\mathrm{d}\xi\mathrm{d}\eta\mathrm{d}\zeta$$

上式需要采用数值积分计算。若 $q(x, y, z)$ 为常数，我们可以手动计算积分，则有

$$K_{2e}=\frac{qABC}{1728}\cdot\begin{pmatrix}8&4&2&4&4&2&1&2\\4&8&4&2&2&4&2&1\\2&4&8&4&1&2&4&2\\4&2&4&8&2&1&2&4\\4&2&1&2&8&4&2&4\\2&4&2&1&4&8&4&2\\1&2&4&2&2&4&8&4\\2&1&2&4&4&2&4&8\end{pmatrix}$$

单元积分 3：

$$-\int_e fu\mathrm{d}x\mathrm{d}y\mathrm{d}z=-\int_e f\boldsymbol{N}^{\mathrm{T}}\boldsymbol{u}\mathrm{d}x\mathrm{d}y\mathrm{d}z=-\boldsymbol{u}_e^{\mathrm{T}}\boldsymbol{P}_e \tag{4.32}$$

其中，

$$\boldsymbol{P}_e=\int fN_i\mathrm{d}x\mathrm{d}y\mathrm{d}z=\int fN_i\,|\,J\,|\,\mathrm{d}\xi\mathrm{d}\eta\mathrm{d}\zeta=\int_{-1}^1\int_{-1}^1\int_{-1}^1 fN_i\frac{ABC}{8}\mathrm{d}\xi\mathrm{d}\eta\mathrm{d}\zeta$$

上式同样需要采用数值积分计算。若 $f(x, y, z)$ 为常数，我们可以手动计算积分，则有

$$\boldsymbol{P}_e=f\int_{-1}^1\int_{-1}^1\int_{-1}^1\begin{pmatrix}N_1\\N_2\\N_3\\N_4\\N_5\\N_6\\N_7\\N_8\end{pmatrix}\frac{ABC}{8}\mathrm{d}\xi\mathrm{d}\eta\mathrm{d}\zeta=\frac{fABC}{8}\cdot\begin{pmatrix}1\\1\\1\\1\\1\\1\\1\\1\end{pmatrix}$$

接下来，需要进行总体合成、求变分，然后加入第一类边界条件求解线性方程组，即得有限元数值解。

2. 数值试验

例 4.6 利用有限单元法求解下列三维 Helmholtz 方程定解问题的近似解：

$$\begin{cases}\dfrac{\partial^2 u}{\partial x^2}+\dfrac{\partial^2 u}{\partial y^2}+\dfrac{\partial^2 u}{\partial z^2}=u+3,\ 0<x<1,\ 0<y<1,\ 0<z<1\\ u(0, y, z)=0,\ u(1, y, z)=0\\ u(x, 0, z)=0,\ u(x, 1, z)=0\\ u(x, y, 0)=0,\ u(x, y, 1)=0\end{cases}$$

解 利用分离变量法可得该问题的解析解为

$$u(x, y, z)=\sum_{m=1,3,\cdots}^\infty\sum_{n=1,3,\cdots}^\infty\sum_{l=1,3,\cdots}^\infty-\frac{192}{(1+m^2\pi^2+n^2\pi^2+l^2\pi^2)}\frac{1}{mnl\pi^3}\sin(n\pi x)\sin(m\pi y)\sin(l\pi z)$$

图示解析解的程序设计如下：

```
clear all;
[X,Y,Z]=meshgrid(0:0.05:1);
n1=length(X);
uxyz=zeros(n1,n1,n1);
for n=0:10
    for m=0:10
        for l=0:10
            np=2*n+1;mp=2*m+1;lp=2*l+1;
            lamda=(np*np+mp*mp+lp*lp)*pi*pi;
            Enm=1/(np*mp*lp*(1+lamda));
            uxyz=sin(np*pi*X).*sin(mp*pi*Y).*sin(lp*pi*Z)*Enm+uxyz;
        end
    end
end
uxyz=-192*uxyz/(pi*pi*pi);
slice(X,Y,Z,uxyz,[0.5],[0.5],[]);
colorbar;
xlabel('y-axis');
ylabel('x-axis');
zlabel('z-axis');
```

考虑到这个偏微分方程的 $p(x, y, z)=1$、$q(x, y, z)=-1$ 和 $f(x, y, z)=-3$ 均为常数，我们可以手动计算单元积分。取网格剖分单元 $20×20×20$，有限元法计算的 Matlab 脚本程序如下：

```
clear all;
clc;
p=1;
q=-1;
f=-3;
Nx=20;
Ny=20;
Nz=20;
Dx=1/Nx;
Dy=1/Ny;
Dz=1/Nz;
x=0:Dx:1;
y=0:Dy:1;
z=0:Dz:1;
Ne=Nx*Ny*Nz;
NP=(Nx+1)*(Ny+1)*(Nz+1);
```

```
K = sparse(NP,NP);
P = sparse(NP,1);
K1 = sparse(NP,NP);
K2 = sparse(NP,NP);
ME = zeros(8,Ne);
%存放单元节点编号
for l = 1:Nz
    for m = 1:Ny
        for n = 1:Nx
            ME(1,(l- 1)*Nx*Ny+(m- 1)*Nx+n) = (l- 1)*(Nx+1)*(Ny+1)+(m- 1)*(Nx+1)+n;
            ME(2,(l- 1)*Nx*Ny+(m- 1)*Nx+n) = (l- 1)*(Nx+1)*(Ny+1)+(m- 1)*(Nx+1)+n+1;
            ME(3,(l- 1)*Nx*Ny+(m- 1)*Nx+n) = (l- 1)*(Nx+1)*(Ny+1)+(m- 1)*(Nx+1)+n+Nx+2;
            ME(4,(l- 1)*Nx*Ny+(m- 1)*Nx+n) = (l- 1)*(Nx+1)*(Ny+1)+(m- 1)*(Nx+1)+n+Nx+1;
            ME(5,(l- 1)*Nx*Ny+(m- 1)*Nx+n) = (l- 1)*(Nx+1)*(Ny+1)+(m- 1)*(Nx+1)+n+(Nx+1)*(Ny+1);
            ME(6,(l- 1)*Nx*Ny+(m- 1)*Nx+n) = (l- 1)*(Nx+1)*(Ny+1)+(m- 1)*(Nx+1)+n+1+(Nx+1)*(Ny+1);
            ME(7,(l- 1)*Nx*Ny+(m- 1)*Nx+n) = (l- 1)*(Nx+1)*(Ny+1)+(m- 1)*(Nx+1)+n+Nx+2+(Nx+1)*(Ny+1);
            ME(8,(l- 1)*Nx*Ny+(m- 1)*Nx+n) = (l- 1)*(Nx+1)*(Ny+1)+(m- 1)*(Nx+1)+n+Nx+1+(Nx+1)*(Ny+1);
        end
    end
end


%形成矩阵 K、P
for h = 1:Ne
    kk1 = p*(Dy*Dz/Dx)*(1/36)*[ 4 -4 -2  2  2 -2 -1  1;...
                               -4  4  2 -2 -2  2  1 -1;...
                               -2  2  4 -4 -1  1  2 -2;...
                                2 -2 -4  4  1 -1 -2  2;...
                                2 -2 -1  1  4 -4 -2  2;...
                               -2  2  1 -1 -4  4  2 -2;...
                               -1  1  2 -2 -2  2  4 -4;...
                                1 -1 -2  2  2 -2 -4  4];
    kk2 = p*(Dx*Dz/Dy)*(1/36)*[ 4  2 -2 -4  2  1 -1 -2;...
                                2  4 -4 -2  1  2 -2 -1;...
                               -2 -4  4  2 -1 -2  2  1;...
                               -4 -2  2  4 -2 -1  1  2;...
                                2  1 -1 -2  4  2 -2 -4;...
                                1  2 -2 -1  2  4 -4 -2;...
                               -1 -2  2  1 -2 -4  4  2;...
                               -2 -1  1  2 -4 -2  2  4];
    kk3 = p*(Dx*Dy/Dz)*(1/36)*[ 4  2  1  2 -4 -2 -1 -2;...
```

$$
\begin{array}{rrrrrrrr}
2 & 4 & 2 & 1 & -2 & -4 & -2 & -1;\ldots \\
1 & 2 & 4 & 2 & -1 & -2 & -4 & -2;\ldots \\
2 & 1 & 2 & 4 & -2 & -1 & -2 & -4;\ldots \\
-4 & -2 & -1 & -2 & 4 & 2 & 1 & 2;\ldots \\
-2 & -4 & -2 & -1 & 2 & 4 & 2 & 1;\ldots \\
-1 & -2 & -4 & -2 & 1 & 2 & 4 & 2;\ldots \\
-2 & -1 & -2 & -4 & 2 & 1 & 2 & 4 \;];
\end{array}
$$

```
K2e = q*(Dx*Dy*Dz/216)*[ 8  4  2  4  4  2  1  2;...
                          4  8  4  2  2  4  2  1;...
                          2  4  8  4  1  2  4  2;...
                          4  2  4  8  2  1  2  4;...
                          4  2  1  2  8  4  2  4;...
                          2  4  2  1  4  8  4  2;...
                          1  2  4  2  2  4  8  4;...
                          2  1  2  4  4  2  4  8];
Pe=f*(Dx*Dy*Dz/8)*[1 1 1 1 1 1 1 1]';
for j=1:8
    NJ=ME(j,h);
    for k=1:8
        NK=ME(k,h);
        K1(NJ,NK)=K1(NJ,NK)+kk1(j,k)+kk2(j,k)+kk3(j,k);
        K2(NJ,NK)=K2(NJ,NK)+K2e(j,k);
    end
    P(NJ)=P(NJ)+Pe(k);
    end
end
K=K1-K2;
%加入第一类边界条件
for i=1:Nx+1
    for j=1:Ny+1
        for k=1:Nz+1
            h=(k-1)*(Nx+1)*(Ny+1)+(j-1)*(Nx+1)+i;
            if(i==1||i==Nx+1||j==1||j==Ny+1||k==1||k==Nz+1)
                K(h,h)=K(h,h)*10^10;
                P(h,1)=K(h,h)*0;
            end
        end
    end
end
```

%线性方程组求解

u=K\P;

%图示计算结果

for k=1:Nz+1

    uu=u((k-1)*((Ny+1)*(Nx+1))+1:k*((Ny+1)*(Nx+1)));

    u_new=reshape(full(uu),Nx+1,Ny+1);

    u_num(:,:,k)=u_new';

end

[X,Y,Z]=meshgrid(x,y,z);

slice(X,Y,Z,u_num,[0.5],[0.5],[ ]);

colorbar;

xlabel('y- axis');

ylabel('x- axis');

zlabel('z- axis');

有限元数值计算结果如图 4.11 所示。从图上可以看出,有限元数值解与解析解吻合得非常好。

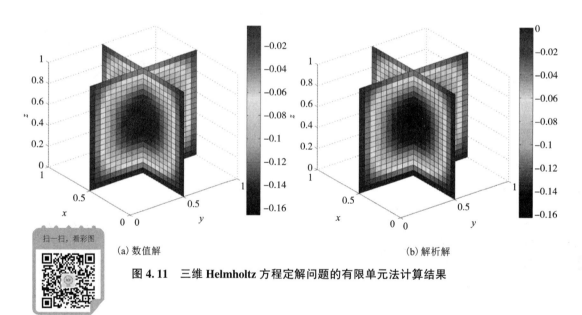

(a) 数值解   (b) 解析解

图 4.11　三维 Helmholtz 方程定解问题的有限单元法计算结果

第5章 热传导方程的有限单元法

热传导方程是一类重要的偏微分方程，也是最简单的一种抛物型方程，它描述一个区域内的温度如何随时间变化。本章主要讨论有限单元法求解热传导方程的定解问题，包括一维和二维热传导方程的有限元显式数值解和有限元隐式数值解。

5.1 一维热传导方程的有限元解法

5.1.1 一维显式格式

考虑一维热传导方程的初边值问题：

$$\begin{cases} \dfrac{\partial u}{\partial t} = \lambda \dfrac{\partial^2 u}{\partial x^2} + f(x, t), & 0<x<L, \ 0<t<T \\ u(0, t) = g_1(t), \ u(L, t) = g_2(t), & 0 \leqslant t \leqslant T \\ u(x, 0) = \varphi(x), & 0 \leqslant x \leqslant L \end{cases} \tag{5.1}$$

其中 λ 为常数。

在稳定场问题的求解过程中，采用变分原理导出了有限单元法计算的线性方程组。这里，我们尝试利用加权余量法推导一维热传导问题的有限单元法方程组。

对式(5.1)中偏微分方程的每一项乘以 δu，并积分，有

$$\int_\Omega \lambda \frac{\partial^2 u}{\partial x^2} \delta u \mathrm{d}\Omega - \int_\Omega \frac{\partial u}{\partial t} \delta u \mathrm{d}\Omega + \int_\Omega f(x, t) \delta u \mathrm{d}\Omega = 0 \tag{5.2}$$

对上式第一项进行积分变换可得

$$\int_\Omega \lambda \frac{\partial^2 u}{\partial x^2} \delta u \mathrm{d}\Omega = \int_\Omega \lambda \nabla \cdot (\nabla u \delta u) \mathrm{d}\Omega - \int_\Omega \lambda \nabla u \cdot \nabla \delta u \mathrm{d}\Omega$$

$$= \int_\Gamma \lambda \frac{\partial u}{\partial n} \delta u \mathrm{d}\Gamma - \int_\Omega \lambda \nabla u \cdot \nabla \delta u \mathrm{d}\Omega \tag{5.3}$$

将式(5.1)的边界条件代入上式右侧第一项，则式(5.2)变为

$$\int_\Omega \lambda \nabla u \cdot \nabla \delta u \mathrm{d}\Omega + \int_\Omega \frac{\partial u}{\partial t} \delta u \mathrm{d}\Omega - \int_\Omega f(x, t) \delta u \mathrm{d}\Omega = 0 \tag{5.4}$$

采用有限单元法进行计算，将空间变量区域剖分为有限个小单元 e，在单元 e 上，对式(5.4)进行空间变量积分，然后对各单元求和。采用线性插值方式，其构造的线性插值函数为

$$N_i = 1 - \frac{x}{\Delta x}, \ N_j = \frac{x}{\Delta x}$$

单元 e 上的温度 u 可用插值函数表示

$$u = N^T u_e$$

单元积分 1：

$$\int_e \lambda \, \nabla u \cdot \nabla \delta u \mathrm{d}\Omega = \delta u_e^T \int_e \lambda \left(\frac{\partial N}{\partial x}\right)\left(\frac{\partial N}{\partial x}\right)^T \mathrm{d}x u_e = \delta u_e^T K_e u_e \tag{5.5}$$

其中，

$$K_e = \lambda \int_0^{\Delta x} \begin{pmatrix} \dfrac{\partial N_i}{\partial x}\dfrac{\partial N_i}{\partial x} & \dfrac{\partial N_i}{\partial x}\dfrac{\partial N_j}{\partial x} \\ \dfrac{\partial N_j}{\partial x}\dfrac{\partial N_i}{\partial x} & \dfrac{\partial N_j}{\partial x}\dfrac{\partial N_j}{\partial x} \end{pmatrix} \mathrm{d}x = \begin{pmatrix} \dfrac{\lambda}{\Delta x} & -\dfrac{\lambda}{\Delta x} \\ -\dfrac{\lambda}{\Delta x} & \dfrac{\lambda}{\Delta x} \end{pmatrix} \tag{5.6}$$

因为 $k_{ij} = k_{ji}$，所以 K_e 是对称矩阵。

单元积分 2：

$$\int_e \frac{\partial u}{\partial t}\delta u \mathrm{d}\Omega = \delta u_e^T \left(\int_e NN^T \mathrm{d}x\right)\frac{\partial u_e}{\partial t} = \delta u_e^T M_e \frac{\partial u_e}{\partial t} \tag{5.7}$$

其中，

$$M_e = \int_e NN^T \mathrm{d}x = \int_0^{\Delta x} \begin{pmatrix} N_i N_i & N_i N_j \\ N_j N_i & N_j N_j \end{pmatrix} \mathrm{d}x = \begin{pmatrix} \dfrac{\Delta x}{3} & \dfrac{\Delta x}{6} \\ \dfrac{\Delta x}{6} & \dfrac{\Delta x}{3} \end{pmatrix} \tag{5.8}$$

单元积分 3：

$$\int_e f(x,\ t)\delta u \mathrm{d}\Omega = \delta u_e^T \int_e f(x,\ t)N\mathrm{d}x = \delta u_e^T P_e \tag{5.9}$$

上式需要采用数值积分计算。若 $f(x,\ t)$ 为常数或与空间变量 x 无关，那么可以手动计算积分，则有

$$P_e = \int_e f \cdot N\mathrm{d}x = \int_0^{\Delta x} f\begin{pmatrix} N_i \\ N_j \end{pmatrix}\mathrm{d}x = f\begin{pmatrix} \dfrac{\Delta x}{2} \\ \dfrac{\Delta x}{2} \end{pmatrix} \tag{5.10}$$

在单元内，将式(5.5)、式(5.7)和式(5.9)相加，并扩展成由全体节点组成的矩阵或列阵，然后将各单元相加，得

$$\int_e \lambda \, \nabla u \cdot \nabla \delta u \mathrm{d}x + \int_e \frac{\partial u}{\partial t}\delta u \mathrm{d}x - \int_e f(x,\ t)\delta u \mathrm{d}x = \sum\left(\delta u_e^T K_e u_e + \delta u_e^T M_e \frac{\partial u_e}{\partial t} - \delta u_e^T P_e\right)$$

$$= \sum\left(\delta u^T \overline{M}_e \frac{\partial u}{\partial t} + \delta u^T \overline{K}_e u - \delta u^T \overline{P}_e\right)$$

$$= \delta u^T \sum \overline{M}_e \frac{\partial u}{\partial t} + \delta u^T \sum \overline{K}_e u - \delta u^T \sum \overline{P}_e$$

$$= \delta u^T M \frac{\partial u}{\partial t} + \delta u^T K u - \delta u^T P = 0 \tag{5.11}$$

从式(5.11)中消去 δu^T，得

$$M \frac{\partial}{\partial t} u + K u = P \tag{5.12}$$

对于稳定温度场，$\frac{\partial u}{\partial t} = 0$，故从式(5.12)直接得到线性方程组

$$K u = P \tag{5.13}$$

解方程组，即得各节点的温度 u。

对于非稳定温度场，求解 u 时，需要对 $\frac{\partial u}{\partial t}$ 进行向后差分近似处理，式(5.12)可以改写为

$$M \frac{u^{k+1} - u^k}{\Delta t} + K \left[\theta u^{k+1} + (1-\theta) u^k \right] = P \tag{5.14}$$

其中 $0 \leqslant \theta \leqslant 1$。

若式(5.14)取 $\theta = 0$，则有

$$M \frac{u^{k+1} - u^k}{\Delta t} + K u^k = P \tag{5.15}$$

上式整理后，即得一维热传导方程的有限元显式格式：

$$\left(\frac{1}{\Delta t} M \right) u^{k+1} = \left(-K + \frac{1}{\Delta t} M \right) u^k + P \tag{5.16}$$

当 u^k 已知时，求解线性方程组(5.16)即可求出 u^{k+1}。因此，代入初始条件和边界条件，求解线性方程组即可得不同时刻各节点的温度分布。

例 5.1　程序实现一维热传导初边值问题的有限元显式数值解：

$$\begin{cases} \dfrac{\partial u}{\partial t} = \dfrac{1}{4} \dfrac{\partial^2 u}{\partial x^2}, & 0 < x < 1, \\ u \big|_{x=0} = u \big|_{x=1} = 0, & t \geqslant 0 \\ u \big|_{t=0} = \sin(\pi x), & 0 \leqslant x \leqslant 1 \end{cases}$$

解　利用分离变量法可得该问题的精确解为

$$u(x, t) = e^{-(0.5\pi)^2 t} \sin(\pi x)$$

采用均匀网格单元对空间变量进行剖分，且剖分单元数取 $NE = 20$，再取时间步长 $\Delta t = 0.001$。有限元显式数值计算的 Matlab 脚本程序如下：

```
clear all;
NE = 20;
NP = NE+1;
L = 1;
x = [0:L/NE:L]';
dx = x(2)- x(1);
dt = 0.001;
t = 0:dt:1;
lambda = 0.25;
f =0;
K = zeros(NP,NP);
```

```matlab
M  = zeros(NP,NP);
u  = zeros(NP,length(t));
P  = zeros(NP,1);
u(:,1)= sin(pi*x); % 初始条件
% 存放单元节点编号
for i=1:NE
    ME(i,1) = i; ME(i,2) = i+1;
end
K_loc  = lambda*[ 1/dx  - 1/dx; - 1/dx  1/dx];
P_loc  = f*[ dx/2 dx/2];
M_loc  = [ dx/3 dx/6;dx/6 dx/3];
% 形成线性方程组
for iel=1:NE
    for i=1:2
        ii= ME(iel,i);
        for j=1:2
            jj  = ME(iel,j);
            K(ii,jj)= K(ii,jj)+K_loc(i,j);
            M(ii,jj)= M(ii,jj)+M_loc(i,j);
        end
        P(ii)= P(ii)+P_loc(i);
    end
end
cfl=lambda*dt/(dx*dx);
for i=2:length(t)
    K_total  = 1/dt*M;
    P_total  = P+(- K+1/dt*M)*u(:,i- 1);
    % 强加第一类边界条件
    K_total(1,:)=0;  K_total(1,1)=1;   P_total(1)=0;
    K_total(end,:)=0; K_total(end,end)=1; P_total(end)=0;
    % 线性方程组求解
    u(:,i) = K_total\P_total;
end
% 精确解
[ xx,tt]=meshgrid(x,t);
u_true=exp(- (0.5*pi)^2*tt).*sin(pi*xx);
% 图示计算结果
subplot(211)
mesh(x,t,u');
```

```
xlabel('x');
ylabel('t');
zlabel('u(x,t)');
axis([0 1 0 1 0 1]);
title('显式数值解');
colorbar;
subplot(212)
mesh(x,t,u_true);
xlabel('x');
ylabel('t');
zlabel('u(x,t)');
axis([0 1 0 1 0 1]);
title('理论精确解');
colorbar;
```

程序执行结果如图 5.1 所示。

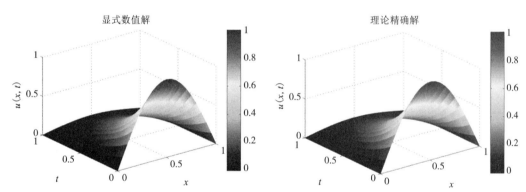

图 5.1 一维热传导方程的有限元显式数值解和理论精确解

5.1.2 一维全隐式格式

从上面的讨论可以看到,利用有限元显式格式数值求解热传导方程的定解问题,其优点是计算比较简便,但是必须满足稳定性条件。

若式(5.14)取 $\theta=0$,则有

$$M \frac{u_{k+1}-u_k}{\Delta t}+Ku_{k+1}=P \tag{5.17}$$

上式整理后,即得一维热传导方程的有限元全隐式格式:

$$\left(\frac{1}{\Delta t}M+K\right)u_{k+1}=\frac{1}{\Delta t}Mu_k+P \tag{5.18}$$

结合初始条件和边界条件,求解线性方程组(5.18)即可得不同时刻各节点的温度分布。

例5.2 程序实现一维热传导初边值问题的有限元全隐式数值解:

$$\begin{cases} \dfrac{\partial u}{\partial t}=\dfrac{1}{4}\dfrac{\partial^2 u}{\partial x^2}, & 0<x<1,\ 0<t<1 \\[2mm] u\big|_{x=0}=u\big|_{x=1}=0, & t\geqslant 0 \\[2mm] u\big|_{t=0}=\sin(\pi x), & 0\leqslant x\leqslant 1 \end{cases}$$

解 利用分离变量法可得该问题的精确解为

$$u(x,\ t)=e^{-(0.5\pi)^2 t}\sin(\pi x)$$

采用均匀网格单元对空间变量进行剖分，且剖分单元数取 $NE=20$，再取时间步长 $\Delta t=0.04$。有限元全隐式数值计算的 Matlab 脚本程序如下：

```
clear all;
NE  = 20;
NP  = NE+1;
L   = 1;
x   = [0:L/NE:L]';
dx  = x(2)- x(1); %单元长度
dt  = 0.04;
t   = 0:dt:1;
lambda = 0.25;
f   =0;
K   = zeros(NP,NP);
M   = zeros(NP,NP);
u   = zeros(NP,length(t));
P   = zeros(NP,1);
u(:,1)= sin(pi*x); % 初始条件
%存放单元节点编号
for i=1:NE
    ME(i,1) = i; ME(i,2) = i+1;
end
K_loc = lambda*[1/dx - 1/dx; - 1/dx 1/dx];
P_loc = f*[dx/2 dx/2];
M_loc = [dx/3 dx/6;dx/6 dx/3];
% 形成线性方程组
for iel=1:NE
    for i=1:2
        ii= ME(iel,i);
        for j=1:2
            jj = ME(iel,j);
            K(ii,jj)= K(ii,jj)+K_loc(i,j);
            M(ii,jj)= M(ii,jj)+M_loc(i,j);
```

```
            end
            P(ii)= P(ii)+P_loc(i);
        end
    end
for i=2:length(t)
    K_total = 1/dt*M+K;
    P_total = P+1/dt*M*u(:,i-1);
    % 强加第一类边界条件
    K_total(1,:)=0;   K_total(1,1)=1;     P_total(1)=0;
    K_total(end,:)=0; K_total(end,end)=1; P_total(end) =0;
    % 线性方程组求解
    u(:,i) = K_total\P_total;
end
% 精确解
[xx,tt]=meshgrid(x,t);
u_true=exp(-(0.5*pi)^2*tt).*sin(pi*xx);
%图示计算结果
subplot(211)
surf(x,t,u');
xlabel('x');
ylabel('t');
zlabel('u(x,t)');
axis([0 1 0 1 0 1]);
title('全隐式数值解');
colorbar;
subplot(212)
surf(x,t,u_true);
xlabel('x');
ylabel('t');
zlabel('u(x,t)');
axis([0 1 0 1 0 1]);
title('理论精确解');
colorbar;
```

程序执行结果如图 5.2 所示。

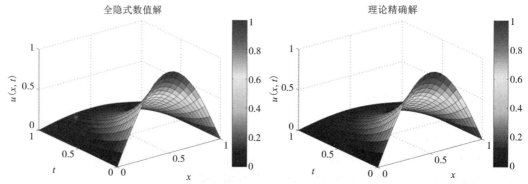

图 5.2　一维热传导方程的有限元全隐式数值解和理论精确解

5.1.3　一维 Crank-Nicolson 隐式格式

若式(5.14)取 $\theta = \dfrac{1}{2}$，则有

$$M\frac{u^{k+1}-u^k}{\Delta t}+\frac{1}{2}K(u^{k+1}+u^k)=P \qquad (5.19)$$

上式整理后，即得一维热传导方程的有限元 Crank-Nicolson 隐式格式：

$$\left(\frac{1}{\Delta t}M+\frac{1}{2}K\right)u^{k+1}=\left(-\frac{1}{2}K+\frac{1}{\Delta t}M\right)u^k+P \qquad (5.20)$$

结合初始条件和边界条件，求解线性方程组(5.20)即可得不同时刻各节点的温度分布。

例 5.3　程序实现一维热传导初边值问题的有限元 Crank-Nicolson 隐式数值解：

$$\begin{cases} \dfrac{\partial u}{\partial t}=\dfrac{1}{4}\dfrac{\partial^2 u}{\partial x^2}, & 0<x<1,\ 0<t<1 \\[2mm] u\big|_{x=0}=u\big|_{x=1}=0, & t\geqslant 0 \\[2mm] u\big|_{t=0}=\sin(\pi x), & 0\leqslant x\leqslant 1 \end{cases}$$

解　利用分离变量法可得该问题的精确解为

$$u(x,\ t)=\mathrm{e}^{-(0.5\pi)^2 t}\sin(\pi x)$$

采用均匀网格单元对空间变量进行剖分，且剖分单元数取 $NE=20$，再取时间步长 $\Delta t = 0.04$。有限元 Crank-Nicolson 隐式数值计算的 Matlab 脚本程序如下：

```
clear all;
NE = 20;
NP = NE+1;
L = 1;
x = [0:L/NE:L]';
dx = x(2)- x(1); %单元长度
dt = 0.04;
t = 0:dt:1;
```

```
lambda = 0.25;
f   =0;
K   = zeros(NP,NP);
M   = zeros(NP,NP);
u   = zeros(NP,length(t));
P   = zeros(NP,1);
u(:,1)= sin(pi*x); % 初始条件
% 存放单元节点编号
for i=1:NE
    ME(i,1) = i; ME(i,2) = i+1;
end
K_loc = lambda*[ 1/dx - 1/dx; - 1/dx  1/dx ];
P_loc = f*[ dx/2 dx/2 ];
M_loc = [ dx/3 dx/6;dx/6 dx/3 ];
% 形成线性方程组
for iel=1:NE
    for i=1:2
        ii= ME(iel,i);
        for j=1:2
            jj = ME(iel,j);
            K(ii,jj)= K(ii,jj)+K_loc(i,j);
            M(ii,jj)= M(ii,jj)+M_loc(i,j);
        end
        P(ii)= P(ii)+P_loc(i);
    end
end
for i=2:length(t)
    K_total = 1/dt*M+K/2;
    P_total = P+(- K/2+1/dt*M)*u(:,i- 1);
    % 强加第一类边界条件
    K_total(1,:)=0;  K_total(1,1)=1;    P_total(1)=0;
    K_total(end,:)=0; K_total(end,end)=1; P_total(end) =0;
    % 线性方程组求解
    u(:,i) = K_total\P_total;
end
% 精确解
[ xx,tt ]=meshgrid(x,t);
u_true=exp(- (0.5*pi)^2*tt).*sin(pi*xx);
% 图示计算结果
```

```
subplot(211)
surf(x,t,u');
xlabel('x');
ylabel('t');
zlabel('u(x,t)');
axis([0 1 0 1 0 1])
title('Crank- Nicolson 隐式数值解');
colorbar;
subplot(212)
surf(x,t,u_true);
xlabel('x');
ylabel('t');
zlabel('u(x,t)');
axis([0 1 0 1 0 1])
title('理论精确解')
colorbar;
```

程序执行结果如图 5.3 所示。

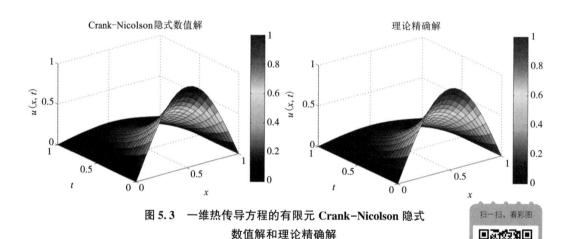

图 5.3　一维热传导方程的有限元 Crank-Nicolson 隐式
数值解和理论精确解

5.2　二维热传导方程的有限元解法

5.2.1　二维显式格式

考虑二维热传导方程的初边值问题：

$$
\begin{cases}
\dfrac{\partial u}{\partial t}=\lambda\left(\dfrac{\partial^2 u}{\partial x^2}+\dfrac{\partial^2 u}{\partial y^2}\right)+f(x,\,y,\,t), & 0<x<a,\,0<y<b,\,t>0\\[2mm]
u(0,\,y,\,t)=g_1(y,\,t),\ u(a,\,y,\,t)=g_2(y,\,t), & 0\leqslant y\leqslant b,\,t\geqslant 0\\[2mm]
u(x,\,0,\,t)=h_1(x,\,t),\ u(x,\,b,\,t)=h_2(x,\,t), & 0\leqslant x\leqslant a,\,t\geqslant 0\\[2mm]
u(x,\,y,\,0)=q(x,\,y), & 0\leqslant x\leqslant a,\,0\leqslant y\leqslant b
\end{cases} \tag{5.21}
$$

其中 λ 为常数。

取 $0\leqslant t\leqslant T$，首先将空间变量与时间变量进行网格离散，如图 5.4 所示。

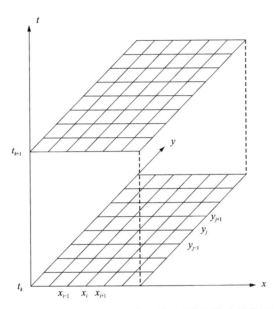

图 5.4　二维热传导方程有限单元法的网格离散化图

对式(5.21)中偏微分方程的每一项乘以 δu，并积分，有

$$
\int_{\Omega}\lambda\left(\frac{\partial^2 u}{\partial x^2}+\frac{\partial^2 u}{\partial y^2}\right)\delta u\mathrm{d}\Omega-\int_{\Omega}\frac{\partial u}{\partial t}\delta u\mathrm{d}\Omega+\int_{\Omega}f(x,\,y,\,t)\delta u\mathrm{d}\Omega=0 \tag{5.22}
$$

对式(5.22)第一项进行积分变换可得

$$
\int_{\Omega}\lambda\left(\frac{\partial^2 u}{\partial x^2}+\frac{\partial^2 u}{\partial y^2}\right)\delta u\mathrm{d}\Omega=\int_{\Omega}\lambda\,\nabla\cdot(\nabla u\delta u)\mathrm{d}\Omega-\int_{\Omega}\lambda\,\nabla u\cdot\nabla\delta u\mathrm{d}\Omega
$$

$$
=\int_{\Gamma}\lambda\frac{\partial u}{\partial n}\delta u\mathrm{d}\Gamma-\int_{\Omega}\lambda\,\nabla u\cdot\nabla\delta u\mathrm{d}\Omega \tag{5.23}
$$

将式(5.21)的边界条件代入式(5.23)右侧第一项，则式(5.22)变为

$$
\int_{\Omega}\lambda\,\nabla u\cdot\nabla\delta u\mathrm{d}\Omega+\int_{\Omega}\frac{\partial u}{\partial t}\delta u\mathrm{d}\Omega-\int_{\Omega}f(x,\,y,\,t)\delta u\mathrm{d}\Omega=0 \tag{5.24}
$$

将空间区域 Ω 剖分为有限个矩形小单元 e，在单元 e 上对式(5.24)进行积分，然后对各单元求和。矩形单元双线性插值是在每个单元上取 4 个点，单元节点编号及坐标如图 5.5 所示。

图 5.5(a)是母单元，图 5.5(b)是子单元。两个单元间的坐标变换关系为

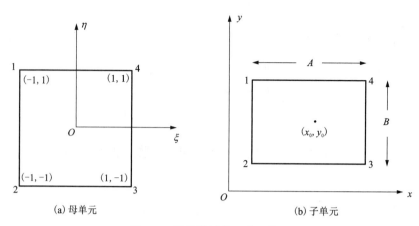

(a) 母单元   (b) 子单元

图 5.5   双线性插值四边形单元

$$x = x_0 + \frac{A}{2}\xi, \ y = y_0 + \frac{B}{2}\eta \qquad (5.25)$$

其中 (x_0, y_0) 为子单元的中心点，A、B 为子单元的两个边长。两个单元的微分关系为

$$dx = \frac{A}{2}d\xi, \ dy = \frac{B}{2}d\eta, \ dxdy = \frac{AB}{4}d\xi d\eta \qquad (5.26)$$

构造的矩形单元双线性插值形函数可表示为

$$\begin{cases} N_1 = \dfrac{1}{4}(1-\xi)(1+\eta) \\[2mm] N_2 = \dfrac{1}{4}(1-\xi)(1-\eta) \\[2mm] N_3 = \dfrac{1}{4}(1+\xi)(1-\eta) \\[2mm] N_4 = \dfrac{1}{4}(1+\xi)(1+\eta) \end{cases} \qquad (5.27)$$

单元积分 1：

$$\int_e \lambda \nabla u \cdot \nabla \delta u \, d\Omega = \delta u_e^{\mathrm{T}} \int_e \lambda \left[\left(\frac{\partial N}{\partial x}\right)\left(\frac{\partial N}{\partial x}\right)^{\mathrm{T}} + \left(\frac{\partial N}{\partial y}\right)\left(\frac{\partial N}{\partial y}\right)^{\mathrm{T}} \right] dxdy \, u_e = \delta u_e^{\mathrm{T}} K_e u_e \qquad (5.28)$$

其中 $K_e = (k_{ij})$，$k_{ij} = k_{ji}$，

$$k_{ij} = \lambda \int_e \left[\left(\frac{dN_i}{d\xi}\frac{d\xi}{dx}\right)\left(\frac{dN_j}{d\xi}\frac{d\xi}{dx}\right) + \left(\frac{dN_i}{d\eta}\frac{d\eta}{dy}\right)\left(\frac{dN_j}{d\eta}\frac{d\eta}{dy}\right) \right] \frac{AB}{4} d\xi d\eta$$

于是有

$$K_e = \frac{\lambda B}{6A}\begin{bmatrix} 2 & 1 & -1 & -2 \\ 1 & 2 & -2 & -1 \\ -1 & -2 & 2 & 1 \\ -2 & -1 & 1 & 2 \end{bmatrix} + \frac{\lambda A}{6B}\begin{bmatrix} 2 & -2 & -1 & 1 \\ -2 & 2 & 1 & -1 \\ -1 & 1 & 2 & -2 \\ 1 & -1 & -2 & 2 \end{bmatrix}$$

单元积分 2：

$$\int_e \frac{\partial u}{\partial t}\delta u \, d\Omega = \delta u_e^{\mathrm{T}}\left(\int_e NN^{\mathrm{T}} dxdy \right)\frac{\partial u_e}{\partial t} = \delta u_e^{\mathrm{T}} M_e \frac{\partial u_e}{\partial t} \qquad (5.29)$$

其中 $\boldsymbol{M}_e = (m_{ij})$，$m_{ij} = m_{ji}$，且

$$m_{ij} = \int_e N_i N_j \frac{AB}{4} \mathrm{d}\xi \mathrm{d}\eta$$

于是有

$$\boldsymbol{M}_e = \frac{AB}{36} \begin{bmatrix} 4 & 2 & 1 & 2 \\ 2 & 4 & 2 & 1 \\ 1 & 2 & 4 & 2 \\ 2 & 1 & 2 & 4 \end{bmatrix}$$

单元积分 3：

$$\int_e f(x, y, t) \delta u \mathrm{d}\Omega = \delta \boldsymbol{u}_e^{\mathrm{T}} \int_e f(x, y, t) \boldsymbol{N} \mathrm{d}x\mathrm{d}y = \delta \boldsymbol{u}_e^{\mathrm{T}} \boldsymbol{P}_e \tag{5.30}$$

上式需要采用数值积分计算。若 $f(x, y, t)$ 为常数或与空间变量无关，那么可以手动计算积分，则有

$$\boldsymbol{P}_e = f \int_{-1}^1 \int_{-1}^1 \begin{pmatrix} N_1 \\ N_2 \\ N_3 \\ N_4 \end{pmatrix} \mathrm{d}x\mathrm{d}y = f \int_{-1}^1 \int_{-1}^1 \begin{pmatrix} N_1 \\ N_2 \\ N_3 \\ N_4 \end{pmatrix} \frac{AB}{4} \mathrm{d}\xi\mathrm{d}\eta = f \frac{AB}{4} \begin{pmatrix} 1 \\ 1 \\ 1 \\ 1 \end{pmatrix}$$

在单元 e 内，将式(5.28)、式(5.29)和式(5.30)相加，并扩展成由全体节点组成的矩阵或列阵，然后将各单元相加，得

$$\int_e \lambda \nabla \boldsymbol{u} \cdot \nabla \delta \boldsymbol{u} \mathrm{d}x\mathrm{d}y + \int_e \frac{\partial u}{\partial t} \delta u \mathrm{d}x\mathrm{d}y - \int_e f(x, y, t) \delta u \mathrm{d}x\mathrm{d}y = \sum \left(\delta \boldsymbol{u}_e^{\mathrm{T}} \boldsymbol{K}_e \boldsymbol{u}_e + \delta \boldsymbol{u}_e^{\mathrm{T}} \boldsymbol{M}_e \frac{\partial \boldsymbol{u}_e}{\partial t} - \delta \boldsymbol{u}_e^{\mathrm{T}} \boldsymbol{P}_e \right)$$

$$= \sum \left(\delta \boldsymbol{u}^{\mathrm{T}} \overline{\boldsymbol{M}}_e \frac{\partial \boldsymbol{u}}{\partial t} + \delta \boldsymbol{u}^{\mathrm{T}} \overline{\boldsymbol{K}}_e \boldsymbol{u} - \delta \boldsymbol{u}^{\mathrm{T}} \overline{\boldsymbol{P}}_e \right)$$

$$= \delta \boldsymbol{u}^{\mathrm{T}} \sum \overline{\boldsymbol{M}}_e \frac{\partial \boldsymbol{u}}{\partial t} + \delta \boldsymbol{u}^{\mathrm{T}} \sum \overline{\boldsymbol{K}}_e \boldsymbol{u} - \delta \boldsymbol{u}^{\mathrm{T}} \sum \overline{\boldsymbol{P}}_e$$

$$= \delta \boldsymbol{u}^{\mathrm{T}} \boldsymbol{M} \frac{\partial \boldsymbol{u}}{\partial t} + \delta \boldsymbol{u}^{\mathrm{T}} \boldsymbol{K} \boldsymbol{u} - \delta \boldsymbol{u}^{\mathrm{T}} \boldsymbol{P} = 0 \tag{5.31}$$

从式(5.31)中消去 $\delta \boldsymbol{u}^{\mathrm{T}}$，得

$$\boldsymbol{M} \frac{\partial}{\partial t} \boldsymbol{u} + \boldsymbol{K} \boldsymbol{u} = \boldsymbol{P} \tag{5.32}$$

对于非稳定温度场，式(5.32)可以改写为

$$\boldsymbol{M} \frac{\boldsymbol{u}^{k+1} - \boldsymbol{u}^k}{\Delta t} + \boldsymbol{K} \left[\theta \boldsymbol{u}^{k+1} + (1-\theta) \boldsymbol{u}^k \right] = \boldsymbol{P} \tag{5.33}$$

其中 $0 \le \theta \le 1$。

若式(5.33)取 $\theta = 0$，则有

$$\boldsymbol{M} \frac{\boldsymbol{u}^{k+1} - \boldsymbol{u}^k}{\Delta t} + \boldsymbol{K} \boldsymbol{u}^k = \boldsymbol{P} \tag{5.34}$$

上式整理后，即得二维热传导方程的有限元显式格式：

$$\left(\frac{1}{\Delta t} \boldsymbol{M} \right) \boldsymbol{u}^{k+1} = \left(-\boldsymbol{K} + \frac{1}{\Delta t} \boldsymbol{M} \right) \boldsymbol{u}^k + \boldsymbol{P} \tag{5.35}$$

当u^k已知时，求解线性方程组(5.35)即可求出u^{k+1}。因此，代入初始条件和边界条件，求解线性方程组即可得不同时刻各节点的温度分布。

例5.4 程序实现二维热传导初边值问题的有限元显式数值解：

$$\begin{cases} \dfrac{\partial u}{\partial t}=\dfrac{1}{\pi^2}\left(\dfrac{\partial^2 u}{\partial x^2}+\dfrac{\partial^2 u}{\partial y^2}\right), & 0<x<1,\ 0<y<1,\ t>0 \\ u(0,\ y,\ t)=u(1,\ y,\ t)=0, & 0\leqslant y\leqslant 1,\ t\geqslant 0 \\ u(x,\ 0,\ t)=u(x,\ 1,\ t)=0, & 0\leqslant x\leqslant 1,\ t\leqslant 0 \\ u(x,\ y,\ 0)=\sin(\pi x)\sin(\pi y), & 0\leqslant x\leqslant 1,\ 0\leqslant y\leqslant 1 \end{cases}$$

解 （1）利用分离变量法可得该问题的解析解为

$$u(x,\ y,\ t)=\sin(\pi x)\sin(\pi y)\,\mathrm{e}^{-2t}$$

取$0\leqslant t\leqslant 1$，图示解析解的程序设计如下：

```
clear all;
dx=0.05;
dy=0.05;
dt=0.001;
x=0:dx:1;
y=0:dy:1;
t=0:dt:1;
[X,Y]=meshgrid(x,y);
u=zeros(size(y,2),size(x,2),size(t,2));
for k=1:size(t,2)
    u(:,:,k)=sin(pi*X).*sin(pi*Y)*exp(-2*t(k));
    % 图示解析解
    surf(x,y,u(:,:,k));
    colorbar;
    title(['解析解: t=', num2str((k-1)*dt) 's']);
    set(gca,'XLim',[0 1]);
    set(gca,'YLim',[0 1]);
    set(gca,'ZLim',[-1 1]);
    xlabel('x');
    ylabel('y');
    zlabel('u');
    drawnow;
    pause(0.1);
end
```

（2）有限元显式数值解。采用均匀网格单元对空间变量进行剖分，且剖分单元数取$Nx=Ny=20$，再取时间步长$\Delta t=0.001$。有限元显式数值计算的 Matlab 脚本程序如下：

```
clear all;
dt=0.001;
```

```
t=0:dt:1;
a=1;
b=1;
Lambda=1/pi/pi;
f=0;
NX=20;
Dx=a/NX;
NY=20;
Dy=b/NY;
NP=(NX+1)*(NY+1);
NE=NX*NY;
x=0:Dx:a;
y=0:Dy:b;
%初始条件
for i=1:length(y)
    for j=1:length(x)
        u(i,j,1)=sin(pi*x(j))*sin(pi*y(i));
    end
end
uu(:,1)=reshape(u(:,:,1),NP,1);
%存放单元节点编号
for IY=1:NY
    for IX=1:NX
        N=(IY-1)*NX+IX;
        N1=(IY-1)*(NX+1)+IX;
        ME(1,N)=N1+NX+1;
        ME(2,N)=N1;
        ME(3,N)=N1+1;
        ME(4,N)=N1+NX+2;
    end
end
K  =zeros(NP,NP);
M  =zeros(NP,NP);
P  =zeros(NP,1);
%形成线性方程组
for h=1:NE
    K_loc=Lambda*(Dy/Dx/6)*[2 1 -1 -2;1 2 -2 -1;-1 -2 2 1;-2 -1 1 2]...
            +Lambda*(Dx/Dy/6)*[2 -2 -1 1;-2 2 1 -1;-1 1 2 -2;1 -1 -2 2];
    M_loc=(Dx*Dy/36)*[4 2 1 2;2 4 2 1;1 2 4 2;2 1 2 4];
```

```
            P_loc=f*Dx*Dy*[1/4 1/4 1/4 1/4];
            for j=1:4
                NJ=ME(j,h);
                for k=1:4
                    NK=ME(k,h);
                    K(NJ,NK)=K(NJ,NK)+K_loc(j,k);
                    M(NJ,NK)=M(NJ,NK)+M_loc(j,k);
                end
                P(NJ)=P(NJ)+P_loc(k);
            end
    end
    for k=2:size(t,2)
        K_total=1/dt*M;
        P_total=(-K+1/dt*M)*uu(:,k-1)+P;
        %强加第一类边界条件
        for i=1:NX+1
            K_total(i,:)=0;
            K_total(i,i)=1;
            P_total(i)=0;
        end
        for i=1:NX+1:(NX+1)*NY+1
            K_total(i,:)=0;
            K_total(i,i)=1;
            P_total(i)=0;
        end
        for i=NX+1:NX+1:(NX+1)*(NY+1)
            K_total(i,:)=0;
            K_total(i,i)=1;
            P_total(i)=0;
        end
        for i=(NX+1)*NY+1:(NX+1)*(NY+1)
            K_total(i,:)=0;
            K_total(i,i)=1;
            P_total(i)=0;
        end
        %线性方程组求解
        uu(:,k)=K_total\P_total;
    end
    %图示计算结果
```

```
for k=1:size(t,2)
    u(:,:,k)=reshape(uu(:,k),NY+1,NX+1);
    surf(x,y,u(:,:,k));
    colorbar;
    title(['显式解: t=',num2str((k-1)*dt)'s']);
    set(gca,'XLim',[0 1]);
    set(gca,'YLim',[0 1]);
    set(gca,'ZLim',[-1 1]);
    xlabel('x');
    ylabel('y');
    zlabel('u');
    drawnow;
    pause(0.1);
end
```

利用上述程序计算并图示 $t=0.2$ s、0.4 s、0.6 s、0.8 s、1.0 s 时的有限元显式数值解和解析解，如图 5.6 所示。从图上可以看出：满足稳定性条件的有限元显式数值解与解析解吻合得很好。

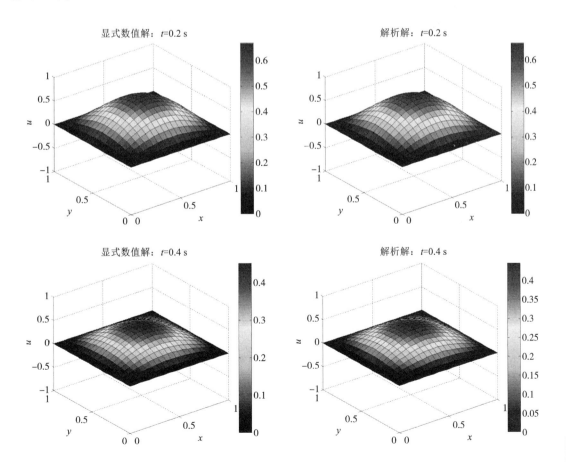

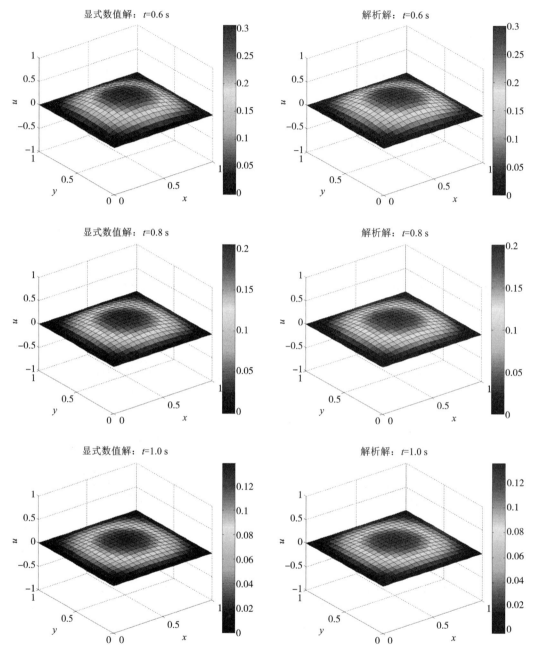

图 5.6　二维热传导方程的有限元显式数值解和解析解

扫一扫，看彩图

5.2.2　二维全隐式格式

若式(5.33)取 $\theta=0$，则有

$$M\frac{u_{k+1}-u_k}{\Delta t}+Ku_{k+1}=P \tag{5.36}$$

上式整理后，即得二维热传导方程的有限元全隐式格式：

$$\left(\frac{1}{\Delta t}\boldsymbol{M}+\boldsymbol{K}\right)\boldsymbol{u}_{k+1}=\frac{1}{\Delta t}\boldsymbol{M}\boldsymbol{u}_k+\boldsymbol{P} \tag{5.37}$$

结合初始条件和边界条件，求解线性方程组(5.37)即可得不同时刻各节点的温度分布。

例 5.5　程序实现二维热传导初边值问题的有限元全隐式数值解：

$$\begin{cases}\dfrac{\partial u}{\partial t}=\dfrac{1}{\pi^2}\left(\dfrac{\partial^2 u}{\partial x^2}+\dfrac{\partial^2 u}{\partial y^2}\right), & 0<x<1,\ 0<y<1,\ t>0\\ u(0,y,t)=u(1,y,t)=0, & 0\leqslant y\leqslant 1,\ t\geqslant 0\\ u(x,0,t)=u(x,1,t)=0, & 0\leqslant x\leqslant 1,\ t\leqslant 0\\ u(x,y,0)=\sin(\pi x)\sin(\pi y), & 0\leqslant x\leqslant 1,\ 0\leqslant y\leqslant 1\end{cases}$$

解　利用分离变量法可得该问题的解析解为

$$u(x,y,t)=\sin(\pi x)\sin(\pi y)e^{-2t}$$

采用均匀网格单元对空间变量进行剖分，且剖分单元数取 $Nx=Ny=20$，再取时间步长 $\Delta t=0.01$。有限元全隐式数值计算的 Matlab 脚本程序如下：

```
clear all;
dt=0.01;
t=0:dt:1;
a=1;
b=1;
Lambda=1/pi/pi;
f=0;
NX=20;
Dx=a/NX;
NY=20;
Dy=b/NY;
NP=(NX+1)*(NY+1);
NE=NX*NY;
x=0:Dx:a;
y=0:Dy:b;
% 初始条件
for i=1:length(y)
    for j=1:length(x)
        u(i,j,1)=sin(pi*x(j))*sin(pi*y(i));
    end
end
uu(:,1)=reshape(u(:,:,1),NP,1);
% 存放单元节点编号
for IY=1:NY
    for IX=1:NX
```

```
            N=(IY-1)*NX+IX;
            N1=(IY-1)*(NX+1)+IX;
            ME(1,N)=N1+NX+1;
            ME(2,N)=N1;
            ME(3,N)=N1+1;
            ME(4,N)=N1+NX+2;
        end
    end
K  =zeros(NP,NP);
M  =zeros(NP,NP);
P  =zeros(NP,1);
%形成线性方程组
for h=1:NE
    K_loc=Lambda*(Dy/Dx/6)*[2 1 -1 -2;1 2 -2 -1;-1 -2 2 1;-2 -1 1 2]...
        +Lambda*(Dx/Dy/6)*[2 -2 -1 1;-2 2 1 -1;-1 1 2 -2;1 -1 -2 2];
    M_loc=(Dx*Dy/36)*[4 2 1 2;2 4 2 1;1 2 4 2;2 1 2 4];
    P_loc=f*Dx*Dy*[1/4 1/4 1/4 1/4];
    for j=1:4
        NJ=ME(j,h);
        for k=1:4
            NK=ME(k,h);
            K(NJ,NK)=K(NJ,NK)+K_loc(j,k);
            M(NJ,NK)=M(NJ,NK)+M_loc(j,k);
        end
        P(NJ)=P(NJ)+P_loc(k);
    end
end
for k=2:size(t,2)
    K_total=1/dt*M+K;
    P_total=1/dt*M*uu(:,k-1)+P;
    %强加第一类边界条件
    for i=1:NX+1
        K_total(i,:)=0;
        K_total(i,i)=1;
        P_total(i)=0;
    end
    for i=1:NX+1:(NX+1)*NY+1
        K_total(i,:)=0;
        K_total(i,i)=1;
```

```
            P_total(i)=0;
        end
        for i=NX+1:NX+1:(NX+1)*(NY+1)
            K_total(i,:)=0;
            K_total(i,i)=1;
            P_total(i)=0;
        end
        for i=(NX+1)*NY+1:(NX+1)*(NY+1)
            K_total(i,:)=0;
            K_total(i,i)=1;
            P_total(i)=0;
        end
        %线性方程组求解
        uu(:,k)=K_total\P_total;
    end
    %图示计算结果
    for k=1:size(t,2)
        u(:,:,k)=reshape(uu(:,k),NY+1,NX+1);
        surf(x,y,u(:,:,k));
        colorbar;
        title(['全隐式解: t=',num2str((k-1)*dt)'s']);
        set(gca,'XLim',[0 1]);
        set(gca,'YLim',[0 1]);
        set(gca,'ZLim',[-1 1]);
        xlabel('x');
        ylabel('y');
        zlabel('u');
        drawnow;
        pause(0.1);
    end
```

利用该程序计算 $t=0.2$ s、0.4 s、0.6 s、0.8 s、1.0 s 时的有限元全隐式数值解，同时与解析解进行对比，如图5.7所示。从图上可以看出：有限元全隐式数值解与解析解吻合得非常好。

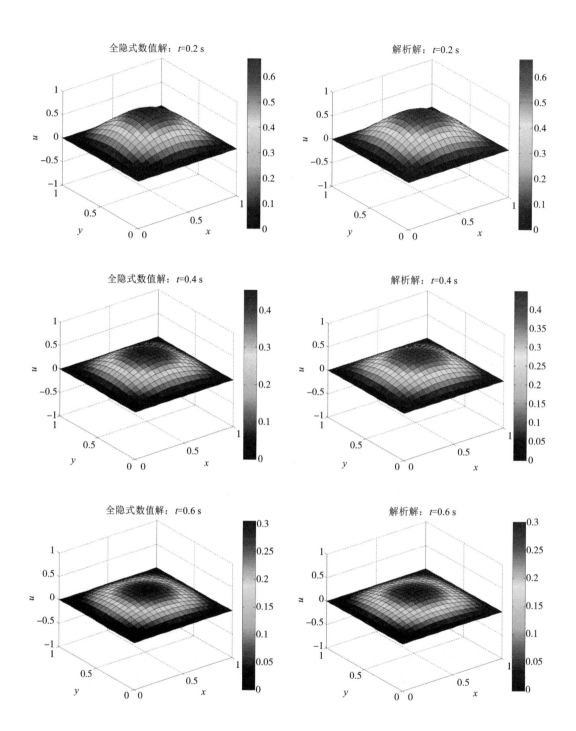

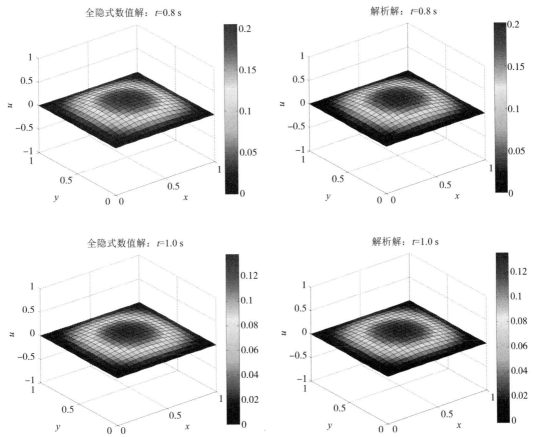

图 5.7　二维热传导方程的有限元全隐式数值解和解析解

5.2.3　二维 Crank-Nicolson 隐式格式

若式(5.33)取 $\theta=\dfrac{1}{2}$，则有

$$M\frac{u^{k+1}-u^{k}}{\Delta t}+\frac{1}{2}K(u^{k+1}+u^{k})=P \qquad (5.38)$$

上式整理后，即得二维热传导方程的有限元 Crank-Nicolson 隐式格式：

$$\left(\frac{1}{\Delta t}M+\frac{1}{2}K\right)u^{k+1}=\left(-\frac{1}{2}K+\frac{1}{\Delta t}M\right)u^{k}+P \qquad (5.39)$$

结合初始条件和边界条件，求解线性方程组(5.39)即可得不同时刻各节点的温度分布。

例 5.6　程序实现二维热传导初边值问题的有限元 Crank-Nicolson 隐式数值解：

$$\begin{cases} \dfrac{\partial u}{\partial t} = \dfrac{1}{\pi^2}\left(\dfrac{\partial^2 u}{\partial x^2} + \dfrac{\partial^2 u}{\partial y^2}\right), & 0<x<1,\ 0<y<1,\ t>0 \\[2mm] u(0,\ y,\ t) = u(1,\ y,\ t) = 0, & 0 \leqslant y \leqslant 1,\ t \geqslant 0 \\[2mm] u(x,\ 0,\ t) = u(x,\ 1,\ t) = 0, & 0 \leqslant x \leqslant 1,\ t \leqslant 0 \\[2mm] u(x,\ y,\ 0) = \sin(\pi x)\sin(\pi y), & 0 \leqslant x \leqslant 1,\ 0 \leqslant y \leqslant 1 \end{cases}$$

解 利用分离变量法可得该问题的解析解为

$$u(x,\ y,\ t) = \sin(\pi x)\sin(\pi y)\,\mathrm{e}^{-2t}$$

采用均匀网格单元对空间变量进行剖分，且剖分单元数取 $Nx = Ny = 20$，再取时间步长 $\Delta t = 0.01$。有限元 Crank-Nicolson 隐式数值计算的 Matlab 脚本程序如下：

```
clear all;
dt=0.01;
t=0:dt:1;
a=1;
b=1;
Lambda=1/pi/pi;
f=0;
NX=20;
Dx=a/NX;
NY=20;
Dy=b/NY;
NP=(NX+1)*(NY+1);
NE=NX*NY;
x=0:Dx:a;
y=0:Dy:b;
%初始条件
for i=1:length(y)
    for j=1:length(x)
        u(i,j,1)=sin(pi*x(j))*sin(pi*y(i));
    end
end
uu(:,1)=reshape(u(:,:,1),NP,1);
%存放单元节点编号
for IY=1:NY
    for IX=1:NX
        N=(IY-1)*NX+IX;
        N1=(IY-1)*(NX+1)+IX;
        ME(1,N)=N1+NX+1;
        ME(2,N)=N1;
        ME(3,N)=N1+1;
```

```
            ME(4,N)=N1+NX+2;
        end
    end
K  =zeros(NP,NP);
M  =zeros(NP,NP);
P  =zeros(NP,1);
% 形成线性方程组
for h=1:NE
    K_loc=Lambda*(Dy/Dx/6)*[2 1 -1 -2;1 2 -2 -1;-1 -2 2 1;-2 -1 1 2]...
        +Lambda*(Dx/Dy/6)*[2 -2 -1 1;-2 2 1 -1;-1 1 2 -2;1 -1 -2 2];
    M_loc=(Dx*Dy/36)*[4 2 1 2;2 4 2 1;1 2 4 2;2 1 2 4];
    P_loc=f*Dx*Dy*[1/4 1/4 1/4 1/4];
    for j=1:4
        NJ=ME(j,h);
        for k=1:4
            NK=ME(k,h);
            K(NJ,NK)=K(NJ,NK)+K_loc(j,k);
            M(NJ,NK)=M(NJ,NK)+M_loc(j,k);
        end
        P(NJ)=P(NJ)+P_loc(k);
    end
end
for k=2:size(t,2)
    K_total=1/dt*M+K/2;
    P_total=(-K/2+1/dt*M)*uu(:,k-1)+P;
    % 强加第一类边界条件
    for i=1:NX+1
        K_total(i,:)=0;
        K_total(i,i)=1;
        P_total(i)=0;
    end
    for i=1:NX+1:(NX+1)*NY+1
        K_total(i,:)=0;
        K_total(i,i)=1;
        P_total(i)=0;
    end
    for i=NX+1:NX+1:(NX+1)*(NY+1)
        K_total(i,:)=0;
        K_total(i,i)=1;
```

```
            P_total(i)=0;
        end
        for i=(NX+1)*NY+1:(NX+1)*(NY+1)
            K_total(i,:)=0;
            K_total(i,i)=1;
            P_total(i)=0;
        end
        %线性方程组求解
        uu(:,k)=K_total\P_total;
    end
    %图示计算结果
    for k=1:size(t,2)
        u(:,:,k)=reshape(uu(:,k),NY+1,NX+1);
        surf(x,y,u(:,:,k));
        colorbar;
        title(['Crank- Nicolson 隐式解: t=',num2str((k- 1)*dt)'s']);
        set(gca,'XLim',[0 1]);
        set(gca,'YLim',[0 1]);
        set(gca,'ZLim',[- 1 1]);
        xlabel('x');
        ylabel('y');
        zlabel('u');
        drawnow;
        pause(0.1);
    end
```

利用上述程序计算并图示 $t = 0.2$ s、0.4 s、0.6 s、0.8 s、1.0 s 时的有限元 Crank-Nicolson 隐式解和解析解，如图 5.8 所示。

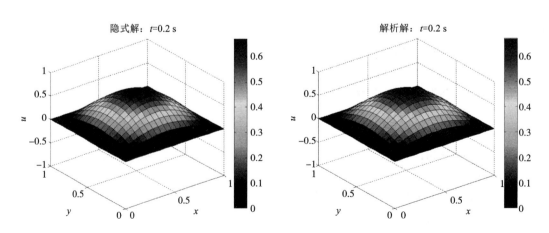

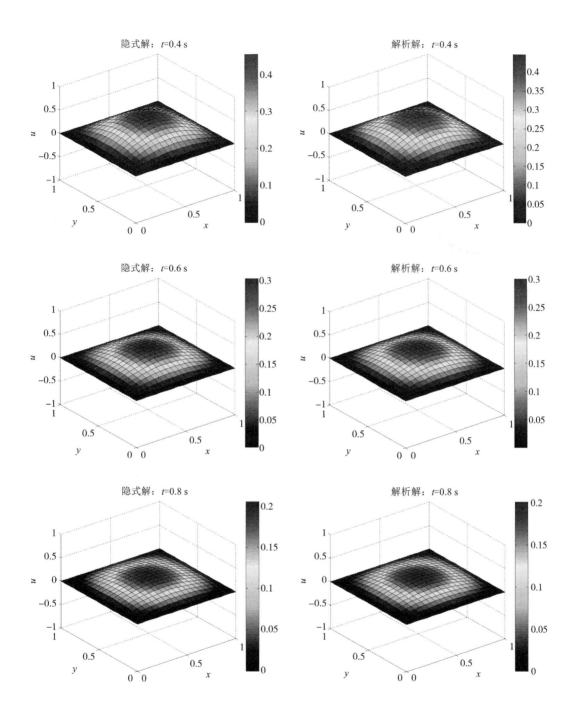

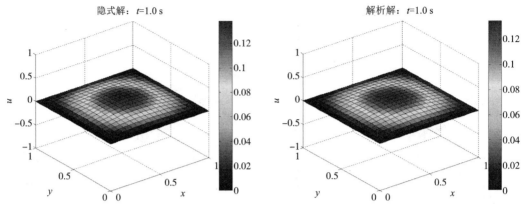

图 5.8　二维热传导方程的有限元 Crank-Nicolson 隐式解和解析解

5.3　混合边界热传导方程的有限元解法

对于混合边界问题，讨论如下一维热传导方程的初边值问题：

$$\begin{cases} \dfrac{\partial u}{\partial t}=\lambda\dfrac{\partial^2 u}{\partial x^2}+f(x,\ t), & 0<x<L,\ 0<t<T \\[2mm] \dfrac{\partial u}{\partial x}\Big|_{x=0}=a,\ \left(\dfrac{\partial u}{\partial x}+ku\right)\Big|_{x=0}=b, & 0\leqslant t\leqslant T \\[2mm] u\big|_{t=0}=\varphi(x), & 0\leqslant x\leqslant L \end{cases} \tag{5.40}$$

其中 λ 为常数。

将混合边界条件写成统一的形式：

$$\frac{\partial u}{\partial n}=\alpha u+\beta \tag{5.41}$$

对式(5.40)中偏微分方程的每一项乘以 δu，并积分，有

$$\int_\Omega \lambda\frac{\partial^2 u}{\partial x^2}\delta u\mathrm{d}\Omega-\int_\Omega\frac{\partial u}{\partial t}\delta u\mathrm{d}\Omega+\int_\Omega f(x,\ t)\delta u\mathrm{d}\Omega=0 \tag{5.42}$$

对上式第一项进行积分变换可得

$$\begin{aligned} \int_\Omega \lambda\frac{\partial^2 u}{\partial x^2}\delta u\mathrm{d}\Omega &= \int_\Omega \lambda\nabla\cdot(\nabla u\delta u)\mathrm{d}\Omega-\int_\Omega \lambda\nabla u\cdot\nabla\delta u\mathrm{d}\Omega \\ &= \int_\Gamma \lambda\frac{\partial u}{\partial n}\delta u\mathrm{d}\Gamma-\int_\Omega \lambda\nabla u\cdot\nabla\delta u\mathrm{d}\Omega \\ &= \int_\Gamma \lambda(\alpha u+\beta)\delta u\mathrm{d}\Gamma-\int_\Omega \lambda\nabla u\cdot\nabla\delta u\mathrm{d}\Omega \end{aligned} \tag{5.43}$$

于是，式(5.42)可改写为

$$\int_\Omega \lambda\nabla u\cdot\nabla\delta u\mathrm{d}\Omega+\int_\Omega\frac{\partial u}{\partial t}\delta u\mathrm{d}\Omega-\int_\Omega f(x,\ t)\delta u\mathrm{d}\Omega-\int_\Gamma \lambda(\alpha u+\beta)\delta u\mathrm{d}\Gamma=0 \tag{5.44}$$

采用有限单元法进行计算，将空间变量区域剖分为有限个小单元 e，在单元 e 上，对

式(5.44)进行空间变量积分(其中前3项单元积分见5.1.1),然后对各单元求和。

单元积分:

$$\int_\Gamma \lambda \alpha u \delta u \, \mathrm{d}\Gamma = \delta \boldsymbol{u}_e^{\mathrm{T}} \int_e \lambda \alpha \boldsymbol{N} \boldsymbol{N}^{\mathrm{T}} \mathrm{d}x \, \boldsymbol{u}_e = \delta \boldsymbol{u}_e^{\mathrm{T}} \boldsymbol{K}_{2e} \boldsymbol{u}_e \tag{5.45}$$

这样便有,

$$\boldsymbol{K}_2 = \begin{pmatrix} \lambda\alpha & 0 & \cdots & 0 \\ 0 & 0 & \cdots & 0 \\ \vdots & \vdots & & \vdots \\ 0 & 0 & \cdots & 0 \end{pmatrix} \quad \text{或} \quad \boldsymbol{K}_2 = \begin{pmatrix} 0 & 0 & \cdots & 0 \\ 0 & 0 & \cdots & 0 \\ \vdots & \vdots & & \vdots \\ 0 & 0 & \cdots & \lambda\alpha \end{pmatrix} \tag{5.46}$$

单元积分:

$$\int_\Gamma \lambda\beta \delta u \, \mathrm{d}\Gamma = \delta \boldsymbol{u}_e^{\mathrm{T}} \int_e \lambda\beta \mathrm{d}x = \delta \boldsymbol{u}_e^{\mathrm{T}} \boldsymbol{P}_{2e} \tag{5.47}$$

这时可得

$$\boldsymbol{P}_2 = \begin{pmatrix} \lambda\beta \\ 0 \\ \vdots \\ 0 \\ 0 \end{pmatrix} \quad \text{或} \quad \boldsymbol{P}_2 = \begin{pmatrix} 0 \\ 0 \\ \vdots \\ 0 \\ \lambda\beta \end{pmatrix} \tag{5.48}$$

将所有单元矩阵扩展到所有节点,结合初始条件,求解线性方程组即可得不同时刻各节点的温度分布。

例 5.7 程序实现下列第二类边界条件下一维热传导方程的有限元数值解:

$$\begin{cases} \dfrac{\partial u}{\partial t} = \dfrac{\partial^2 u}{\partial x^2}, & 0 < x < 3, \ t > 0 \\ \dfrac{\partial u}{\partial x}\Big|_{x=0} = 0, \ \dfrac{\partial u}{\partial x}\Big|_{x=3} = 0, & t \geqslant 0 \\ u\big|_{t=0} = x, & 0 \leqslant x \leqslant 3 \end{cases}$$

解 利用分离变量法可得该定解问题的形式解为

$$u(x, t) = 1.5 - \frac{12}{\pi^2} \sum_{n=1}^{\infty} \frac{1}{(2n-1)^2} \mathrm{e}^{-\frac{(2n-1)^2 \pi^2}{9} t} \cos\frac{(2n-1)\pi x}{3}$$

采用均匀网格单元对空间变量进行剖分,且剖分单元数取 $NE = 20$,再取时间步长 $\Delta t = 0.04$。有限元全隐式数值计算的 Matlab 脚本程序如下:

```
clear all;
NE = 20;
NP = NE+1;
L = 3;
x = [0:L/NE:L]';
dx = x(2)- x(1); %单元长度
dt = 0.04;
t = 0:dt:1;
```

```
lambda = 1;
f   =0;
K   = zeros(NP,NP);
M   = zeros(NP,NP);
u   = zeros(NP,length(t));
P   = zeros(NP,1);
u(:,1)= x; % 初始条件
%存放单元节点编号
for i=1:NE
      ME(i,1) = i; ME(i,2) = i+1;
end
K_loc = lambda*[1/dx - 1/dx; - 1/dx  1/dx];
P_loc = f*[dx/2 dx/2];
M_loc = [dx/3 dx/6;dx/6 dx/3];
% 形成线性方程组
for iel=1:NE
      for i=1:2
            ii= ME(iel,i);
            for j=1:2
                  jj = ME(iel,j);
                  K(ii,jj)= K(ii,jj)+K_loc(i,j);
                  M(ii,jj)= M(ii,jj)+M_loc(i,j);
            end
            P(ii)= P(ii)+P_loc(i);
      end
end
for i=2:length(t)
      P_total = P+1/dt*M*u(:,i- 1);
      K_total = 1/dt*M+K;
      % 线性方程组求解
      u(:,i) = K_total\P_total;
end
%图示计算结果
surf(x,t,u');
xlabel('x');
ylabel('t');
zlabel('u(x,t)');
shading flat;
colorbar;
```

程序执行结果如图 5.9 所示。可以预料, 若时间 t 足够长, 传热导体上的温度必将处处相等。

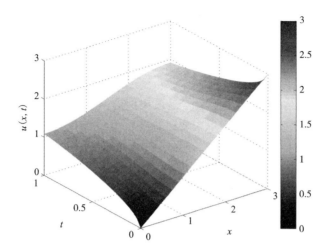

图 5.9　第二类边界条件下一维热传导方程的有限元数值解

第6章 波动方程的有限单元法

波动方程是一类重要的偏微分方程,也是最典型的一种双曲型方程,它可以用来描述自然界以及工程技术中的波动现象。本章主要讨论有限单元法求解波动方程的定解问题,包括一维和二维波动方程的有限元显式格式与隐式格式。

6.1 一维波动方程的有限单元法

6.1.1 一维显式计算格式

考虑下列波动方程的定解问题:

$$\begin{cases} \dfrac{\partial^2 u}{\partial t^2} = a^2 \dfrac{\partial^2 u}{\partial x^2} + f(x,\ t),\ 0<x<L,\ 0<t<T \\[2mm] u(x,\ 0) = \varphi_1(x),\ \dfrac{\partial u(x,\ 0)}{\partial t} = \varphi_2(x) \\[2mm] u(0,\ t) = g_1(t),\ u(L,\ t) = g_2(t) \end{cases} \tag{6.1}$$

其中 a^2 为正常数。

对式(6.1)中偏微分方程的每一项乘以 δu,并积分,有

$$\int_{\Omega} a^2 \frac{\partial^2 u}{\partial x^2} \delta u \mathrm{d}\Omega - \int_{\Omega} \frac{\partial^2 u}{\partial t^2} \delta u \mathrm{d}\Omega + \int_{\Omega} f(x,\ t) \delta u \mathrm{d}\Omega = 0 \tag{6.2}$$

对式(6.2)第一项进行积分变换可得

$$\int_{\Omega} a^2 \frac{\partial^2 u}{\partial x^2} \delta u \mathrm{d}\Omega = \int_{\Omega} a^2 \nabla \cdot (\nabla u \delta u) \mathrm{d}\Omega - \int_{\Omega} a^2 \nabla u \cdot \nabla \delta u \mathrm{d}\Omega$$

$$= \int_{\Gamma} a^2 \frac{\partial u}{\partial n} \delta u \mathrm{d}\Gamma - \int_{\Omega} a^2 \nabla u \cdot \nabla \delta u \mathrm{d}\Omega \tag{6.3}$$

将式(6.1)中的第一类边界条件代入式(6.3)右侧第一项,则式(6.2)变为

$$\int_{\Omega} a^2 \nabla u \cdot \nabla \delta u \mathrm{d}\Omega + \int_{\Omega} \frac{\partial^2 u}{\partial t^2} \delta u \mathrm{d}\Omega - \int_{\Omega} f(x,\ t) \delta u \mathrm{d}\Omega = 0 \tag{6.4}$$

将区域剖分为有限个小单元 e,在单元 e 上,对式(6.4)进行积分,然后对各单元求和。采用线性插值方式,其构造的线性插值函数为

$$N_i = 1 - \frac{x}{\Delta x},\ N_j = \frac{x}{\Delta x}$$

单元 e 上的 u 可用插值函数表示

$$u = \boldsymbol{N}^{\mathrm{T}} \boldsymbol{u}_e$$

单元积分1：

$$\int_e a^2 \nabla \boldsymbol{u} \cdot \nabla \delta \boldsymbol{u} \mathrm{d}\Omega = \delta \boldsymbol{u}_e^{\mathrm{T}} \int_e a^2 \left(\frac{\partial \boldsymbol{N}}{\partial x}\right) \left(\frac{\partial \boldsymbol{N}}{\partial x}\right)^{\mathrm{T}} \mathrm{d}x \boldsymbol{u}_e = \delta \boldsymbol{u}_e^{\mathrm{T}} \boldsymbol{K}_e \boldsymbol{u}_e \tag{6.5}$$

其中，

$$\boldsymbol{K}_e = a^2 \int_0^{\Delta x} \begin{pmatrix} \dfrac{\partial N_i}{\partial x}\dfrac{\partial N_i}{\partial x} & \dfrac{\partial N_i}{\partial x}\dfrac{\partial N_j}{\partial x} \\ \dfrac{\partial N_j}{\partial x}\dfrac{\partial N_i}{\partial x} & \dfrac{\partial N_j}{\partial x}\dfrac{\partial N_j}{\partial x} \end{pmatrix} \mathrm{d}x = \begin{pmatrix} \dfrac{a^2}{\Delta x} & -\dfrac{a^2}{\Delta x} \\ -\dfrac{a^2}{\Delta x} & \dfrac{a^2}{\Delta x} \end{pmatrix}$$

因为 $k_{ij} = k_{ji}$，所以 $\boldsymbol{K}_e$ 是对称矩阵。

单元积分2：

$$\int_e \frac{\partial^2 \boldsymbol{u}}{\partial t^2} \delta \boldsymbol{u} \mathrm{d}\Omega = \delta \boldsymbol{u}_e^{\mathrm{T}} \left(\int_e \boldsymbol{N}\boldsymbol{N}^{\mathrm{T}} \mathrm{d}x\right) \frac{\partial^2 \boldsymbol{u}_e}{\partial t^2} = \delta \boldsymbol{u}_e^{\mathrm{T}} \boldsymbol{M}_e \frac{\partial^2 \boldsymbol{u}_e}{\partial t^2} \tag{6.6}$$

其中，

$$\boldsymbol{M}_e = \int_e \boldsymbol{N}\boldsymbol{N}^{\mathrm{T}} \mathrm{d}x = \int_0^{\Delta x} \begin{pmatrix} N_i N_i & N_i N_j \\ N_j N_i & N_j N_j \end{pmatrix} \mathrm{d}x = \begin{pmatrix} \dfrac{\Delta x}{3} & \dfrac{\Delta x}{6} \\ \dfrac{\Delta x}{6} & \dfrac{\Delta x}{3} \end{pmatrix}$$

单元积分3：

$$\int_e f(x, t) \delta \boldsymbol{u} \mathrm{d}\Omega = \delta \boldsymbol{u}_e^{\mathrm{T}} \int_e f(x, t) \boldsymbol{N} \mathrm{d}x = \delta \boldsymbol{u}_e^{\mathrm{T}} \boldsymbol{P}_e \tag{6.7}$$

上式需要采用数值积分计算。若 $f(x, t)$ 为常数或与空间变量 x 无关，那么可以手动计算积分，则有

$$\boldsymbol{P}_e = \int_e f \cdot \boldsymbol{N} \mathrm{d}x = \int_0^{\Delta x} f \begin{pmatrix} N_i \\ N_j \end{pmatrix} \mathrm{d}x = f \begin{pmatrix} \dfrac{\Delta x}{2} \\ \dfrac{\Delta x}{2} \end{pmatrix}$$

在单元内，将式(6.5)，式(6.6)和式(6.7)相加，并扩展成由全体节点组成的矩阵或列阵，然后将各单元相加，得

$$\int_e a^2 \nabla \boldsymbol{u} \cdot \nabla \delta \boldsymbol{u} \mathrm{d}x + \int_e \frac{\partial^2 u}{\partial t^2} \delta \boldsymbol{u} \mathrm{d}x - \int_e f \delta \boldsymbol{u} \mathrm{d}x = \sum \left[\delta \boldsymbol{u}_e^{\mathrm{T}} \boldsymbol{K}_e \boldsymbol{u}_e + \delta \boldsymbol{u}_e^{\mathrm{T}} \boldsymbol{M}_e \frac{\partial^2 \boldsymbol{u}_e}{\partial t^2} - \delta \boldsymbol{u}_e^{\mathrm{T}} \boldsymbol{P}_e \right]$$

$$= \sum \left[\delta \boldsymbol{u}^{\mathrm{T}} \overline{\boldsymbol{M}}_e \frac{\partial^2 \boldsymbol{u}}{\partial t^2} + \delta \boldsymbol{u}^{\mathrm{T}} \overline{\boldsymbol{K}}_e \boldsymbol{u} - \delta \boldsymbol{u}^{\mathrm{T}} \overline{\boldsymbol{P}}_e \right]$$

$$= \delta \boldsymbol{u}^{\mathrm{T}} \sum \overline{\boldsymbol{M}}_e \frac{\partial^2 \boldsymbol{u}}{\partial t^2} + \delta \boldsymbol{u}^{\mathrm{T}} \sum \overline{\boldsymbol{K}}_e \boldsymbol{u} - \delta \boldsymbol{u}^{\mathrm{T}} \sum \overline{\boldsymbol{P}}_e$$

$$= \delta \boldsymbol{u}^{\mathrm{T}} \boldsymbol{M} \frac{\partial^2 \boldsymbol{u}}{\partial t^2} + \delta \boldsymbol{u}^{\mathrm{T}} K \boldsymbol{u} - \delta \boldsymbol{u}^{\mathrm{T}} P = 0 \tag{6.8}$$

从式(6.8)中消去 $\delta \boldsymbol{u}^{\mathrm{T}}$，得

$$\boldsymbol{M} \frac{\partial^2 \boldsymbol{u}}{\partial t^2} + \boldsymbol{K}\boldsymbol{u} = \boldsymbol{P} \tag{6.9}$$

对于非稳定波动问题,求解 u 时,需要对 $\dfrac{\partial^2 u}{\partial t^2}$ 进行二阶差商近似处理,式(6.9)可以改写为

$$M\frac{u^{k-1}-2u^k+u^{k+1}}{(\Delta t)^2}+K[\theta u^{k+1}+(1-2\theta)u^k+\theta u^{k-1}]=P \tag{6.10}$$

其中 $0\leqslant\theta\leqslant1$。

若式(6.10)取 $\theta=0$,则有

$$M\frac{u^{k-1}-2u^k+u^{k+1}}{(\Delta t)^2}+Ku^k=P \tag{6.11}$$

上式整理后,即得一维波动方程的有限元显式格式:

$$Mu^{k+1}=(P-Ku^k)(\Delta t)^2+M(2u^k-u^{k-1}) \tag{6.12}$$

当 u^k 和 u^{k-1} 已知时,求解线性方程组(6.12)即可求出 u^{k+1}。因此,结合初始条件和边界条件,求解线性方程组即可得不同时刻各节点的 u。

例 6.1 程序实现下列一维波动方程定解问题的有限元显式数值解:

$$\begin{cases} \dfrac{\partial^2 u}{\partial t^2}=\dfrac{\partial^2 u}{\partial x^2}, & 0<x<1,\ t>0 \\[2mm] u(x,0)=2\sin(\pi x),\quad \dfrac{\partial u(x,0)}{\partial t}=-\sin(2\pi x) \\[2mm] u(0,t)=0 \\[1mm] u(1,t)=0 \end{cases}$$

解 利用分离变量法可得该定解问题的精确解为

$$u(x,t)=2\sin(\pi x)\cos(\pi t)-\frac{1}{2\pi}\sin(2\pi x)\sin(2\pi t)$$

采用均匀网格单元对空间变量进行剖分,且剖分单元数取 $NE=20$,再取时间步长 $\Delta t=0.02$。有限元显式数值计算的 Matlab 脚本程序如下:

```
clear all;
NE=20;
NP=NE+1;
L = 1;
x = [0:L/NE:L]';
dx = x(2)- x(1);
dt = 0.02;
t=0:dt:2;
a=1;
f=0;
K = zeros(NP,NP);
M = zeros(NP,NP);
u = zeros(NP,1);
P = zeros(NP,1);
```

```
% 初始条件
u(:,1)= 2*sin(pi*x);
u(:,2)= 2*sin(pi*x)- dt*sin(2*pi*x);
% 存放单元节点编号
for i=1:NE
    ME(i,1) = i; ME(i,2) = i+1;
end
K_loc = a^2*[1/dx - 1/dx; - 1/dx 1/dx];
P_loc = f*[dx/2 dx/2];
M_loc = [dx/3 dx/6;dx/6 dx/3];
% 形成线性方程组
for iel=1:NE
    for i=1:2
        ii= ME(iel,i);
        for j=1:2
            jj = ME(iel,j);
            K(ii,jj)= K(ii,jj)+K_loc(i,j);
            M(ii,jj)= M(ii,jj)+M_loc(i,j);
        end
        P(ii)= P(ii)+P_loc(i);
    end
end
for i=3:length(t)
    K_total = M;
    P_total = (P- K*u(:,i- 1))*dt^2+M*(2*u(:,i- 1)- u(:,i- 2));
    % 强加第一类边界条件
    K_total(1,:)=0;   K_total(1,1)=1;     P_total(1)=0;
    K_total(end,:) =0; K_total(end,end) =1; P_total(end) =0;
    % 线性方程组求解
    u(:,i) = K_total\P_total;
end
% 精确解
[xx,tt]=meshgrid(x,t);
u_true=2*cos(pi*tt).*sin(pi*xx)...
            - sin(2*pi*tt).*sin(2*pi*xx)/(2*pi);
% 图示计算结果
subplot(211)
surf(x,t,u');
xlabel('x');
```

```
ylabel('t');
zlabel('u(x,t)');
axis([0 1 0 2 -2 2]);
title('显式数值解')
colorbar;
subplot(212)
surf(x,t,u_true);
xlabel('x');
ylabel('t');
zlabel('u(x,t)');
axis([0 1 0 2 -2 2]);
title('理论精确解')
colorbar;
```

程序执行结果如图 6.1 所示。

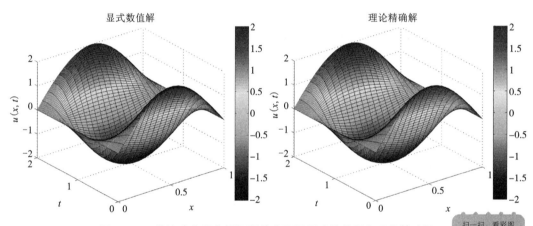

图 6.1　一维波动方程定解问题的有限元显式数值解和理论精确解

扫一扫，看彩图

6.1.2　一维隐式计算格式

从上面的讨论可以看到，利用有限元显式格式数值求解热传导方程的定解问题，其优点是计算比较简便，但是必须满足稳定性条件。

若式(6.10)取 $\theta = \dfrac{1}{2}$，则有

$$M\frac{u^{k-1}-2u^k+u^{k+1}}{(\Delta t)^2}+\frac{1}{2}K(u^{k+1}+u^{k-1})=P \tag{6.13}$$

上式整理后，即得一维波动方程的有限元隐式格式：

$$\left[\frac{M}{(\Delta t)^2}+\frac{1}{2}K\right]u^{k+1}=\left(P-\frac{1}{2}Ku^{k-1}\right)+\frac{M}{(\Delta t)^2}(2u^k-u^{k-1}) \tag{6.14}$$

当 u^k 和 u^{k-1} 已知时，求解线性方程组(6.14)即可求出 u^{k+1}。因此，结合初始条件和边界

条件，求解线性方程组即可得不同时刻各节点的 u。

例 6.2 程序实现下列一维波动方程定解问题的有限元隐式数值解：

$$\begin{cases} \dfrac{\partial^2 u}{\partial t^2} = \dfrac{\partial^2 u}{\partial x^2}, \ 0<x<1, \ t>0 \\ u(x,\ 0)=2\sin(\pi x),\ \dfrac{\partial u(x,\ 0)}{\partial t}=-\sin(2\pi x) \\ u(0,\ t)=0 \\ u(1,\ t)=0 \end{cases}$$

解 利用分离变量法可得该定解问题的精确解为

$$u(x,\ t)=2\sin(\pi x)\cos(\pi t)-\frac{1}{2\pi}\sin(2\pi x)\sin(2\pi t)$$

采用均匀网格单元对空间变量进行剖分，且剖分单元数取 $NE=20$，再取时间步长 $\Delta t=0.05$。有限元隐式数值计算的 Matlab 脚本程序如下：

```
clear all;
NE=20;
NP=NE+1;
L = 1;
x = [0:L/NE:L]';
dx = x(2)- x(1);
dt = 0.05;
t=0:dt:2;
a=1;
f=0;
K   = zeros(NP,NP);
M   = zeros(NP,NP);
u   = zeros(NP,1);
P   = zeros(NP,1);
% 初始条件
u(:,1)= 2*sin(pi*x);
u(:,2)= 2*sin(pi*x)- dt*sin(2*pi*x);
% 存放单元节点编号
for i=1:NE
    ME(i,1) = i; ME(i,2) = i+1;
end
K_loc = a^2*[1/dx - 1/dx; - 1/dx  1/dx];
P_loc = f*[dx/2 dx/2];
M_loc = [dx/3 dx/6;dx/6 dx/3];
%形成线性方程组
for iel=1:NE
```

```
        for i=1:2
            ii= ME(iel,i);
            for j=1:2
                jj = ME(iel,j);
                K(ii,jj)= K(ii,jj)+K_loc(i,j);
                M(ii,jj)= M(ii,jj)+M_loc(i,j);
            end
            P(ii)= P(ii)+P_loc(i);
        end
    end
    for i=3:length(t)
        K_total = M/dt^2+K/2;
        P_total = (P- (K/2)*u(:,i- 2))+(M/dt^2)*(2*u(:,i- 1)- u(:,i- 2));
        % 强加第一类边界条件
        K_total(1,:)=0;   K_total(1,1)=1;     P_total(1)=0;
        K_total(end,:) =0; K_total(end,end) =1; P_total(end) =0;
        % 线性方程组求解
        u(:,i) = K_total\P_total;
    end
    %精确解
    [xx,tt]=meshgrid(x,t);
    u_true=2*cos(pi*tt).*sin(pi*xx)...
                    - sin(2*pi*tt).*sin(2*pi*xx)/(2*pi);
    % 图示计算结果
    subplot(211)
    surf(x,t,u');
    xlabel('x');
    ylabel('t');
    zlabel('u(x,t)');
    axis([0 1 0 2 - 2 2]);
    title('隐式数值解')
    colorbar;
    subplot(212)
    surf(x,t,u_true);
    xlabel('x');
    ylabel('t');
    zlabel('u(x,t)');
    axis([0 1 0 2 - 2 2]);
    title('理论精确解')
```

colorbar;

程序执行结果如图 6.2 所示。

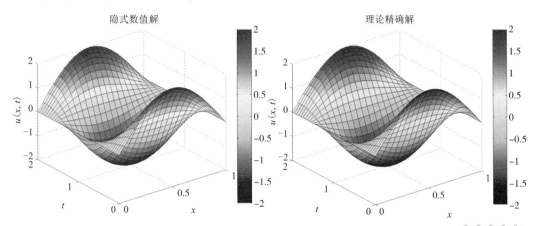

图 6.2　一维波动方程定解问题的有限元隐式数值解和理论精确解

扫一扫，看彩图

6.1.3　一维紧致隐式计算格式

若式(6.10)取 $\theta = \dfrac{1}{4}$，则有

$$M\frac{u^{k-1}-2u^k+u^{k+1}}{(\Delta t)^2}+K\left(\frac{1}{4}u^{k+1}+\frac{1}{2}u^k+\frac{1}{4}u^{k-1}\right)=P \tag{6.15}$$

上式整理后，即得一维波动方程的有限元隐式格式：

$$\left[\frac{M}{(\Delta t)^2}+\frac{1}{4}K\right]u^{k+1}=\left(P-\frac{1}{2}Ku^k-\frac{1}{4}Ku^{k-1}\right)+\frac{M}{(\Delta t)^2}(2u^k-u^{k-1}) \tag{6.16}$$

当 u^k 和 u^{k-1} 已知时，求解线性方程组(6.16)即可求出 u^{k+1}。因此，结合初始条件和边界条件，求解线性方程组即可得不同时刻各节点的 u。

例 6.3　程序实现下列一维波动方程定解问题的有限元紧致隐式数值解：

$$\begin{cases} \dfrac{\partial^2 u}{\partial t^2}=\dfrac{\partial^2 u}{\partial x^2},\ 0<x<1,\ t>0 \\[2mm] u(x,0)=2\sin(\pi x),\ \dfrac{\partial u(x,0)}{\partial t}=-\sin(2\pi x) \\[2mm] u(0,t)=0 \\[1mm] u(1,t)=0 \end{cases}$$

解　利用分离变量法可得该定解问题的精确解为

$$u(x,t)=2\sin(\pi x)\cos(\pi t)-\frac{1}{2\pi}\sin(2\pi x)\sin(2\pi t)$$

采用均匀网格单元对空间变量进行剖分，且剖分单元数取 $NE=20$，再取时间步长 $\Delta t=0.02$。有限元紧致隐式数值计算的 Matlab 脚本程序如下：

```
clear all;
NE=20;
NP=NE+1;
```

```
L = 1;
x = [0:L/NE:L]';
dx = x(2)- x(1);
dt = 0.05;
t=0:dt:2;
a=1;
f=0;
K   = zeros(NP,NP);
M   = zeros(NP,NP);
u   = zeros(NP,1);
P   = zeros(NP,1);
% 初始条件
u(:,1)= 2*sin(pi*x);
u(:,2)= 2*sin(pi*x)- dt*sin(2*pi*x);
% 存放单元节点编号
for i=1:NE
     ME(i,1) = i; ME(i,2) = i+1;
end
K_loc = a^2*[1/dx  - 1/dx; - 1/dx  1/dx];
P_loc = f*[dx/2 dx/2];
M_loc = [dx/3 dx/6;dx/6 dx/3];
%形成线性方程组
for iel=1:NE
    for i=1:2
        ii= ME(iel,i);
        for j=1:2
            jj = ME(iel,j);
            K(ii,jj)= K(ii,jj)+K_loc(i,j);
            M(ii,jj)= M(ii,jj)+M_loc(i,j);
        end
        P(ii)= P(ii)+P_loc(i);
    end
end
for i=3:length(t)
    K_total = M/dt^2+K/4;
    P_total = (P- (K/2)*u(:,i- 1)- (K/4)*u(:,i- 2))...
                +(M/dt^2)*(2*u(:,i- 1)- u(:,i- 2));
    % 强加第一类边界条件
    K_total(1,:)=0;   K_total(1,1)=1;    P_total(1)=0;
    K_total(end,:) =0; K_total(end,end) =1; P_total(end) =0;
```

```
      %  线性方程组求解
      u(:,i) = K_total\P_total;
end
%精确解
[xx,tt]=meshgrid(x,t);
u_true=2*cos(pi*tt).*sin(pi*xx)...
              - sin(2*pi*tt).*sin(2*pi*xx)/(2*pi);
%  图示计算结果
subplot(211)
surf(x,t,u');
xlabel('x');
ylabel('t');
zlabel('u(x,t)');
axis([0 1 0 2 -2 2]);
title('紧致隐式数值解')
colorbar;
subplot(212)
surf(x,t,u_true);
xlabel('x');
ylabel('t');
zlabel('u(x,t)');
axis([0 1 0 2 -2 2]);
title('理论精确解')
colorbar;
```

程序执行结果如图6.3所示。

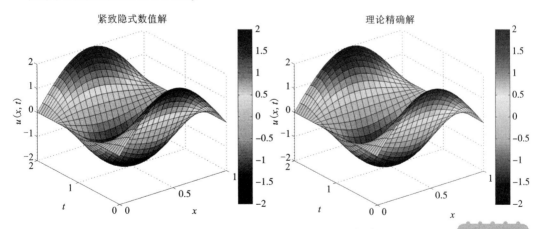

**图6.3　一维波动方程定解问题的有限元紧致隐式
数值解和理论精确解**

6.2 二维波动方程的有限单元法

6.2.1 二维显式计算格式

对于二维波动方程的定解问题，我们考虑如下 Dirichlet 边界问题条件的定解问题：

$$\begin{cases} \dfrac{\partial^2 u}{\partial t^2} = c^2 \left(\dfrac{\partial^2 u}{\partial x^2} + \dfrac{\partial^2 u}{\partial y^2} \right) + q(x, y, t), & 0<x<a,\ 0<y<b,\ t>0 \\[2mm] u(0, y, t) = g_1(y, t),\ u(a, y, t) = g_2(y, t), & 0 \leqslant y \leqslant b,\ t \geqslant 0 \\[2mm] u(x, 0, t) = h_1(x, t),\ u(x, b, t) = h_2(x, t), & 0 \leqslant x \leqslant a,\ t \geqslant 0 \\[2mm] u(x, y, 0) = f_1(x, y), & 0 \leqslant x \leqslant a,\ 0 \leqslant y \leqslant b \\[2mm] \dfrac{\partial}{\partial y} u(x, y, 0) = f_2(x, y), & 0 \leqslant x \leqslant a,\ 0 \leqslant y \leqslant b \end{cases} \tag{6.17}$$

其中 c^2 为正常数。

取 $0 \leqslant t \leqslant T$，首先将空间变量与时间变量进行网格离散，如图 6.4 所示。

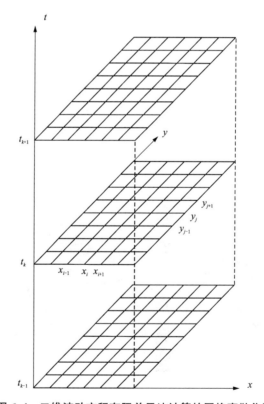

图 6.4　二维波动方程有限单元法计算的网格离散化图

对式(6.17)中偏微分方程的每一项乘以 δu，并积分，有

$$\int_\Omega c^2\left(\frac{\partial^2 u}{\partial x^2}+\frac{\partial^2 u}{\partial y^2}\right)\delta u\mathrm{d}\Omega-\int_\Omega \frac{\partial^2 u}{\partial t^2}\delta u\mathrm{d}\Omega+\int_\Omega q(x,y,t)\delta u\mathrm{d}\Omega=0 \qquad (6.18)$$

对式(6.18)第一项进行积分变换可得

$$\int_\Omega c^2\left(\frac{\partial^2 u}{\partial x^2}+\frac{\partial^2 u}{\partial y^2}\right)\delta u\mathrm{d}\Omega=\int_\Omega c^2\nabla\cdot(\nabla u\delta u)\mathrm{d}\Omega-\int_\Omega c^2\nabla u\cdot\nabla\delta u\mathrm{d}\Omega$$

$$=\int_\Gamma c^2\frac{\partial u}{\partial n}\delta u\mathrm{d}\Gamma-\int_\Omega c^2\nabla u\cdot\nabla\delta u\mathrm{d}\Omega \qquad (6.19)$$

将式(6.17)中的第一类边界条件代入式(6.19)右侧第一项,则式(6.18)变为

$$\int_\Omega c^2\nabla u\cdot\nabla\delta u\mathrm{d}\Omega+\int_\Omega \frac{\partial^2 u}{\partial t^2}\delta u\mathrm{d}\Omega-\int_\Omega q(x,y,t)\delta u\mathrm{d}\Omega=0 \qquad (6.20)$$

将空间区域 Ω 剖分为有限个矩形小单元 e,在单元 e 上对式(6.20)进行积分,然后对各单元求和。矩形单元双线性插值是在每个单元上取 4 个点,单元节点编号及坐标如图 6.5 所示。

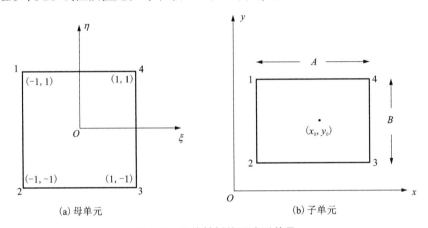

(a) 母单元　　　　　　　　　　(b) 子单元

图 6.5　双线性插值四边形单元

图 6.5(a)是母单元,图 6.5(b)是子单元。两个单元间的坐标变换关系为

$$x=x_0+\frac{A}{2}\xi,\ y=y_0+\frac{B}{2}\eta \qquad (6.21)$$

其中 (x_0,y_0) 为子单元的中心点,A、B 为子单元的两个边长。两个单元的微分关系为

$$\mathrm{d}x=\frac{A}{2}\mathrm{d}\xi,\ \mathrm{d}y=\frac{B}{2}\mathrm{d}\eta,\ \mathrm{d}x\mathrm{d}y=\frac{AB}{4}\mathrm{d}\xi\mathrm{d}\eta \qquad (6.22)$$

构造的矩形单元双线性插值形函数可表示为

$$\begin{cases}N_1=\dfrac{1}{4}(1-\xi)(1+\eta)\\[2mm] N_2=\dfrac{1}{4}(1-\xi)(1-\eta)\\[2mm] N_3=\dfrac{1}{4}(1+\xi)(1-\eta)\\[2mm] N_4=\dfrac{1}{4}(1+\xi)(1+\eta)\end{cases} \qquad (6.23)$$

单元积分 1：

$$\int_e c^2 \nabla u \cdot \nabla \delta u \mathrm{d}\Omega = \delta u_e^{\mathrm{T}} \int_e c^2 \left[\left(\frac{\partial N}{\partial x}\right)\left(\frac{\partial N}{\partial x}\right)^{\mathrm{T}} + \left(\frac{\partial N}{\partial y}\right)\left(\frac{\partial N}{\partial y}\right)^{\mathrm{T}} \right] \mathrm{d}x\mathrm{d}y u_e = \delta u_e^{\mathrm{T}} K_e u_e \qquad (6.24)$$

其中 $K_e = (k_{ij})$，$k_{ij} = k_{ji}$，

$$k_{ij} = c^2 \int_e \left[\left(\frac{\mathrm{d}N_i}{\mathrm{d}\xi}\frac{\mathrm{d}\xi}{\mathrm{d}x}\right)\left(\frac{\mathrm{d}N_j}{\mathrm{d}\xi}\frac{\mathrm{d}\xi}{\mathrm{d}x}\right) + \left(\frac{\mathrm{d}N_i}{\mathrm{d}\eta}\frac{\mathrm{d}\eta}{\mathrm{d}y}\right)\left(\frac{\mathrm{d}N_j}{\mathrm{d}\eta}\frac{\mathrm{d}\eta}{\mathrm{d}y}\right) \right] \frac{AB}{4}\mathrm{d}\xi\mathrm{d}\eta$$

于是有

$$K_e = \frac{c^2 B}{6A}\begin{bmatrix} 2 & 1 & -1 & -2 \\ 1 & 2 & -2 & -1 \\ -1 & -2 & 2 & 1 \\ -2 & -1 & 1 & 2 \end{bmatrix} + \frac{c^2 A}{6B}\begin{bmatrix} 2 & -2 & -1 & 1 \\ -2 & 2 & 1 & -1 \\ -1 & 1 & 2 & -2 \\ 1 & -1 & -2 & 2 \end{bmatrix}$$

单元积分 2：

$$\int_e \frac{\partial^2 u}{\partial t^2} \delta u \mathrm{d}\Omega = \delta u_e^{\mathrm{T}} \left(\int_e N N^{\mathrm{T}} \mathrm{d}x\mathrm{d}y \right) \frac{\partial^2 u_e}{\partial t^2} = \delta u_e^{\mathrm{T}} M_e \frac{\partial^2 u_e}{\partial t^2} \qquad (6.25)$$

其中 $M_e = (m_{ij})$，$m_{ij} = m_{ji}$，且

$$m_{ij} = \int_e N_i N_j \frac{AB}{4}\mathrm{d}\xi\mathrm{d}\eta$$

于是有

$$M_e = \frac{AB}{36}\begin{bmatrix} 4 & 2 & 1 & 2 \\ 2 & 4 & 2 & 1 \\ 1 & 2 & 4 & 2 \\ 2 & 1 & 2 & 4 \end{bmatrix}$$

单元积分 3：

$$\int_e q(x, y, t) \delta u \mathrm{d}\Omega = \delta u_e^{\mathrm{T}} \int_e q(x, y, t) N \mathrm{d}x\mathrm{d}y = \delta u_e^{\mathrm{T}} P_e \qquad (6.26)$$

上式需要采用数值积分计算。若 $q(x, y, t)$ 为常数或与空间变量无关，那么可以手动计算积分，则有

$$P_e = q \int_{-1}^{1} \int_{-1}^{1} \begin{pmatrix} N_1 \\ N_2 \\ N_3 \\ N_4 \end{pmatrix} \mathrm{d}x\mathrm{d}y = q \int_{-1}^{1} \int_{-1}^{1} \begin{pmatrix} N_1 \\ N_2 \\ N_3 \\ N_4 \end{pmatrix} \frac{AB}{4}\mathrm{d}\xi\mathrm{d}\eta = q\frac{AB}{4}\begin{pmatrix} 1 \\ 1 \\ 1 \\ 1 \end{pmatrix}$$

在单元 e 内，将式(6.24)、式(6.25)和式(6.26)相加，并扩展成由全体节点组成的矩阵或列阵，然后将各单元相加，得

$$\int_e c^2 \nabla u \cdot \nabla \delta u \mathrm{d}x\mathrm{d}y + \int_e \frac{\partial^2 u}{\partial t^2}\delta u \mathrm{d}x\mathrm{d}y - \int_e q(x, y, t)\delta u \mathrm{d}x\mathrm{d}y = \sum \left(\delta u_e^{\mathrm{T}} K_e u_e + \delta u_e^{\mathrm{T}} M_e \frac{\partial^2 u_e}{\partial t^2} - \delta u_e^{\mathrm{T}} P_e \right)$$

$$= \sum \left(\delta u^{\mathrm{T}} \overline{M}_e \frac{\partial^2 u}{\partial t^2} + \delta u^{\mathrm{T}} \overline{K}_e u - \delta u^{\mathrm{T}} \overline{P}_e \right)$$

$$= \delta u^{\mathrm{T}} \sum \overline{M}_e \frac{\partial^2 u}{\partial t^2} + \delta u^{\mathrm{T}} \sum \overline{K}_e u - \delta u^{\mathrm{T}} \sum \overline{P}_e$$

$$= \delta u^{\mathrm{T}} M \frac{\partial^2 u}{\partial t^2} + \delta u^{\mathrm{T}} K u - \delta u^{\mathrm{T}} P = 0 \qquad (6.27)$$

从式(6.27)中消去 $\delta \boldsymbol{u}^{\mathrm{T}}$，得

$$M \frac{\partial^2 \boldsymbol{u}}{\partial t^2} + K\boldsymbol{u} = \boldsymbol{P} \tag{6.28}$$

对于非稳定波动问题，求解 $\boldsymbol{u}$ 时，需要对 $\dfrac{\partial^2 \boldsymbol{u}}{\partial t^2}$ 进行二阶差商近似处理，式(6.28)可以改写为

$$M \frac{\boldsymbol{u}^{k-1} - 2\boldsymbol{u}^k + \boldsymbol{u}^{k+1}}{(\Delta t)^2} + K\left[\theta\boldsymbol{u}^{k+1} + (1-2\theta)\boldsymbol{u}^k + \theta\boldsymbol{u}^{k-1}\right] = \boldsymbol{P} \tag{6.29}$$

其中 $0 \leqslant \theta \leqslant 1$。

若式(6.29)取 $\theta = 0$，则有

$$M \frac{\boldsymbol{u}^{k-1} - 2\boldsymbol{u}^k + \boldsymbol{u}^{k+1}}{(\Delta t)^2} + K\boldsymbol{u}^k = \boldsymbol{P} \tag{6.30}$$

上式整理后，即得二维波动方程的有限元显式格式：

$$\frac{M}{(\Delta t)^2}\boldsymbol{u}^{k+1} = (\boldsymbol{P} - K\boldsymbol{u}^k) + \frac{M}{(\Delta t)^2}(2\boldsymbol{u}^k - \boldsymbol{u}^{k-1}) \tag{6.31}$$

当 $\boldsymbol{u}^k$ 和 $\boldsymbol{u}^{k-1}$ 已知时，求解线性方程组(6.31)即可求出 $\boldsymbol{u}^{k+1}$。因此，结合初始条件和边界条件，求解线性方程组即可得不同时刻各节点的 $\boldsymbol{u}$。

例6.4 程序实现下列二维波动方程定解问题的有限元显式数值解：

$$\begin{cases} \dfrac{\partial^2 u}{\partial t^2} = \dfrac{1}{2}\left(\dfrac{\partial^2 u}{\partial x^2} + \dfrac{\partial^2 u}{\partial y^2}\right), & 0 < x < 1,\ 0 < y < 1,\ t > 0 \\[2mm] u(0, y, t) = u(1, y, t) = 0 \\[1mm] u(x, 0, t) = u(x, 1, t) = 0 \\[1mm] u(x, y, 0) = \sin(\pi x)\sin(\pi y) \\[2mm] \dfrac{\partial}{\partial t}u(x, y, 0) = 0 \end{cases}$$

解 (1)利用分离变量法可得该定解问题的解析解为

$$u(x, y, t) = \sin(\pi x)\sin(\pi y)\cos(\pi t)$$

取 $0 \leqslant t \leqslant 2$，图示解析解的 Matlab 程序代码如下：

```
clear all;
dx=0.05;
dy=0.05;
dt=0.01;
x=0:dx:1;
y=0:dy:1;
t=0:dt:2;
[X,Y]=meshgrid(x,y);
u=zeros(size(y,2),size(x,2),size(t,2));
for k=1:size(t,2)
    u(:,:,k)=sin(pi*X).*sin(pi*Y)*cos(pi*t(k));
```

```
%  图示解析解
surf(x,y,u(:,:,k));
colorbar;
title(['解析解: t=', num2str((k-1)*dt)'s']);
set(gca,'XLim',[0 1]);
set(gca,'YLim',[0 1]);
set(gca,'ZLim',[-1 1]);
xlabel('x');
ylabel('y');
zlabel('u(x,y,t)');
drawnow;
pause(0.1);
end
```

（2）有限元显式数值解。采用均匀网格单元对空间变量进行剖分，且剖分单元数取 $Nx=Ny=20$，再取时间步长 $\Delta t=0.01$。有限元显式格式数值计算的 Matlab 脚本程序如下：

```
clear all;
dt=0.01;
t=0:dt:2;
a=1;
b=1;
c=1/sqrt(2);
q=0;
NX=20;
Dx=a/NX;
NY=20;
Dy=b/NY;
NP=(NX+1)*(NY+1);
NE=NX*NY;
x=0:Dx:a;
y=0:Dy:b;
%初始条件
for i=1:length(y)
    for j=1:length(x)
        u(i,j,1)=sin(pi*x(j))*sin(pi*y(i));
        u(i,j,2)=sin(pi*x(j))*sin(pi*y(i))+dt*0;
    end
end
uu(:,1)=reshape(u(:,:,1),NP,1);
uu(:,2)=reshape(u(:,:,2),NP,1);
```

```
% 存放单元节点编号
for IY=1:NY
    for IX=1:NX
        N=(IY-1)*NX+IX;
        N1=(IY-1)*(NX+1)+IX;
        ME(1,N)=N1;
        ME(2,N)=N1+NX+1;
        ME(3,N)=N1+NX+2;
        ME(4,N)=N1+1;
    end
end
K =zeros(NP,NP);
M =zeros(NP,NP);
P =zeros(NP,1);
% 形成线性方程组
for h=1:NE
    K_loc=c^2*(Dy/Dx/6)*[2 1 -1 -2;1 2 -2 -1;-1 -2 2 1;-2 -1 1 2]...
        +c^2*(Dx/Dy/6)*[2 -2 -1 1;-2 2 1 -1;-1 1 2 -2;1 -1 -2 2];
    M_loc=(Dx*Dy/36)*[4 2 1 2;2 4 2 1;1 2 4 2;2 1 2 4];
    P_loc=q*Dx*Dy*[1/4 1/4 1/4 1/4];
    for j=1:4
        NJ=ME(j,h);
        for k=1:4
            NK=ME(k,h);
            K(NJ,NK)=K(NJ,NK)+K_loc(j,k);
            M(NJ,NK)=M(NJ,NK)+M_loc(j,k);
        end
        P(NJ)=P(NJ)+P_loc(k);
    end
end
for k=3:size(t,2)
    K_total=M/dt^2;
    P_total=(P-K*uu(:,k-1))+(M/dt^2)*(2*uu(:,k-1)-uu(:,k-2));
    % 强加第一类边界条件
    for i=1:NX+1
        K_total(i,:)=0;
        K_total(i,i)=1;
        P_total(i)=0;
    end
```

```
    for i=1:NX+1:(NX+1)*NY+1
        K_total(i,:)=0;
        K_total(i,i)=1;
        P_total(i)=0;
    end
    for i=NX+1:NX+1:(NX+1)*(NY+1)
        K_total(i,:)=0;
        K_total(i,i)=1;
        P_total(i)=0;
    end
    for i=(NX+1)*NY+1:(NX+1)*(NY+1)
        K_total(i,:)=0;
        K_total(i,i)=1;
        P_total(i)=0;
    end
    %线性方程组求解
    uu(:,k)=K_total\P_total;
end
%图示计算结果
for k=1:size(t,2)
    u(:,:,k)=reshape(uu(:,k),NY+1,NX+1);
    surf(x,y,u(:,:,k));
    colorbar;
    title(['显式解: t=',num2str((k-1)*dt)'s']);
    set(gca,'XLim',[0 1]);
    set(gca,'YLim',[0 1]);
    set(gca,'ZLim',[-1 1]);
    xlabel('x');
    ylabel('y');
    zlabel('u');
    drawnow;
    pause(0.1);
end
```

利用上述程序计算并图示 $t=0.2\,s$、$0.4\,s$、$0.6\,s$、$0.8\,s$、$1.0\,s$、$1.2\,s$、$1.4\,s$、$1.6\,s$、$1.8\,s$ 和 $2.0\,s$ 时的显式数值解和理论解析解，如图 6.6 所示。从图上可以看出：满足稳定性条件的显式数值解与理论解析解吻合得很好。

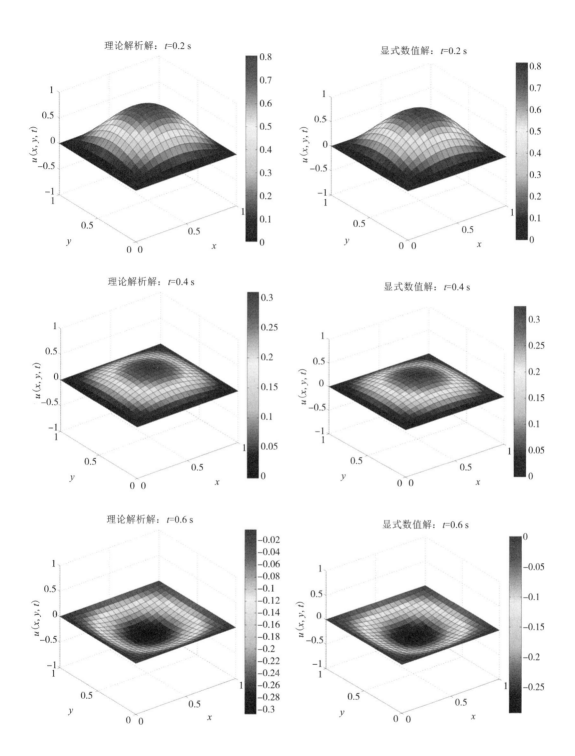

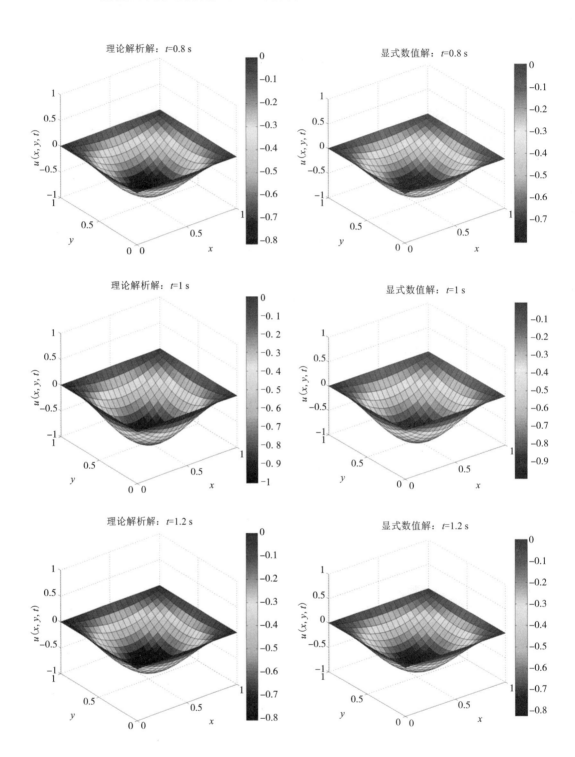

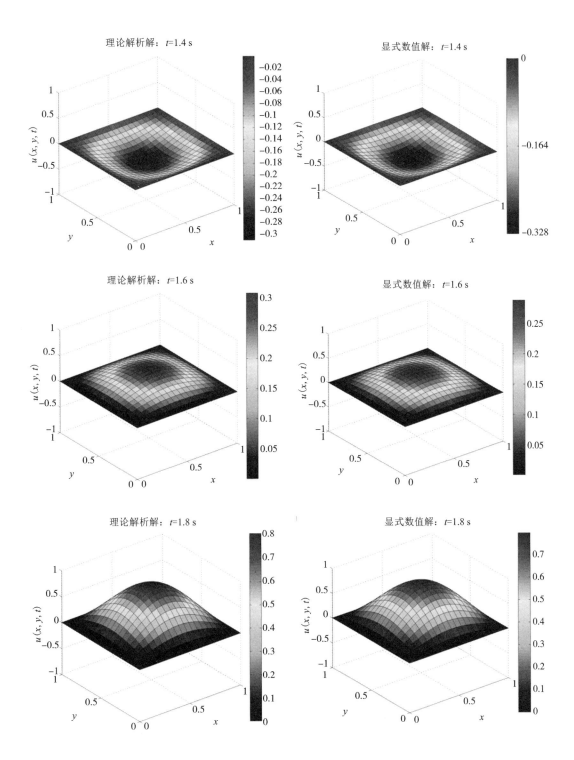

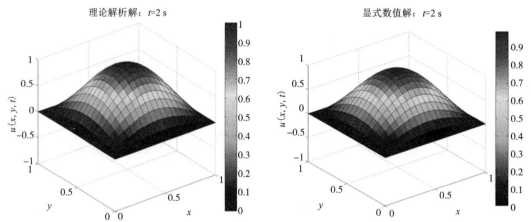

图 6.6　二维波动方程定解问题的理论解析解和显式数值解

扫一扫，看彩图

6.2.2　二维隐式计算格式

若式(6.29)取 $\theta = \dfrac{1}{2}$，则有

$$M\frac{u^{k-1}-2u^{k}+u^{k+1}}{(\Delta t)^{2}}+\frac{1}{2}K(u^{k+1}+u^{k-1})=P \tag{6.32}$$

上式整理后，即得二维波动方程的有限元隐式格式：

$$\left[\frac{M}{(\Delta t)^{2}}+\frac{1}{2}K\right]u^{k+1}=\left(P-\frac{1}{2}Ku^{k-1}\right)+\frac{M}{(\Delta t)^{2}}(2u^{k}-u^{k-1}) \tag{6.33}$$

结合初始条件和边界条件，求解线性方程组(6.33)即可得不同时刻各节点的的 u 值。

例 6.5　程序实现下列二维波动方程定解问题的有限元隐式数值解：

$$\begin{cases} \dfrac{\partial^{2}u}{\partial t^{2}}=\dfrac{1}{2}\left(\dfrac{\partial^{2}u}{\partial x^{2}}+\dfrac{\partial^{2}u}{\partial y^{2}}\right),\ 0<x<1,\ 0<y<1,\ t>0 \\[2mm] u(0,\ y,\ t)=u(1,\ y,\ t)=0 \\[2mm] u(x,\ 0,\ t)=u(x,\ 1,\ t)=0 \\[2mm] u(x,\ y,\ 0)=\sin(\pi x)\sin(\pi y) \\[2mm] \dfrac{\partial}{\partial t}u(x,\ y,\ 0)=0 \end{cases}$$

解　利用分离变量法可得该定解问题的解析解为

$$u(x,\ y,\ t)=\sin(\pi x)\sin(\pi y)\cos(\pi t)$$

采用均匀网格单元对空间变量进行剖分，且剖分单元数取 $Nx=Ny=20$，再取时间步长 $\Delta t=0.01$。有限元隐式格式数值计算的 Matlab 脚本程序如下：

```
clear all;
dt=0.01;
t=0:dt:2;
a=1;
```

```
b=1;
c=1/sqrt(2);
q=0;
NX=20;
Dx=a/NX;
NY=20;
Dy=b/NY;
NP=(NX+1)*(NY+1);
NE=NX*NY;
x=0:Dx:a;
y=0:Dy:b;
%初始条件
for i=1:length(y)
    for j=1:length(x)
        u(i,j,1)=sin(pi*x(j))*sin(pi*y(i));
        u(i,j,2)=sin(pi*x(j))*sin(pi*y(i))+dt*0;
    end
end
uu(:,1)=reshape(u(:,:,1),NP,1);
uu(:,2)=reshape(u(:,:,2),NP,1);
%存放单元节点编号
for IY=1:NY
    for IX=1:NX
        N=(IY-1)*NX+IX;
        N1=(IY-1)*(NX+1)+IX;
        ME(1,N)=N1;
        ME(2,N)=N1+NX+1;
        ME(3,N)=N1+NX+2;
        ME(4,N)=N1+1;
    end
end
K =zeros(NP,NP);
M =zeros(NP,NP);
P =zeros(NP,1);
%形成线性方程组
for h=1:NE
    K_loc=c^2*(Dy/Dx/6)*[2 1 -1 -2;1 2 -2 -1;-1 -2 2 1;-2 -1 1 2]...
          +c^2*(Dx/Dy/6)*[2 -2 -1 1;-2 2 1 -1;-1 1 2 -2;1 -1 -2 2];
    M_loc=(Dx*Dy/36)*[4 2 1 2;2 4 2 1;1 2 4 2;2 1 2 4];
```

```
        P_loc=q*Dx*Dy*[1/4 1/4 1/4 1/4];
        for j=1:4
            NJ=ME(j,h);
            for k=1:4
                NK=ME(k,h);
                K(NJ,NK)=K(NJ,NK)+K_loc(j,k);
                M(NJ,NK)=M(NJ,NK)+M_loc(j,k);
            end
            P(NJ)=P(NJ)+P_loc(k);
        end
    end
    for k=3:size(t,2)
        K_total=M/dt^2+K/2;
        P_total=(P-(K/2)*uu(:,k-2))+(M/dt^2)*(2*uu(:,k-1)-uu(:,k-2));
        % 强加第一类边界条件
        for i=1:NX+1
            K_total(i,:)=0;
            K_total(i,i)=1;
            P_total(i)=0;
        end
        for i=1:NX+1:(NX+1)*NY+1
            K_total(i,:)=0;
            K_total(i,i)=1;
            P_total(i)=0;
        end
        for i=NX+1:NX+1:(NX+1)*(NY+1)
            K_total(i,:)=0;
            K_total(i,i)=1;
            P_total(i)=0;
        end
        for i=(NX+1)*NY+1:(NX+1)*(NY+1)
            K_total(i,:)=0;
            K_total(i,i)=1;
            P_total(i)=0;
        end
        % 线性方程组求解
        uu(:,k)=K_total\P_total;
    end
    % 图示计算结果
```

```
for k=1:size(t,2)
    u(:,:,k)=reshape(uu(:,k),NY+1,NX+1);
    surf(x,y,u(:,:,k));
    colorbar;
    title(['显式解: t=',num2str((k-1)*dt)'s']);
    set(gca,'XLim',[0 1]);
    set(gca,'YLim',[0 1]);
    set(gca,'ZLim',[-1 1]);
    xlabel('x');
    ylabel('y');
    zlabel('u');
    drawnow;
    pause(0.1);
end
```

利用上述程序计算并图示 $t=0.2\,s$、$0.4\,s$、$0.6\,s$、$0.8\,s$、$1.0\,s$、$1.2\,s$、$1.4\,s$、$1.6\,s$、$1.8\,s$ 和 $2.0\,s$ 时的隐式数值解和理论解析解，如图 6.7 所示。从图上可以看出：隐式数值解与理论解析解吻合得很好。

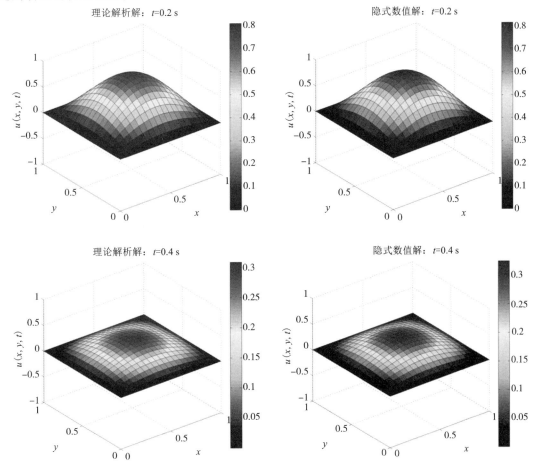

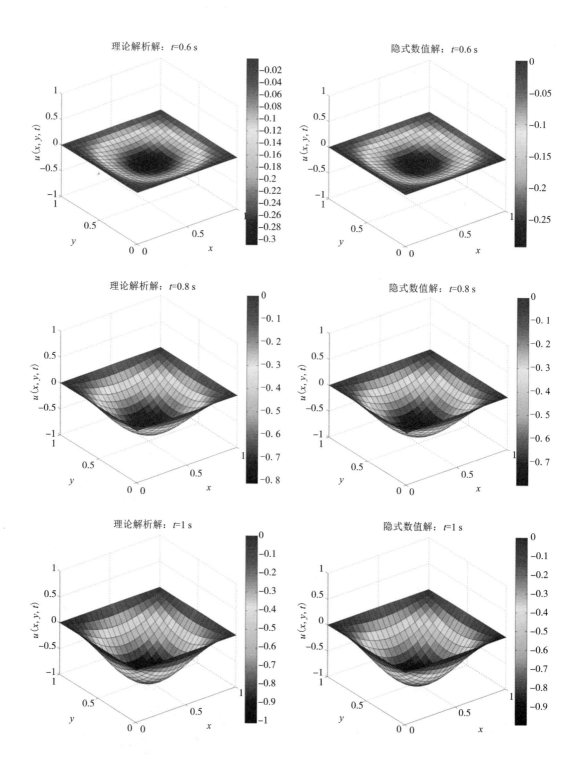

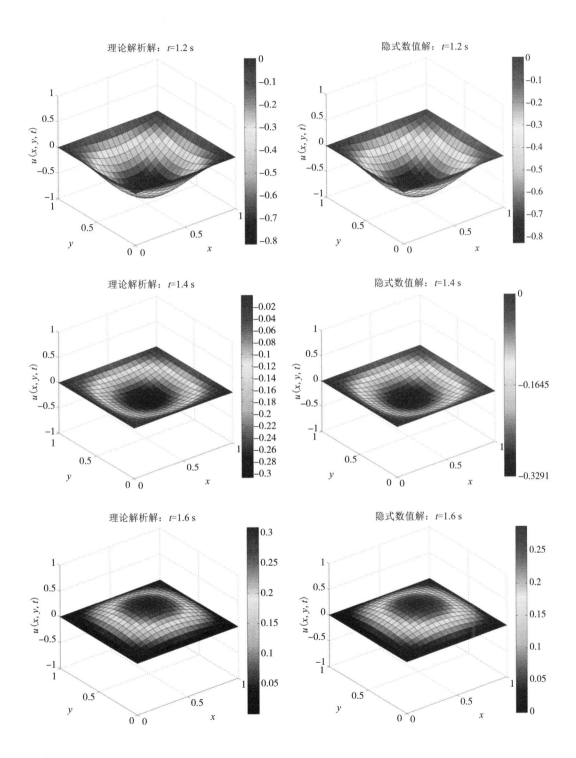

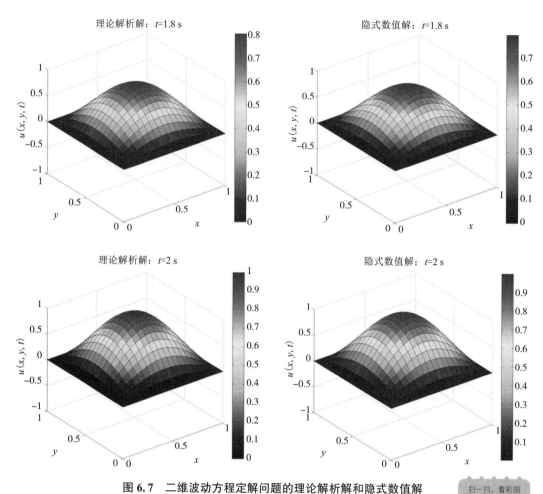

图 6.7 二维波动方程定解问题的理论解析解和隐式数值解

6.2.3 二维紧致隐式计算格式

若式(6.29)取 $\theta = \dfrac{1}{4}$，则有

$$M\frac{u^{k-1}-2u^k+u^{k+1}}{(\Delta t)^2}+K\left(\frac{1}{4}u^{k+1}+\frac{1}{2}u^k+\frac{1}{4}u^{k-1}\right)=P \tag{6.34}$$

上式整理后，即得二维波动方程的有限元隐式格式：

$$\left[\frac{M}{(\Delta t)^2}+\frac{1}{4}K\right]u^{k+1}=\left(P-\frac{1}{2}Ku^k-\frac{1}{4}Ku^{k-1}\right)+\frac{M}{(\Delta t)^2}(2u^k-u^{k-1}) \tag{6.35}$$

结合初始条件和边界条件，求解线性方程组(6.35)即可得不同时刻各节点的的 u 值。

例 6.6 程序实现下列二维波动方程定解问题的有限元紧致隐式数值解：

$$\begin{cases} \dfrac{\partial^2 u}{\partial t^2} = \dfrac{1}{2}\left(\dfrac{\partial^2 u}{\partial x^2} + \dfrac{\partial^2 u}{\partial y^2}\right), & 0<x<1,\ 0<y<1,\ t>0 \\[2mm] u(0,\,y,\,t) = u(1,\,y,\,t) = 0 \\[2mm] u(x,\,0,\,t) = u(x,\,1,\,t) = 0 \\[2mm] u(x,\,y,\,0) = \sin(\pi x)\sin(\pi y) \\[2mm] \dfrac{\partial}{\partial t}u(x,\,y,\,0) = 0 \end{cases}$$

解　利用分离变量法可得该定解问题的解析解为

$$u(x,\,y,\,t) = \sin(\pi x)\sin(\pi y)\cos(\pi t)$$

采用均匀网格单元对空间变量进行剖分，且剖分单元数取 $Nx = Ny = 20$，再取时间步长 $\Delta t = 0.01$。有限元紧致隐式格式数值计算的 Matlab 脚本程序如下：

```
clear all;
dt=0.01;
t=0:dt:2;
a=1;
b=1;
c=1/sqrt(2);
q=0;
NX=20;
Dx=a/NX;
NY=20;
Dy=b/NY;
NP=(NX+1)*(NY+1);
NE=NX*NY;
x=0:Dx:a;
y=0:Dy:b;
%初始条件
for i=1:length(y)
    for j=1:length(x)
        u(i,j,1)=sin(pi*x(j))*sin(pi*y(i));
        u(i,j,2)=sin(pi*x(j))*sin(pi*y(i))+dt*0;
    end
end
uu(:,1)=reshape(u(:,:,1),NP,1);
uu(:,2)=reshape(u(:,:,2),NP,1);
%存放单元节点编号
for IY=1:NY
    for IX=1:NX
        N=(IY-1)*NX+IX;
```

```
            N1=(IY-1)*(NX+1)+IX;
            ME(1,N)=N1;
            ME(2,N)=N1+NX+1;
            ME(3,N)=N1+NX+2;
            ME(4,N)=N1+1;
        end
    end
    K =zeros(NP,NP);
    M =zeros(NP,NP);
    P =zeros(NP,1);
    %形成线性方程组
    for h=1:NE
        K_loc=c^2*(Dy/Dx/6)*[2 1 -1 -2;1 2 -2 -1;-1 -2 2 1;-2 -1 1 2]...
            +c^2*(Dx/Dy/6)*[2 -2 -1 1;-2 2 1 -1;-1 1 2 -2;1 -1 -2 2];
        M_loc=(Dx*Dy/36)*[4 2 1 2;2 4 2 1;1 2 4 2;2 1 2 4];
        P_loc=q*Dx*Dy*[1/4 1/4 1/4 1/4];
        for j=1:4
            NJ=ME(j,h);
            for k=1:4
                NK=ME(k,h);
                K(NJ,NK)=K(NJ,NK)+K_loc(j,k);
                M(NJ,NK)=M(NJ,NK)+M_loc(j,k);
            end
            P(NJ)=P(NJ)+P_loc(k);
        end
    end
    for k=3:size(t,2)
        K_total=M/dt^2+K/4;
        P_total=(P-(K/2)*uu(:,k-1)-(K/4)*uu(:,k-2))+(M/dt^2)*(2*uu(:,k-1)-uu(:,k-2));
        %强加第一类边界条件
        for i=1:NX+1
            K_total(i,:)=0;
            K_total(i,i)=1;
            P_total(i)=0;
        end
        for i=1:NX+1:(NX+1)*NY+1
            K_total(i,:)=0;
            K_total(i,i)=1;
            P_total(i)=0;
```

```
        end
        for i=NX+1:NX+1:(NX+1)*(NY+1)
            K_total(i,:)=0;
            K_total(i,i)=1;
            P_total(i)=0;
        end
        for i=(NX+1)*NY+1:(NX+1)*(NY+1)
            K_total(i,:)=0;
            K_total(i,i)=1;
            P_total(i)=0;
        end
        %线性方程组求解
        uu(:,k)=K_total\P_total;
    end
%图示计算结果
for k=1:size(t,2)
    u(:,:,k)=reshape(uu(:,k),NY+1,NX+1);
    surf(x,y,u(:,:,k));
    colorbar;
    title(['紧致隐式解: t=',num2str((k-1)*dt)'s']);
    set(gca,'XLim',[0 1]);
    set(gca,'YLim',[0 1]);
    set(gca,'ZLim',[-1 1]);
    xlabel('x');
    ylabel('y');
    zlabel('u');
    drawnow;
    pause(0.1);
end
```

利用上述程序计算并图示 $t=0.2\,s$、$0.4\,s$、$0.6\,s$、$0.8\,s$、$1.0\,s$、$1.2\,s$、$1.4\,s$、$1.6\,s$、$1.8\,s$ 和 $2.0\,s$ 时的紧致隐式数值解和理论解析解，如图 6.8 所示。

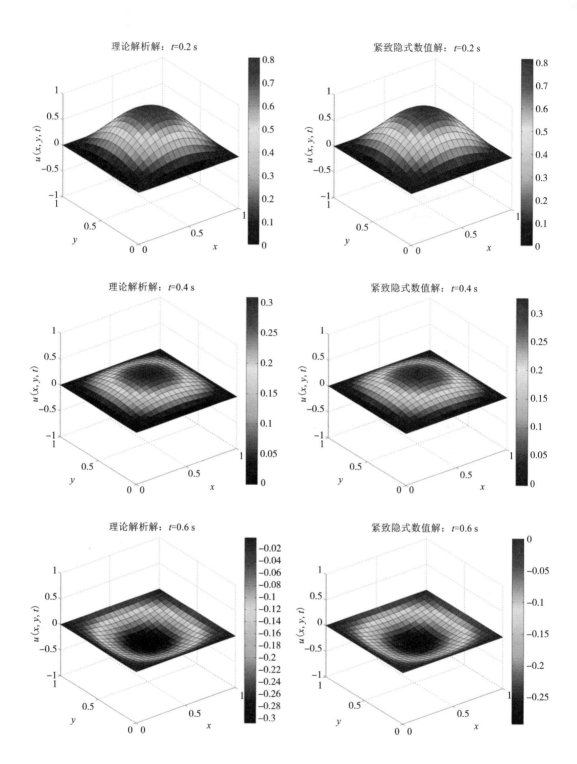

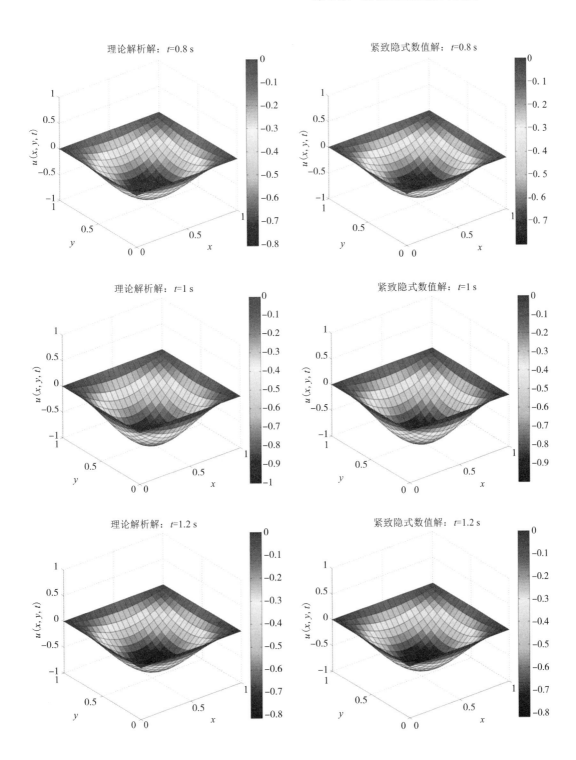

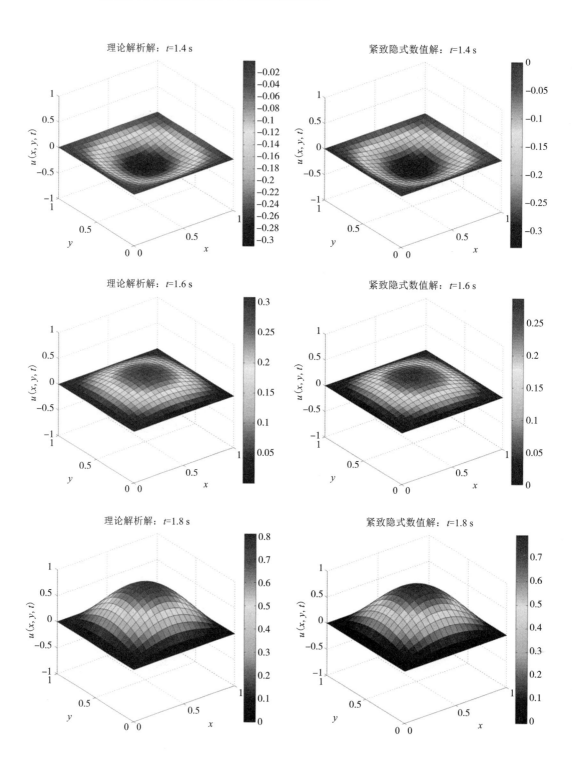

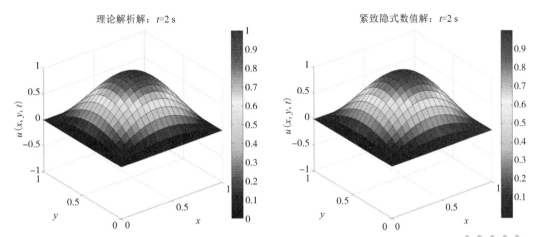

图 6.8　二维波动方程定解问题的理论解析解和紧致隐式数值解

扫一扫，看彩图

第7章　大地电磁的有限单元法正演计算

大地电磁测深(magnetotelluric，简称 MT)是以天然电磁场为场源来研究地球内部电性结构的一种重要的地球物理手段，其正演问题归结为稳定场方程的求解。大地电磁正演模拟的数值方法主要有 3 种：有限单元法、有限差分法和积分方程法，前两者经常用于二维数值模拟，后者主要用于三维数值模拟。

本章利用有限单元法计算大地电磁响应，详细推导有限元正演算法，并编写 Matlab 计算程序。

7.1　大地电磁正演基本理论

7.1.1　谐变场的 Maxwell 方程组

Maxwell 方程组是电磁场必须遵从的微分方程组，含有以下四个方程，分别反映了四条基本物理定律：

$$\nabla \times \boldsymbol{E} = -\frac{\partial \boldsymbol{B}}{\partial t} \quad (\text{法拉第定律}) \tag{7.1}$$

$$\nabla \times \boldsymbol{H} = j + \frac{\partial \boldsymbol{D}}{\partial t} \quad (\text{安培定律}) \tag{7.2}$$

$$\nabla \cdot \boldsymbol{B} = 0 \quad (\text{磁通量连续性原理}) \tag{7.3}$$

$$\nabla \cdot \boldsymbol{D} = \rho_0 \quad (\text{库仑定律}) \tag{7.4}$$

式中：$\boldsymbol{E}$ 为电场强度，V/m；$\boldsymbol{B}$ 为磁感应强度或磁通密度，Wb/m²；$\boldsymbol{D}$ 为电感应强度或电位移，C/m²；$\boldsymbol{H}$ 为磁场强度，A/m；j 为电流密度，A/m²；ρ_0 为自由电荷密度，C/m³。

假设地球模型为各向同性介质，则电磁场的基本量可通过物性参数 ε 和 μ 联系起来，它们的关系是：

$$\boldsymbol{D} = \varepsilon \boldsymbol{E} \tag{7.5}$$

$$\boldsymbol{B} = \mu \boldsymbol{H} \tag{7.6}$$

$$j = \sigma \boldsymbol{E} \tag{7.7}$$

式中：σ 为介质的电导率(电阻率的倒数)，其单位为 S/m；ε 和 μ 分别为介质的介电常数和磁导率，取 $\varepsilon = 8.85 \times 10^{-12}$ F/m 和 $\mu = 4\pi \times 10^{-7}$ H/m。

在实用单位制下，如令初始状态时介质内不带电荷，采用式(7.1)~式(7.4)所示的介质方程组后，各向同性介质的 Maxwell 方程组可变为

$$\nabla \times \boldsymbol{E} = -\mu \frac{\partial \boldsymbol{H}}{\partial t} \tag{7.8}$$

$$\nabla \times \boldsymbol{H} = \sigma \boldsymbol{E} + \varepsilon \frac{\partial \boldsymbol{E}}{\partial t} \qquad (7.9)$$

$$\nabla \cdot \boldsymbol{H} = 0 \qquad (7.10)$$

$$\nabla \cdot \boldsymbol{E} = 0 \qquad (7.11)$$

利用傅里叶变换可将任意随时间变化的电磁场分解为一系列谐变场的组合，取时域中的谐变因子为 $\mathrm{e}^{-\mathrm{i}\omega t}$，电场强度和磁场强度可表示为

$$\boldsymbol{E} = \boldsymbol{E}_0 \mathrm{e}^{-\mathrm{i}\omega t} \qquad (7.12)$$

$$\boldsymbol{H} = \boldsymbol{H}_0 \mathrm{e}^{-\mathrm{i}\omega t} \qquad (7.13)$$

在大地电磁勘探中，考虑到应用的观测频率范围一般为 $10^{-4} \sim 10^{3}$ Hz，构成地壳浅部介质的电导率一般为 $0.001 \sim 1$ S/m，估算位移电流与传导电流的最大比值 $\dfrac{\omega\varepsilon}{\sigma} \approx 5 \times 10^{-3}$。故在大地介质中可忽略位移电流对场分布的影响，即大地电磁正演研究的是似稳电磁场问题。

于是，谐变场的 Maxwell 方程组表示为

$$\nabla \times \boldsymbol{E} = \mathrm{i}\mu\omega \boldsymbol{H} \qquad (7.14)$$

$$\nabla \times \boldsymbol{H} = \sigma \boldsymbol{E} \qquad (7.15)$$

$$\nabla \cdot \boldsymbol{E} = 0 \qquad (7.16)$$

$$\nabla \cdot \boldsymbol{H} = 0 \qquad (7.17)$$

式(7.14)~式(7.17)是大地电磁正演问题研究的出发点。

7.1.2 一维模型的大地电磁场

在笛卡尔坐标系中，令 z 轴垂直向下，x、y 轴在地表水平面内，我们把谐变场 Maxwell 方程组的式(7.14)和式(7.15)展开成分量形式：

$$\nabla \times \boldsymbol{E} = \mathrm{i}\mu\omega \boldsymbol{H}$$

$$\frac{\partial E_z}{\partial y} - \frac{\partial E_y}{\partial z} = \mathrm{i}\omega\mu H_x \qquad (7.18)$$

$$\frac{\partial E_x}{\partial z} - \frac{\partial E_z}{\partial x} = \mathrm{i}\omega\mu H_y \qquad (7.19)$$

$$\frac{\partial E_y}{\partial x} - \frac{\partial E_x}{\partial y} = \mathrm{i}\omega\mu H_z \qquad (7.20)$$

$$\nabla \times \boldsymbol{H} = \sigma \boldsymbol{E}$$

$$\frac{\partial H_z}{\partial y} - \frac{\partial H_y}{\partial z} = \sigma E_x \qquad (7.21)$$

$$\frac{\partial H_x}{\partial z} - \frac{\partial H_z}{\partial x} = \sigma E_y \qquad (7.22)$$

$$\frac{\partial H_y}{\partial x} - \frac{\partial H_x}{\partial y} = \sigma E_z \qquad (7.23)$$

当平面电磁波垂直入射于均匀各向同性大地介质中时，其电磁场沿水平方向上是均匀的，即

$$\frac{\partial E}{\partial x}=\frac{\partial E}{\partial y}=0, \quad \frac{\partial H}{\partial x}=\frac{\partial H}{\partial y}=0$$

将它们代入式(7.18)~式(7.23)中,有

$$-\frac{\partial E_y}{\partial z}=\mathrm{i}\omega\mu H_x \tag{7.24}$$

$$\frac{\partial E_x}{\partial z}=\mathrm{i}\omega\mu H_y \tag{7.25}$$

$$H_z=0 \tag{7.26}$$

$$-\frac{\partial H_y}{\partial z}=\sigma E_x \tag{7.27}$$

$$\frac{\partial H_x}{\partial z}=\sigma E_y \tag{7.28}$$

$$E_z=0 \tag{7.29}$$

由式(7.24)~式(7.29)可以看出:电场分量 E_x 只和 H_y 有关,H_x 只和 E_y 有关,它们都沿 z 轴传播。设在 yz 坐标平面内考虑问题,即设真空中波前与 x 轴平行,这时的平面电磁波可以分解成电场仅有水平分量的 $E\!\!/\!\!/$ 极化方式或 TE(横电)波型和磁场仅有水平分量的 $H\!\!/\!\!/$ 极化方式或 TM(横磁)波型。

TE 波型(E_x–H_y):

$$\begin{cases} \dfrac{\partial^2 E_x}{\partial z^2}+\mathrm{i}\omega\mu\sigma E_x=0 \\[2mm] H_y=\dfrac{1}{\mathrm{i}\omega\mu}\dfrac{\partial E_x}{\partial z} \end{cases} \tag{7.30}$$

或

$$\begin{cases} \dfrac{\partial}{\partial z}\left(\dfrac{1}{\sigma}\dfrac{\partial H_y}{\partial z}\right)+\mathrm{i}\omega\mu H_y=0 \\[2mm] E_x=-\dfrac{1}{\sigma}\dfrac{\partial H_y}{\partial z} \end{cases} \tag{7.31}$$

TM 波型(H_x–E_y):

$$\begin{cases} \dfrac{\partial^2 E_y}{\partial z^2}+\mathrm{i}\omega\mu\sigma E_y=0 \\[2mm] H_x=-\dfrac{1}{\mathrm{i}\omega\mu}\dfrac{\partial E_y}{\partial z} \end{cases} \tag{7.32}$$

或

$$\begin{cases} \dfrac{\partial}{\partial z}\left(\dfrac{1}{\sigma}\dfrac{\partial H_x}{\partial z}\right)+\mathrm{i}\omega\mu H_x=0 \\[2mm] E_y=\dfrac{1}{\sigma}\dfrac{\partial H_x}{\partial z} \end{cases} \tag{7.33}$$

同时,两组极化波中均无场的垂直分量,即 $E_z=H_z=0$。

下面，我们以 TE 极化波来讨论电磁场在均匀半空间的衰减变化情况。令 $k=\sqrt{-\mathrm{i}\omega\mu\sigma}$，根据 TE 极化波方程(7.30)有

$$\frac{\partial^2 E_x}{\partial z^2}-k^2 E_x=0$$

这是一个二阶常微分方程，它的一般解为

$$E_x=A\mathrm{e}^{-kz}+B\mathrm{e}^{kz}$$

其中 A 和 B 为边界条件确定的积分常数。

在均匀半空间的无穷远处，即 $z\to+\infty$ 时，应有 $E_x=0$，进而要求 $B=0$，因此有

$$E_x=A\mathrm{e}^{-kz}$$

同时，考虑到电场在空气中不衰减，若取地表的电场强度为 E_x^0，即 $z=0$ 时

$$A=E_x^0$$

因此，在深度 z 处，均匀半空间的电场强度可写成

$$E_x=E_x^0\mathrm{e}^{-kz} \tag{7.34}$$

取均匀半空间的电导率为 0.1 S/m，计算频率为 10 Hz 和 1 Hz 时的电场强度，Matlab 程序代码如下：

```
% 均匀半空间电场衰减情况
mu=4e-7*pi;
S=0.1;
fre=10;
% fre=1;
Omega=2*pi*fre;
k=sqrt(-sqrt(-1)*Omega*mu*S);
z=0:10:10000;
Ex=exp(-k*z);
plot(real(Ex),-z/1000,'r');
hold on
plot(imag(Ex),-z/1000,'- - ');
xlabel('E_x/E^0_x');
ylabel('深度/km');
legend('实部值','虚部值');
```

图 7.1 给出了电导率为 0.1 S/m 的均匀半空间中电场随频率衰减变化的情况，即高频波衰减得快，低频波衰减得慢。

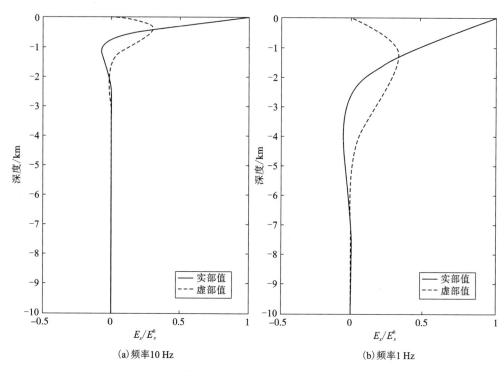

(a) 频率 10 Hz　　　　　　　　　　　(b) 频率 1 Hz

图 7.1　电导率 0.1 S/m 的均匀半空间中电场衰减情况

7.1.3　二维模型的大地电磁场

对于有明显走向的倾斜岩层、背斜、向斜等地质构造，取走向为 x 轴方向，y 轴与 x 轴垂直，且水平向右（即倾向方向），z 轴垂直向下，介质模型的电性参数随 y 轴和 z 轴都发生变化，而沿走向 x 轴的电性参数不发生变化，即 $\partial E/\partial x = 0$ 和 $\partial H/\partial x = 0$。当平面电磁波以任何角度入射地面时，地下介质的电磁波总以平面波形式，几乎垂直地向下传播。我们把电性参数沿两个方向变化的介质模型，称为二维介质。

将谐变场 Maxwell 方程组的式（7.14）和式（7.15）展开后得到

$$\vec{i}\left(\frac{\partial E_z}{\partial y}-\frac{\partial E_y}{\partial z}\right)+\vec{j}\left(\frac{\partial E_x}{\partial z}-\frac{\partial E_z}{\partial x}\right)+\vec{k}\left(\frac{\partial E_y}{\partial x}-\frac{\partial E_x}{\partial y}\right)=\mathrm{i}\mu\omega(\vec{i}H_x+\vec{j}H_y+\vec{k}H_z) \qquad (7.35)$$

及

$$\vec{i}\left(\frac{\partial H_z}{\partial y}-\frac{\partial H_y}{\partial z}\right)+\vec{j}\left(\frac{\partial H_x}{\partial z}-\frac{\partial H_z}{\partial x}\right)+\vec{k}\left(\frac{\partial H_y}{\partial x}-\frac{\partial H_x}{\partial y}\right)$$
$$=\sigma(\vec{i}E_x+\vec{j}E_y+\vec{k}E_z) \qquad (7.36)$$

式中：$\vec{i}$、$\vec{j}$、$\vec{k}$ 表示单位矢量。

式（7.35）与式（7.36）中对应的矢量分量应相等，同时注意到凡是对 x 的偏导数皆为零，于是有

$$\frac{\partial E_z}{\partial y}-\frac{\partial E_y}{\partial z}=\mathrm{i}\omega\mu H_x$$

$$\frac{\partial E_x}{\partial z} = i\omega\mu H_y$$

$$\frac{\partial E_x}{\partial y} = -i\omega\mu H_z$$

$$\frac{\partial H_z}{\partial y} - \frac{\partial H_y}{\partial z} = \sigma E_x$$

$$\frac{\partial H_x}{\partial z} = \sigma E_y$$

$$\frac{\partial H_x}{\partial y} = -\sigma E_z$$

从上面各式可以看出，相应电磁场分量分为两组，其中一组包括场分量 E_x、H_y、H_z；另一组包括 H_x、E_y、E_z。两组电磁场分量彼此独立，我们分别称它们为 TE 极化模式和 TM 极化模式。

TE 极化模式：

$$\begin{cases} \dfrac{\partial H_z}{\partial y} - \dfrac{\partial H_y}{\partial z} = \sigma E_x \\[3mm] H_y = \dfrac{1}{i\omega\mu}\dfrac{\partial E_x}{\partial z} \\[3mm] H_z = -\dfrac{1}{i\omega\mu}\dfrac{\partial E_x}{\partial y} \end{cases} \tag{7.37}$$

TM 极化模式：

$$\begin{cases} \dfrac{\partial E_z}{\partial y} - \dfrac{\partial E_y}{\partial z} = i\omega\mu H_x \\[3mm] E_y = \dfrac{1}{\sigma}\dfrac{\partial H_x}{\partial z} \\[3mm] E_z = -\dfrac{1}{\sigma}\dfrac{\partial H_x}{\partial y} \end{cases} \tag{7.38}$$

选取坐标系方向与构造主轴方向一致时，电磁场能分成两组独立的波型，这一点具有很重要的意义，因为：①在求二维模型条件下大地电磁场问题的解析解和数值解时，Maxwell 偏微分方程组的求解问题可转化成标量函数的二阶偏微分方程的求解问题，这给推导及计算带来很大方便；②类似于一维模型时的情况，任一水平坐标轴的电场分量只和与其垂直的水平磁场分量有关，而和与其平行的水平磁场分量无关。

7.2 大地电磁一维正演的有限单元法

7.2.1 正演算法推导

1. 边值问题

在一维大地介质中,根据式(7.30)可得电场所满足的微分方程为

$$\frac{d^2 E_x}{dz^2} + i\omega\mu\sigma(z) E_x = 0 \tag{7.39}$$

式中 σ 为介质的电导率,其单位为 S/m; μ 为介质的磁导率,其值取为 $4\pi \times 10^{-7}$ H/m。

为了求解亥姆霍兹方程(7.39),还必须给出相应的边界条件:

(1)在地面处

$$E_x \big|_{z=0} = 1 \tag{7.40}$$

(2)在 $z = z_N$ 以下,电磁波将按负指数衰减,即 $E_x = E_x^* e^{-kz}$,这里 E_x^* 是常数,$k = \sqrt{-i\omega\mu\sigma_{z_N}}$。对 E_x 求导,将得到第三类边界条件:

$$\left(\frac{dE_x}{dz} + kE_x \right) \bigg|_{z=z_N} = 0 \tag{7.41}$$

边值问题由微分方程(7.39)及边界条件式(7.40)、式(7.41)组成,用 u 表示 E_x,则有

$$\begin{cases} \dfrac{d^2 u}{dz^2} + i\omega\mu\sigma u = 0 \\ u \big|_{z=0} = 1 \\ \left(\dfrac{du}{dz} + ku \right) \bigg|_{z=z_N} = 0 \end{cases} \tag{7.42}$$

当岩石的电导率分层均匀时,这个边值问题可用解析法计算。这里,我们选用有限单元法求其数值解。

2. 变分问题

构造泛函:

$$I(u) = \int_0^{z_N} \left[\left(\frac{du}{dz} \right)^2 - i\omega\mu\sigma u^2 \right] dz \tag{7.43}$$

其变分为

$$\delta I(u) = \int_0^{z_N} \left(2 \frac{du}{dz} \frac{d\delta u}{dz} - 2i\omega\mu\sigma u\delta u \right) dz$$

$$= 2 \int_0^{z_N} \left[\frac{d}{dz} \left(\frac{du}{dz} \delta u \right) - \left(\frac{d^2 u}{dz^2} + i\omega\mu\sigma u \right) \delta u \right] dz \tag{7.44}$$

将微分方程(7.39)代入上式,得

$$\delta I(u) = 2 \int_0^{z_N} \frac{d}{dz} \left(\frac{du}{dz} \delta u \right) dz = 2 \frac{du}{dz} \delta u \bigg|_0^{z_N} \tag{7.45}$$

将边界条件式(7.40)、式(7.41)代入式(7.44),得

$$\delta I(u)=2ku\delta u\big|_{z_N}=-\delta(ku^2)\big|_{z_N} \tag{7.46}$$

所以

$$\delta\big[I(u)+ku^2\big|_{z_N}\big]=0$$

可见,边值问题(7.42)对应的变分问题为

$$\begin{cases} F(u)=\int_0^{z_N}\left[\left(\dfrac{\mathrm{d}u}{\mathrm{d}z}\right)^2-\mathrm{i}\omega\mu\sigma u^2\right]\mathrm{d}z+ku^2_{z_N}=\min \\ u\big|_{z=0}=1 \end{cases} \tag{7.47}$$

3. 有限单元法分析

采用有限单元法进行计算,首先应将区域剖分为若干单元。在单元内电导率(或电阻率)必须是连续的,也就是说,电导率的间断点不能在单元内。采用线性插值方式,其构造的形函数为

$$N_1=\frac{1-\xi}{2},\ N_2=\frac{1+\xi}{2}$$

若单元的长度为h,则有

$$\mathrm{d}z=\frac{h}{2}\mathrm{d}\xi$$

单元积分1:

$$\int_e\left(\frac{\mathrm{d}u}{\mathrm{d}z}\right)^2\mathrm{d}z=\boldsymbol{u}_e^{\mathrm{T}}\int_e\left(\frac{\mathrm{d}\boldsymbol{N}}{\mathrm{d}z}\right)\left(\frac{\mathrm{d}\boldsymbol{N}}{\mathrm{d}z}\right)^{\mathrm{T}}\mathrm{d}z\boldsymbol{u}_e\approx\boldsymbol{u}_e^{\mathrm{T}}(k_{ij})\boldsymbol{u}_e=\boldsymbol{u}_e^{\mathrm{T}}\boldsymbol{K}_{1e}\boldsymbol{u}_e \tag{7.48}$$

其中,

$$\boldsymbol{K}_{1e}=\int_e\frac{\mathrm{d}N_i}{\mathrm{d}z}\frac{\mathrm{d}N_j}{\mathrm{d}z}\mathrm{d}z=\int_e\left(\frac{\mathrm{d}N_i}{\mathrm{d}\xi}\frac{\mathrm{d}\xi}{\mathrm{d}z}\right)\left(\frac{\mathrm{d}N_j}{\mathrm{d}\xi}\frac{\mathrm{d}\xi}{\mathrm{d}z}\right)\frac{h}{2}\mathrm{d}\xi=\frac{2}{h}\int_{-1}^1\frac{\mathrm{d}N_i}{\mathrm{d}\xi}\frac{\mathrm{d}N_j}{\mathrm{d}\xi}\mathrm{d}\xi=\frac{1}{h}\begin{pmatrix}1&-1\\-1&1\end{pmatrix}$$

单元积分2:

$$-\mathrm{i}\omega\mu\sigma_e\int_e u^2\mathrm{d}z=\boldsymbol{u}_e^{\mathrm{T}}\left(-\mathrm{i}\omega\mu\sigma_e\int_e\boldsymbol{N}\boldsymbol{N}^{\mathrm{T}}\mathrm{d}z\right)\boldsymbol{u}_e=\boldsymbol{u}_e^{\mathrm{T}}(k_{ij})\boldsymbol{u}_e\approx\boldsymbol{u}_e^{\mathrm{T}}\boldsymbol{K}_{2e}\boldsymbol{u}_e \tag{7.49}$$

其中,

$$\boldsymbol{K}_{2e}=-\mathrm{i}\omega\mu\sigma_e\int_e N_iN_j\mathrm{d}z=-\mathrm{i}\omega\mu\sigma_e\int_{-1}^1 N_iN_j\frac{h}{2}\mathrm{d}\xi=-\mathrm{i}\omega\mu\sigma_e h\begin{pmatrix}\dfrac{1}{3}&\dfrac{1}{6}\\[2mm]\dfrac{1}{6}&\dfrac{1}{3}\end{pmatrix}$$

变分问题(7.47)的最后一项

$$ku^2\big|_{z=z_N}=ku^2_{z_N} \tag{7.50}$$

只与z_N点的u有关。

$\boldsymbol{K}_{1e}$和$\boldsymbol{K}_{2e}$都是2×2阶矩阵。将它们扩展成$n\times n$(n是全体节点总数)阶矩阵:

$$\int_e\left(\frac{\mathrm{d}u}{\mathrm{d}z}\right)^2\mathrm{d}z=\boldsymbol{u}_e^{\mathrm{T}}\boldsymbol{K}_{1e}\boldsymbol{u}_e=\boldsymbol{u}^{\mathrm{T}}\overline{\boldsymbol{K}}_{1e}\boldsymbol{u}$$

$$-\mathrm{i}\omega\mu\sigma_e\int_e u^2\mathrm{d}z=\boldsymbol{u}_e^{\mathrm{T}}\boldsymbol{K}_{2e}\boldsymbol{u}_e=\boldsymbol{u}^{\mathrm{T}}\overline{\boldsymbol{K}}_{2e}\boldsymbol{u}$$

其中 u 是由全体节点的 u 组成的列向量；$\overline{K}_{1e}$，$\overline{K}_{2e}$ 分别是 K_{1e}，K_{2e} 的扩展矩阵。因为 $z=z_N$ 是最后一个节点，所以将式(7.50)扩展成

$$ku_{z_N}^2 = u^{\mathrm{T}}K_3 u$$

其中

$$K_3 = \begin{bmatrix} 0 & 0 & \cdots & 0 \\ 0 & 0 & \cdots & 0 \\ \vdots & \vdots & & \vdots \\ 0 & 0 & \cdots & k \end{bmatrix}$$

接下来，将各单元的扩展矩阵相加，得

$$F(u) = \int_0^{z_N} \left[\left(\frac{\mathrm{d}u}{\mathrm{d}z}\right)^2 - \mathrm{i}\omega\mu\sigma u^2 \right] \mathrm{d}z + ku_{z_N}^2 = u^{\mathrm{T}}\left(\sum K_{1e} + \sum K_{2e} + K_3\right)u = u^{\mathrm{T}}Ku$$

对 $F(u)$ 求变分，得

$$Ku = 0$$

将电场所满足的上边界条件代入上面的方程组，则有

$$Ku = P \tag{7.51}$$

求解线性方程组(7.51)即可得到各节点处的电场值，进一步便可以计算一维模型的视电阻率和相位。

4. 大地电磁响应计算

计算出各节点的 u 值后，再利用数值方法求出场值沿垂向的偏导数 $\frac{\partial u}{\partial z}$，即 $\frac{\partial E_x}{\partial z}$，代入下式便可计算视电阻率和相位：

$$\begin{cases} Z_{1D} = E_x \Big/ \dfrac{1}{\mathrm{i}\omega\mu}\dfrac{\partial E_x}{\partial z} \\[2mm] \rho_a = \dfrac{1}{\omega\mu}\,|\,Z_{1D}\,|^2 \\[2mm] \text{phase} = \arctan\dfrac{\mathrm{Im}(Z_{1D})}{\mathrm{Re}(Z_{1D})} \end{cases} \tag{7.52}$$

为了提高视电阻率的计算精度，取近地表的 4 个等距节点的电场值来计算偏导数，则有

$$\left.\frac{\partial u}{\partial z}\right|_{z=0} = \frac{1}{2L}(-11u_1 + 18u_2 - 9u_3 + 2u_4) \tag{7.53}$$

其中 L 是节点 1 与节点 4 间的距离。

7.2.2 程序设计与结果验证

根据上一节推导的算法，下面给出有限单元法计算一维模型大地电磁响应的 Matlab 程序代码，主程序如下：

```
function [Ex,rho_a,phase] = MT1D_FEM(Length,Dz,S,fre)
% 输入参数
% Length:计算区域的深度
```

```matlab
% Dz:      剖分单元长度
% S:       电导率
% fre:     频率
% 输出参数
% Ex:      电场
% rho_a:视电阻率
% phase:相位
mu = 4e-7*pi;
NE = length(Dz);
NP = NE+1;
for i=1:NE
    ME(i,1) = i;
    ME(i,2) = i+1;
end
K1e = [ 1 -1; -1 1 ];
K2e = [ 1/3 1/6; 1/6 1/3 ];
for nf=1:length(fre)
    omega = 2*pi*fre(nf);
    K  = zeros(NP,NP);
    K1 = zeros(NP,NP);
    K2 = zeros(NP,NP);
    K3 = zeros(NP,NP);
    P  = zeros(NP,1);
    for iel=1:NE
        for i=1:2
            ii= ME(iel,i);
            for j=1:2
                jj = ME(iel,j);
                K1(ii,jj)= K1(ii,jj)+K1e(i,j)/Dz(iel);
                K2(ii,jj)= K2(ii,jj)+(-sqrt(-1)*omega*mu*S(iel))*Dz(iel)*K2e(i,j);
            end
        end
    end
    K3(end,end)=sqrt(-sqrt(-1)*omega*mu*S(NE));
    K=K1+K2+K3;
    K(1,1)=K(1,1)*10^10; %上边界条件
    P(1)  =K(1,1)*1;
    Ex(:,nf)=K\P;  %线性方程组求解--直接法
    % 计算视电阻率和相位
```

```
Ex_g=Ex(1,nf);
Hy_g=(- 11*Ex(1,nf)+18*Ex(2,nf)- 9*Ex(3,nf)+2*Ex(4,nf))...
    /(2*3*Dz(1))/(sqrt(- 1)*mu*omega);
rho_a(nf)=abs(Ex_g/Hy_g)^2/mu/omega;
phase(nf)=- atan(imag(Ex_g/Hy_g)/real(Ex_g/Hy_g))*180/pi;
end
```

采用上述代码计算电导率为 0.1 S/m 的均匀半空间模型,取计算区域的长度为 10000 m。图 7.2 给出了频率为 10 Hz 和 1 Hz 时电场随频率衰减变化的情况,这与图 7.1 所示的衰减规律一致。同时,当频率为 10 Hz 时,模拟得到的视电阻率为 9.999431 Ω·m;当频率为 1 Hz 时,模拟得到的视电阻率为 9.999981 Ω·m。

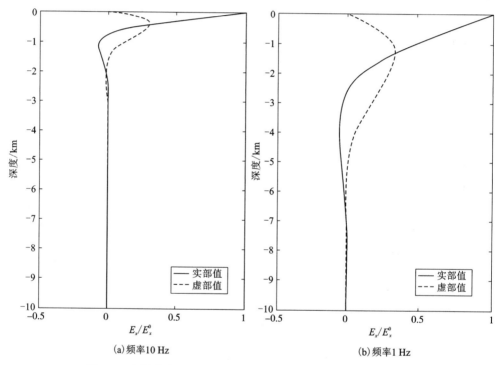

图 7.2 电导率为 0.1 S/m 的均匀半空间中电场的有限元数值解

7.2.3 一维模型试算分析

选取二层 G 型地电模型,其模型参数为 $\sigma_1 = 0.1$ S/m, $\sigma_2 = 0.01$ S/m 和 $h_1 = 1000$ m,如图 7.3 所示。采用有限单元法进行正演近似计算,剖分单元网格分别取为 $\Delta z = 10$ m, $\Delta z = 20$ m 和 $\Delta z = 40$ m。

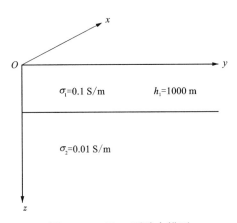

图 7.3　二层 G 型地电模型

图 7.4 给出了有限单元法计算 G 型模型所得的视电阻率和相位曲线, 与理论值曲线吻合得较好。随着剖分单元间距的增加, 有限单元法的计算精度会下降, 主要体现为高频段的相位值误差增大。通过模拟对比分析, 建议取 $\Delta z < \delta/3$（这里的 δ 为趋肤深度）。

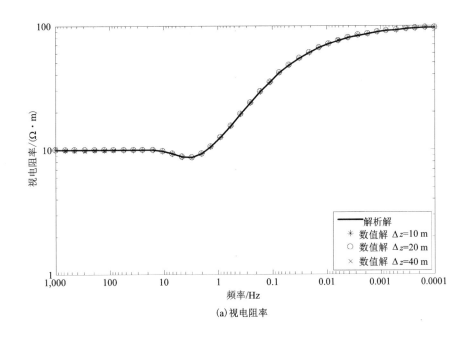

(a) 视电阻率

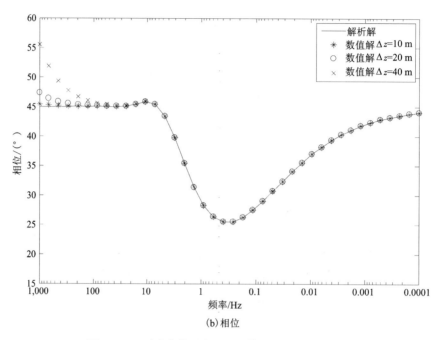

(b)相位

图7.4 G 型地电模型有限元计算结果与理论值对比

7.3 大地电磁二维正演的有限单元法

7.3.1 边值问题

根据式(7.37)和式(7.38)可知,二维地电模型中 E_x 和 H_x 满足的偏微分方程(柳建新等,2012)为

$$\frac{\partial}{\partial y}\left(\frac{1}{i\omega\mu}\frac{\partial E_x}{\partial y}\right)+\frac{\partial}{\partial z}\left(\frac{1}{i\omega\mu}\frac{\partial E_x}{\partial z}\right)+\sigma E_x=0 \tag{7.54}$$

$$\frac{\partial}{\partial y}\left(\frac{1}{\sigma}\frac{\partial H_x}{\partial y}\right)+\frac{\partial}{\partial z}\left(\frac{1}{\sigma}\frac{\partial H_x}{\partial z}\right)+i\omega\mu H_x=0 \tag{7.55}$$

式(7.54)和式(7.55)可统一表示成

$$\nabla\cdot(\tau\nabla u)+\lambda u=0 \tag{7.56}$$

对于 TE 极化模式,有

$$u=E_x,\ \tau=\frac{1}{i\omega\mu},\ \lambda=\sigma \tag{7.57}$$

对于 TM 极化模式,有

$$u=H_x,\ \tau=\frac{1}{\sigma},\ \lambda=i\omega\mu \tag{7.58}$$

为了求解亥姆霍兹方程(7.56),我们还必须给出相应的边界条件,如图7.5所示。

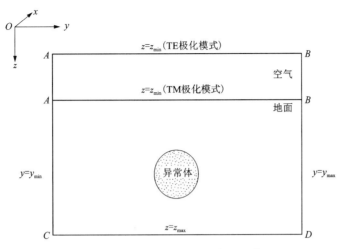

图 7.5 二维地电模型的边界条件示意图

1. TE 极化模式的外边界条件

（1）上边界 AB，即 $z=z_{min}$，离地面足够远，使异常场在 z_{min} 上为零，以该处的 u 为 1 单位，则有

$$u\big|_{z=z_{min}} = 1 \tag{7.59}$$

（2）下边界 CD，即 $z=z_{max}$，以下为均质岩石，局部不均匀体的异常场在 z_{max} 上为零，电磁波在 z_{max} 以下的传播方程为

$$u = u_0 e^{-kz} \tag{7.60}$$

其中 u_0 是常数，$k=\sqrt{-i\omega\mu\sigma}$，$\sigma$ 是 z_{max} 以下岩石的电导率。

式（7.60）对 u 求偏导，即得 z_{max} 处的边界条件为

$$\left(\frac{\partial u}{\partial z}+ku\right)\bigg|_{z=z_{max}} = 0 \tag{7.61}$$

（3）取左边界 $y=y_{min}$、右边界 $y=y_{max}$ 离局部不均匀体足够远，电磁场在 y_{min}、y_{max} 上左右对称，其上的边界条件是

$$\frac{\partial u}{\partial y}\bigg|_{y=y_{min}} = \frac{\partial u}{\partial y}\bigg|_{y=y_{max}} = 0 \tag{7.62}$$

2. TM 极化模式外边界条件

（1）上边界 AB，即 $z=z_{min}$，直接取在地面上，并以该处的 u 为 1 单位，则有

$$u\big|_{z=z_{min}} = 1 \tag{7.63}$$

（2）下边界 CD，即 $z=z_{max}$，其边界条件同 TE 极化模式。

（3）左右边界 $y=y_{min}$ 和 $y=y_{max}$ 的边界条件，同 TE 极化模式。

综合以上讨论，大地电磁二维正演的边值问题归纳为

$$
\begin{cases}
\nabla \cdot (\tau \nabla u) + \lambda u = 0 \\
u\big|_{z=z_{\min}} = 1 \\
\dfrac{\partial u}{\partial y}\bigg|_{y=y_{\min}} = \dfrac{\partial u}{\partial y}\bigg|_{y=y_{\max}} = 0 \\
\left(\dfrac{\partial u}{\partial z} + ku\right)\bigg|_{z=z_{\max}} = 0
\end{cases}
\tag{7.64}
$$

7.3.2 有限元正演算法

边值问题(7.64)对应的变分问题为

$$
\begin{cases}
F(u) = \int \left[\dfrac{1}{2}\tau(\nabla u)^2 - \dfrac{1}{2}\lambda u^2\right]\mathrm{d}\Omega + \int_{CD}\dfrac{1}{2}\tau ku^2\mathrm{d}\Gamma = \min \\
u\big|_{AB} = 1
\end{cases}
\tag{7.65}
$$

采用矩形单元将整个区域 Ω 剖分(见图7.6),并给每个单元的电阻率 $\rho = 1/\sigma$ 赋值。

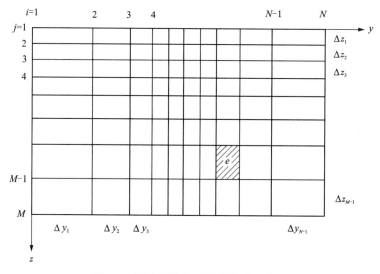

图 7.6 研究区域矩形网格剖分示意图

(1)矩形单元双线性插值

矩形单元双线性插值是在每个单元上取4个点,单元节点编号及坐标如图7.7所示。

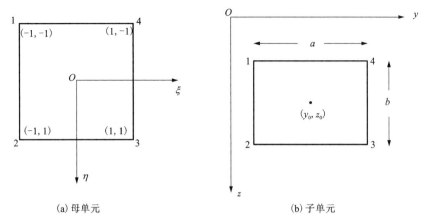

(a) 母单元   (b) 子单元

图 7.7 双线性插值四边形单元

图 7.7(a) 是母单元, 图 7.7(b) 是子单元。两个单元间的坐标变换关系为

$$y = y_0 + \frac{a}{2}\xi, \ z = z_0 + \frac{b}{2}\eta \tag{7.66}$$

其中 (y_0, z_0) 为子单元的中心点, a、b 为子单元的两个边长。两个单元的微分关系为

$$\mathrm{d}y = \frac{a}{2}\mathrm{d}\xi, \ \mathrm{d}z = \frac{b}{2}\mathrm{d}\eta, \ \mathrm{d}y\mathrm{d}z = \frac{ab}{4}\mathrm{d}\xi\mathrm{d}\eta \tag{7.67}$$

构造的矩形单元双线性插值形函数可表示为

$$\begin{cases} N_1 = \dfrac{1}{4}(1-\xi)(1-\eta) \\[2mm] N_2 = \dfrac{1}{4}(1-\xi)(1+\eta) \\[2mm] N_3 = \dfrac{1}{4}(1+\xi)(1+\eta) \\[2mm] N_4 = \dfrac{1}{4}(1+\xi)(1-\eta) \end{cases} \tag{7.68}$$

将式 (7.65) 中的区域积分分解为各单元积分之和:

$$F(u) = \int \left[\frac{1}{2}\tau(\nabla u)^2 - \frac{1}{2}\lambda u^2 \right] \mathrm{d}\Omega + \int_{CD} \frac{1}{2}\tau k u^2 \mathrm{d}\Gamma$$

$$= \sum \int_e \frac{1}{2}\tau(\nabla u)^2 \mathrm{d}\Omega - \sum \int_e \frac{1}{2}\lambda u^2 \mathrm{d}\Omega + \sum \int \frac{1}{2}\tau k u^2 \mathrm{d}\Gamma \tag{7.69}$$

上式右侧最后一项积分只对底边界上的单元进行。

单元积分 1:

$$\int_e \frac{1}{2}\tau(\nabla u)2\mathrm{d}\Omega = \int_e \frac{1}{2}\tau \left[\left(\frac{\partial u}{\partial y} \right)^2 + \left(\frac{\partial u}{\partial z} \right)^2 \right] \mathrm{d}y\mathrm{d}z = \frac{1}{2}\boldsymbol{u}_e^{\mathrm{T}}(k_{ij})\boldsymbol{u}_e = \frac{1}{2}\boldsymbol{u}_e^{\mathrm{T}}\boldsymbol{K}_{1e}\boldsymbol{u}_e \tag{7.70}$$

其中 $\boldsymbol{K}_{1e} = (k_{ij})$, $k_{ij} = k_{ji}$, 且

$$k_{ij} = \int_e \tau \left[\left(\frac{\partial N_i}{\partial \xi} \frac{\partial \xi}{\partial y} \right) \left(\frac{\partial N_j}{\partial \xi} \frac{\partial \xi}{\partial y} \right) + \left(\frac{\partial N_i}{\partial \eta} \frac{\partial \eta}{\partial z} \right) \left(\frac{\partial N_j}{\partial \eta} \frac{\partial \eta}{\partial z} \right) \right] \frac{ab}{4}\mathrm{d}\xi\mathrm{d}\eta$$

$$= \int_{-1}^{1} \int_{-1}^{1} \tau \frac{\partial N_i}{\partial \xi} \frac{\partial N_j}{\partial \xi} \frac{b}{a} \mathrm{d}\xi \mathrm{d}\eta + \int_{-1}^{1} \int_{-1}^{1} \tau \frac{\partial N_i}{\partial \eta} \frac{\partial N_j}{\partial \eta} \frac{a}{b} \mathrm{d}\xi \mathrm{d}\eta$$

于是有

$$\mathbf{K}_{1e} = \frac{\tau}{6} \frac{b}{a} \begin{bmatrix} 2 & 1 & -1 & -2 \\ 1 & 2 & -2 & -1 \\ -1 & -2 & 2 & 1 \\ -2 & -1 & 1 & 2 \end{bmatrix} + \frac{\tau}{6} \frac{a}{b} \begin{bmatrix} 2 & -2 & -1 & 1 \\ -2 & 2 & 1 & -1 \\ -1 & 1 & 2 & -2 \\ 1 & -1 & -2 & 2 \end{bmatrix}$$

单元积分 2:

$$\int_e \frac{1}{2} \lambda u^2 \mathrm{d}\Omega = \int_e \frac{1}{2} \lambda u^2 \mathrm{d}y\mathrm{d}z = \frac{1}{2} \mathbf{u}_e^{\mathrm{T}} (k_{ij}) \mathbf{u}_e = \frac{1}{2} \mathbf{u}_e^{\mathrm{T}} \mathbf{K}_{2e} \mathbf{u}_e \qquad (7.71)$$

其中 $\mathbf{K}_{2e} = (k_{ij})$，$k_{ij} = k_{ji}$，且

$$k_{ij} = \int_e \lambda N_i N_j \frac{ab}{4} \mathrm{d}\xi \mathrm{d}\eta = \lambda \int_{-1}^{1} \int_{-1}^{1} N_i N_j \frac{ab}{4} \mathrm{d}\xi \mathrm{d}\eta$$

于是有

$$\mathbf{K}_{2e} = \frac{\lambda ab}{36} \begin{bmatrix} 4 & 2 & 1 & 2 \\ 2 & 4 & 2 & 1 \\ 1 & 2 & 4 & 2 \\ 2 & 1 & 2 & 4 \end{bmatrix}$$

单元积分 3:

式(7.69)右侧最后一项积分只对下边界 CD 进行线积分。假设单元的 $\overline{12}$ 边落在下边界上，则有

$$\int_{\overline{12}} \frac{1}{2} \tau k u^2 \mathrm{d}\Gamma = \frac{1}{2} \mathbf{u}_e^{\mathrm{T}} (k_{ij}) \mathbf{u}_e = \frac{1}{2} \mathbf{u}_e^{\mathrm{T}} \mathbf{K}_{3e} \mathbf{u}_e \qquad (7.72)$$

其中 $\mathbf{K}_{3e} = (k_{ij})$，$k_{ij} = k_{ji}$，且有

$$\mathbf{K}_{3e} = \frac{\tau k b}{6} \begin{bmatrix} 2 & 1 & 0 & 0 \\ 1 & 2 & 0 & 0 \\ 0 & 0 & 0 & 0 \\ 0 & 0 & 0 & 0 \end{bmatrix}$$

$\mathbf{K}_{1e}$、$\mathbf{K}_{2e}$ 和 $\mathbf{K}_{3e}$ 都是 4×4 阶矩阵,将它们扩展成全体节点的矩阵 $\overline{\mathbf{K}}_{1e}$、$\overline{\mathbf{K}}_{2e}$、$\overline{\mathbf{K}}_{3e}$。然后将各单元的扩展矩阵相加,式(7.69)变成

$$F(u) = \sum \int_e \frac{1}{2} \tau (\nabla u)^2 \mathrm{d}\Omega - \sum \int_e \frac{1}{2} \lambda u^2 \mathrm{d}\Omega + \sum \int \frac{1}{2} \tau k u^2 \mathrm{d}\Gamma$$

$$= \frac{1}{2} \mathbf{u}^{\mathrm{T}} \left(\sum \overline{\mathbf{K}}_{1e} - \sum \overline{\mathbf{K}}_{2e} + \sum \overline{\mathbf{K}}_{3e} \right) \mathbf{u} = \frac{1}{2} \mathbf{u}^{\mathrm{T}} \mathbf{K} \mathbf{u} \qquad (7.73)$$

对式(7.73)求变分,得

$$\delta F(u) = \delta \mathbf{u}^{\mathrm{T}} \mathbf{K} \mathbf{u} = 0$$

由 $\delta \mathbf{u}$ 的任意性,得

$$\mathbf{K} \mathbf{u} = 0 \qquad (7.74)$$

求解线性方程组(7.74)之前,将上边界 AB 的第一类边界值代入。解线性方程组后,得

各节点的 u，它代表各节点的电场值或磁场值。

（2）矩形单元双二次插值

矩形单元双二次插值是在每个单元上取 8 个点，即 4 个顶点和 4 条边的中点，其编号及坐标如图 7.8 所示。

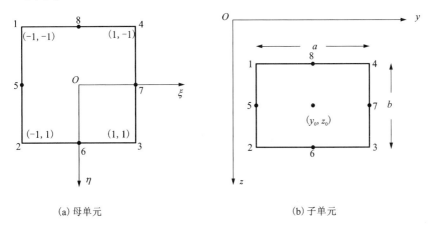

（a）母单元　　　　　　　　　　　　　（b）子单元

图 7.8　双二次插值矩形单元剖分

构造矩形单元双二次插值的形函数为

$$
\begin{cases}
N_1 = \dfrac{1}{4}(1-\xi)(1-\eta)(-\xi-\eta-1) \\[2mm]
N_2 = \dfrac{1}{4}(1-\xi)(1+\eta)(-\xi+\eta-1) \\[2mm]
N_3 = \dfrac{1}{4}(1+\xi)(1+\eta)(\xi+\eta-1) \\[2mm]
N_4 = \dfrac{1}{4}(1+\xi)(1-\eta)(\xi-\eta-1) \\[2mm]
N_5 = \dfrac{1}{2}(1-\eta^2)(1-\xi) \\[2mm]
N_6 = \dfrac{1}{2}(1-\xi^2)(1+\eta) \\[2mm]
N_7 = \dfrac{1}{2}(1-\eta^2)(1+\xi) \\[2mm]
N_8 = \dfrac{1}{2}(1-\xi^2)(1-\eta)
\end{cases}
\tag{7.75}
$$

式（7.69）的第一项积分为

$$
\int_e \frac{1}{2}\tau(\nabla u)2\mathrm{d}\Omega = \int_e \frac{1}{2}\tau\left[\left(\frac{\partial u}{\partial y}\right)^2+\left(\frac{\partial u}{\partial z}\right)^2\right]\mathrm{d}y\mathrm{d}z = \frac{1}{2}\boldsymbol{u}_e^{\mathrm{T}}(k_{ij})\boldsymbol{u}_e = \frac{1}{2}\boldsymbol{u}_e^{\mathrm{T}}\boldsymbol{K}_{1e}\boldsymbol{u}_e
\tag{7.76}
$$

其中 $\boldsymbol{K}_{1e}=(k_{ij})$，$k_{ij}=k_{ji}$，且

$$
k_{ij} = \int_e \tau\left[\left(\frac{\partial N_i}{\partial \xi}\frac{\partial \xi}{\partial y}\right)\left(\frac{\partial N_j}{\partial \xi}\frac{\partial \xi}{\partial y}\right)+\left(\frac{\partial N_i}{\partial \eta}\frac{\partial \eta}{\partial z}\right)\left(\frac{\partial N_j}{\partial \eta}\frac{\partial \eta}{\partial z}\right)\right]\frac{ab}{4}\mathrm{d}\xi\mathrm{d}\eta
$$

$$= \int_{-1}^{1} \int_{-1}^{1} \tau \frac{\partial N_i}{\partial \xi} \frac{\partial N_j}{\partial \xi} \frac{b}{a} \mathrm{d}\xi \mathrm{d}\eta + \int_{-1}^{1} \int_{-1}^{1} \tau \frac{\partial N_i}{\partial \eta} \frac{\partial N_j}{\partial \eta} \frac{a}{b} \mathrm{d}\xi \mathrm{d}\eta$$

于是有

$$K_{1e} = \frac{\tau}{90} \frac{b}{a} \begin{bmatrix} 52 & & & & & & & \\ 17 & 52 & & & & & & \\ 23 & 28 & 52 & 对 & & & & \\ 28 & 23 & 17 & 52 & & & & \\ 6 & 6 & -6 & -6 & 48 & & & \\ -40 & -80 & -80 & -40 & 0 & 160 & 称 & \\ -6 & -6 & 6 & 6 & -48 & 0 & 48 & \\ -80 & -40 & -40 & -80 & 0 & 80 & 0 & 160 \end{bmatrix} +$$

$$\frac{\tau}{90} \frac{a}{b} \begin{bmatrix} 52 & & & & & & & \\ 28 & 52 & & & & & & \\ 23 & 17 & 52 & 对 & & & & \\ 17 & 23 & 28 & 52 & & & & \\ -80 & -80 & -40 & -40 & 160 & & & \\ -6 & 6 & 6 & -6 & 0 & 48 & 称 & \\ -40 & -40 & -80 & -80 & 80 & 0 & 160 & \\ 6 & -6 & -6 & 6 & 0 & -48 & 0 & 48 \end{bmatrix}$$

式(7.69)的第二项积分为

$$\int_e \frac{1}{2} \lambda u^2 \mathrm{d}\Omega = \int_e \frac{1}{2} \lambda u^2 \mathrm{d}y\mathrm{d}z = \frac{1}{2} \boldsymbol{u}_e^{\mathrm{T}} (k_{ij}) \boldsymbol{u}_e = \frac{1}{2} \boldsymbol{u}_e^{\mathrm{T}} \boldsymbol{K}_{2e} \boldsymbol{u}_e \qquad (7.77)$$

其中$\boldsymbol{K}_{2e} = (k_{ij})$，$k_{ij} = k_{ji}$，且

$$k_{ij} = \int_e \lambda N_i N_j \frac{ab}{4} \mathrm{d}\xi \mathrm{d}\eta = \lambda \int_{-1}^{1} \int_{-1}^{1} N_i N_j \frac{ab}{4} \mathrm{d}\xi \mathrm{d}\eta$$

于是有

$$\boldsymbol{K}_{2e} = \frac{\lambda ab}{180} \begin{bmatrix} 6 & & & & & & & \\ 2 & 6 & & & & & & \\ 3 & 2 & 6 & 对 & & & & \\ 2 & 3 & 2 & 6 & & & & \\ -6 & -6 & -8 & -8 & 32 & & & \\ -8 & -6 & -6 & -8 & 20 & 32 & 称 & \\ -8 & -8 & -6 & -6 & 16 & 20 & 32 & \\ -6 & -8 & -8 & -6 & 20 & 16 & 20 & 32 \end{bmatrix}$$

式(7.69)右侧最后一项积分只对下边界 CD 进行线积分。假设单元的 $\overline{152}$ 边落在下边界上，则有

$$\int_{\overline{152}} \frac{1}{2} \tau k u^2 \mathrm{d}\Gamma = \frac{1}{2} \boldsymbol{u}_e^{\mathrm{T}} (k_{ij}) \boldsymbol{u}_e = \frac{1}{2} \boldsymbol{u}_e^{\mathrm{T}} \boldsymbol{K}_{3e} \boldsymbol{u}_e \qquad (7.78)$$

其中$\boldsymbol{K}_{3e} = (k_{ij})$，$k_{ij} = k_{ji}$，且有

$$K_{3e} = \frac{\tau k b}{30} \begin{bmatrix} 4 & & & & & & & \\ -1 & 4 & & & & & & \\ 0 & 0 & 0 & 对 & & & & \\ 0 & 0 & 0 & 0 & & & & \\ 2 & 2 & 0 & 0 & 16 & & & \\ 0 & 0 & 0 & 0 & 0 & 0 & 称 & \\ 0 & 0 & 0 & 0 & 0 & 0 & 0 & \\ 0 & 0 & 0 & 0 & 0 & 0 & 0 & 0 \end{bmatrix}$$

总体系数矩阵的合成、求变分、解线性方程组,均与矩形单元双线性插值完全相同,不再赘述。

7.3.3　大地电磁响应计算

计算出各节点的 u 值后,再利用数值方法求出场值沿垂向的偏导数 $\dfrac{\partial u}{\partial z}$,它相当于 $\dfrac{\partial E_x}{\partial z}$ 或 $\dfrac{\partial H_x}{\partial z}$,代入以下两式便可计算视电阻率和阻抗相位。

对于 TE 极化模式,有

$$\begin{cases} Z_{TE} = E_x \Big/ \left(\dfrac{1}{i \omega \mu} \dfrac{\partial E_x}{\partial z} \right) \\[2mm] \rho_a^{TE} = \dfrac{1}{\omega \mu} |Z_{TE}|^2 \\[2mm] \varphi^{TE} = \arctan \dfrac{\mathrm{Im}(Z_{TE})}{\mathrm{Re}(Z_{TE})} \end{cases} \tag{7.79}$$

对于 TM 极化模式,有

$$\begin{cases} Z_{TM} = -\dfrac{1}{\sigma} \dfrac{\partial H_x}{\partial z} \Big/ H_x \\[2mm] \rho_a^{TM} = \dfrac{1}{\omega \mu} |Z_{TM}|^2 \\[2mm] \varphi^{TM} = \arctan \dfrac{\mathrm{Im}(Z_{TM})}{\mathrm{Re}(Z_{TM})} \end{cases} \tag{7.80}$$

同样,为了提高视电阻率的计算精度,取近地表的 4 个等距节点的电场值或磁场值,按式(7.53)来计算偏导数。

7.3.4　程序设计

根据上一节推导的正演算法,下面给出有限单元法计算二维模型大地电磁响应的 Matlab 程序代码。

1. 矩形单元双线性插值

利用矩形单元双线性插值的有限单元法计算过程中,设计的单元编号和节点编号的次序如图 7.9 所示。

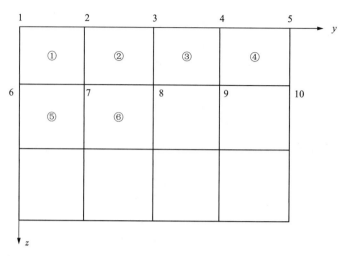

图 7.9　矩形单元双线性插值的单元编号与节点编号示意图

（1）TM 极化模式

function［Hx,rho_a,phase］=MT2DTM_FEM_lin(DY,DZ,rho,fre)

% 输入参数

% DY：横向单元长度

% DZ：纵向单元长度

% rho：电阻率(电导率的倒数)

% fre：频率

% 输出参数

% Hx：磁场

% rho_a:视电阻率

% phase:阻抗相位

mu=4e-7*pi;

NY=length(DY);

NZ=length(DZ);

NE=NY*NZ;

NP=(NY+1)*(NZ+1);

%存放单元节点编号

for IZ=1:NZ

　　for IY=1:NY

　　　　N=(IZ-1)*NY+IY;

　　　　N1=(IZ-1)*(NY+1)+IY;

　　　　ME(1,N)=N1;

　　　　ME(2,N)=N1+NY+1;

```
              ME(3,N)=N1+NY+2;
              ME(4,N)=N1+1;
        end
    end
end
%网格单元的长、宽
for i=1:NZ
    A(1+(i-1)*NY:NY+(i-1)*NY)=DY;
    B(1+(i-1)*NY:NY+(i-1)*NY)=DZ(i);
end
for nf=1:size(fre,2)
    K1=sparse(NP,NP);K2=sparse(NP,NP);K3=sparse(NP,NP);P =sparse(NP,1);
    %生成 K1 矩阵
    for h=1:NE
        BA=B(h)/A(h)/6;
        AB=A(h)/B(h)/6;
        K=BA*[2 1 -1 -2;1 2 -2 -1;-1 -2 2 1;-2 -1 1 2]...
            +AB*[2 -2 -1 1;-2 2 1 -1;-1 1 2 -2;1 -1 -2 2];
        for j=1:4
            NJ=ME(j,h);
            for k=1:4
                NK=ME(k,h);
                K1(NJ,NK)=K1(NJ,NK)+K(j,k)*rho(h);
            end
        end
    end
    %生成 K2 矩阵
    omega=2*pi*fre(nf);
    m=sqrt(-1)*omega*mu;
    for h=1:NE
        K=[4 2 1 2;2 4 2 1;1 2 4 2;2 1 2 4];
        for j=1:4
            NJ=ME(j,h);
            for k=1:4
                NK=ME(k,h);
                K2(NJ,NK)=K2(NJ,NK)+K(j,k)*m*A(h)*B(h)/36;
            end
        end
    end
    %生成 K3 矩阵
```

```
    for h1=NE- NY+1:NE
        i=ME(2,h1);j=ME(3,h1);k=ME(4,h1);s=ME(1,h1);
        kn=sqrt(- m*rho(h1));
        b=kn*A(h1)/6;
        Kii=2*b;
        K3(i,i)=K3(i,i)+Kii;
        K3(j,j)=K3(j,j)+Kii;
        Kij=b;
        K3(i,j)=K3(i,j)+Kij;
        K3(j,i)=K3(j,i)+Kij;
    end
    %生成总体系数矩阵
    v=sparse(K1- K2+K3);
    %上边界条件
    for i=1:NY+1
        v(i,i)=v(i,i)*10^10;
        P(i)=v(i,i)*1;
    end
    %线形方程组求解
    Hx(:,nf)=v\P;
    %计算视电阻率和阻抗相位
    vect=1:NY+1; %地表节点
    for i=1:size(vect,2)
        u1(i,nf)=Hx(vect(i),nf);
        u2(i,nf)=Hx(vect(i)+1*(NY+1),nf);
        u3(i,nf)=Hx(vect(i)+2*(NY+1),nf);
        u4(i,nf)=Hx(vect(i)+3*(NY+1),nf);
        ux(i,nf)=(- 11*u1(i,nf)+18*u2(i,nf)- 9*u3(i,nf)+2*u4(i,nf))/(2*3*DZ(1));
        Z(i,nf)=- (rho(i)*ux(i,nf))/Hx(vect(i),nf);
        if(i==NY+1)
            Z(i,nf)=- (rho(i- 1)*ux(i,nf))/Hx(vect(i),nf);
        end
        rho_a(i,nf)=(abs(Z(i,nf)))^2/(omega*mu);            %视电阻率
        phase(i,nf)=- atan(imag(Z(i,nf))/real(Z(i,nf)))*180/pi; %阻抗相位
    end
end
```

（2）TE 极化模式

```
function [ Ex,rho_a,phase]=MT2DTE_FEM_lin(DY,DZA,DZB,rho,fre)
% 输入参数
```

```
%  DZ：横向单元长度
%  DZA：空气层纵向单元长度
%  DZB：地下介质纵向单元长度
%  rho：电阻率(电导率的倒数)
%  fre：频率
%  输出参数
%  Ex：电场
%  rho_a：视电阻率
%  phase：阻抗相位
mu=(4e-7)*pi;
DZ=[DZA DZB];
NY=length(DY);
NZ=length(DZ);
NZA=length(DZA);
NP=(NY+1)*(NZ+1);
NE=NY*NZ;
%存放单元节点编号
for IZ=1:NZ
    for IY=1:NY
        N=(IZ-1)*NY+IY;
        N1=(IZ-1)*(NY+1)+IY;
        ME(1,N)=N1;
        ME(2,N)=N1+NY+1;
        ME(3,N)=N1+NY+2;
        ME(4,N)=N1+1;
    end
end
%网格单元的长与宽
for i=1:NZ
    A(1+(i-1)*NY:NY+(i-1)*NY)=DY;
    B(1+(i-1)*NY:NY+(i-1)*NY)=DZ(i);
end
for nf=1:size(fre,2)
    K1=sparse(NP,NP);
    K2=sparse(NP,NP);
    K3=sparse(NP,NP);
    P =sparse(NP,1);
    omega=2*pi*fre(nf);
    m=1/(sqrt(-1)*omega*mu);
```

```
%生成 K1 矩阵
for h=1:NE
    BA=B(h)/A(h)/6;
    AB=A(h)/B(h)/6;
    K=BA*[2 1 -1 -2;1 2 -2 -1;-1 -2 2 1;-2 -1 1 2]...
        +AB*[2 -2 -1 1;-2 2 1 -1;-1 1 2 -2;1 -1 -2 2];
    for j=1:4
        NJ=ME(j,h);
        for k=1:4
            NK=ME(k,h);
            K1(NJ,NK)=K1(NJ,NK)+K(j,k)*m;
        end
    end
end
%生成 K2 矩阵
for h=1:NE
    K=[4 2 1 2;2 4 2 1;1 2 4 2;2 1 2 4];
    for j=1:4
        NJ=ME(j,h);
        for k=1:4
            NK=ME(k,h);
            K2(NJ,NK)=K2(NJ,NK)+K(j,k)*A(h)*B(h)/(rho(h)*36);
        end
    end
end
%生成 K3 矩阵
for h1=NE-NY+1:NE
    i=ME(2,h1);j=ME(3,h1);k=ME(4,h1);s=ME(1,h1);
    kn=-sqrt(-1/(sqrt(-1)*omega*mu*rho(h1)));
    b=kn*A(h1)/6;
    Kii=2*b;
    K3(i,i)=K3(i,i)+Kii;
    K3(j,j)=K3(j,j)+Kii;
    Kij=b;
    K3(i,j)=K3(i,j)+Kij;
    K3(j,i)=K3(j,i)+Kij;
end
%生成总体系数矩阵
v=sparse(K1-K2+K3);
```

```
%上边界条件
for i=1:NY+1
        v(i,i)=v(i,i)*10^10;
        P(i)=v(i,i)*1;
end
%线形方程组求解
Ex(:,nf)=v\P;
%计算视电阻率和阻抗相位
vect=NZA*(NY+1)+1:(NZA+1)*(NY+1); %地表节点
for i=1:size(vect,2)
        u1(i,nf)=Ex(vect(i),nf);
        u2(i,nf)=Ex(vect(i)+1*(NY+1),nf);
        u3(i,nf)=Ex(vect(i)+2*(NY+1),nf);
        u4(i,nf)=Ex(vect(i)+3*(NY+1),nf);
        ux(i,nf)=(-11*u1(i,nf)+18*u2(i,nf)-9*u3(i,nf)+2*u4(i,nf))/(2*3*DZB(1));
        z(i,nf)=(sqrt(-1)*omega*mu)*(Ex(vect(i),nf)/ux(i,nf));
        rho_a(i,nf)=abs(z(i,nf))^2/(omega*mu);   %视电阻率
        phase(i,nf)=-atan(imag(z(i,nf))/real(z(i,nf)))*180/pi; %阻抗相位
    end
end
```

2. 矩形单元双二次插值

利用矩形单元双二次插值的有限单元法计算过程中, 设计的单元编号和节点编号次序如图 7.10 所示。

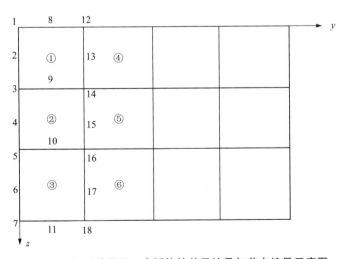

图 7.10　矩形单元双二次插值的单元编号与节点编号示意图

（1）TM 极化模式

```
function [Hx,rho_a,phase]=MT2DTM_FEM_qua(DY,DZ,rho,fre)
% 输入参数
% DY：横向单元长度
% DZ：纵向单元长度
% rho：电阻率(电导率的倒数)
% fre：频率
% 输出参数
% Hx：磁场
% rho_a:视电阻率
% phase:阻抗相位
mu=4e-7*pi;
NY=length(DY);
NZ=length(DZ);
NE=NY*NZ;
NP=3*NY*NZ+2*NY+2*NZ+1;
%存放单元节点编号
for IY=1:NY
    for IZ=1:NZ
        N=(IY-1)*NZ+IZ;
        N1=(IY-1)*(3*NZ+2)+2*IZ-1;
        ME(1,N)=N1;
        ME(2,N)=N1+2;
        ME(3,N)=ME(2,N)+3*NZ+2;
        ME(4,N)=N1+3*NZ+2;
        ME(5,N)=N1+1;
        ME(6,N)=ME(2,N)+2*NZ-IZ+1;
        ME(7,N)=ME(5,N)+3*NZ+2;
        ME(8,N)=ME(6,N)-1;
    end
end
%网格单元的长与宽
for i=1:NY
    A(1+(i-1)*NZ:NZ+(i-1)*NZ)=DY(i);  %网格单元的长度
    B(1+(i-1)*NZ:NZ+(i-1)*NZ)=DZ;
end
for nf=1:size(fre,2)
    K1=sparse(NP,NP);
    K2=sparse(NP,NP);
```

```
K3 = sparse(NP,NP);
P  = sparse(NP,1);
omega = 2*pi*fre(nf);
m = sqrt(- 1)*omega*mu;
```

% 生成 K1 矩阵

```
for h=1:NE
    BA = B(h)/A(h)/90;
    AB = A(h)/B(h)/90;
    K = BA*[ 52  17  23  28   6  -40  -6  -80;...
            17  52  28  23   6  -80  -6  -40;...
            23  28  52  17  -6  -80   6  -40;...
            28  23  17  52  -6  -40   6  -80;...
             6   6  -6  -6  48    0  -48    0;...
           -40 -80 -80 -40   0  160    0   80;...
            -6  -6   6   6 -48    0   48    0;...
           -80 -40 -40 -80   0   80    0  160]...
       +AB*[ 52  28  23  17 -80   -6  -40    6;...
            28  52  17  23 -80    6  -40   -6;...
            23  17  52  28 -40    6  -80   -6;...
            17  23  28  52 -40   -6  -80    6;...
           -80 -80 -40 -40 160    0   80    0;...
            -6   6   6  -6   0   48    0  -48;...
           -40 -40 -80 -80  80    0  160    0;...
             6  -6  -6   6   0  -48    0   48];
        for j=1:8
            NJ=ME(j,h);
            for k=1:8
                NK=ME(k,h);
                K1(NJ,NK)=K1(NJ,NK)+K(j,k)*rho(h);
            end
        end
end
```

% 生成 K2 矩阵

```
for h=1:NE
    K = [ 6  2  3  2  -6  -8  -8  -6;...
          2  6  2  3  -6  -6  -8  -8;...
          3  2  6  2  -8  -6  -6  -8;...
          2  3  2  6  -8  -8  -6  -6;...
         -6 -6 -8 -8  32  20  16  20;...
```

```
        - 8 - 6 - 6 - 8 20 32 20 16;...
        - 8 - 8 - 6 - 6 16 20 32 20;...
        - 6 - 8 - 8 - 6 20 16 20 32 ];
    for j = 1:8
        NJ = ME(j,h);
        for k = 1:8
            NK = ME(k,h);
            K2(NJ,NK) = K2(NJ,NK)+K(j,k)*m*A(h)*B(h)/180;
        end
    end
end
%生成 K3 矩阵
for h1 = NZ:NZ:NE
    i = ME(2,h1);j = ME(3,h1);k = ME(4,h1);s = ME(1,h1);
    a = ME(6,h1);b = ME(7,h1);c = ME(8,h1);d = ME(5,h1);
    kn = sqrt(- m*rho(h1));
    mk = kn*A(h1)/30;
    Kjj = 4*mk;
    K3(j,j) = K3(j,j)+Kjj;
    K3(i,i) = K3(i,i)+Kjj;
    Kji = - 1*mk;
    K3(j,i) = K3(j,i)+Kji;
    K3(i,j) = K3(i,j)+Kji;
    Kai = 2*mk;
    K3(a,i) = K3(a,i)+Kai;
    K3(i,a) = K3(i,a)+Kai;
    K3(a,j) = K3(a,j)+Kai;
    K3(j,a) = K3(j,a)+Kai;
    Kaa = 16*mk;
    K3(a,a) = K3(a,a)+Kaa;
end
%生成总体系数矩阵
v = sparse(K1- K2+K3);
%上边界条件
for i = 1:NY+1
    j = 1+(i- 1)*(3*NZ+2);
    v(j,j) = v(j,j)*10^10;
    P(j) = v(j,j)*1;
end
```

```
    for i=1:NY
        j=2*NZ+2+(i- 1)*(3*NZ+2);
        v(j,j)=v(j,j)*10^10;
        P(j)=v(j,j)*1;
    end
    %线形方程组求解
    Hx(:,nf)=v\P;
    %计算视电阻率和阻抗相位
    h=1:NZ:NE- NZ+1;
    for i=1:size(h,2)
        % i=ME(1,h);
        u1(i,nf)=Hx(ME(1,h(i)),nf);
        u2(i,nf)=Hx(ME(1,h(i))+1,nf);
        u3(i,nf)=Hx(ME(1,h(i))+2,nf);
        u4(i,nf)=Hx(ME(1,h(i))+3,nf);
        ux(i,nf)=(- 11*u1(i,nf)+18*u2(i,nf)- 9*u3(i,nf)+2*u4(i,nf))/(3*DZ(1));
        Z(i,nf)=- (rho(h(i))*ux(i,nf))/u1(i,nf);
        rho_a(i,nf)=(abs(Z(i,nf)))^2/(omega*mu);        % 视电阻率
        phase(i,nf)=- atan(imag(Z(i,nf))/real(Z(i,nf)))*180/pi; % 阻抗相位
    end
end
```

（2）TE 极化模式

```
function [ Ex,rho_a,phase]=MT2DTE_FEM_qua(DY,DZA,DZB,rho,fre)
% 输入参数
% DZ： 横向单元长度
% DZA：空气层纵向单元长度
% DZB：地下介质纵向单元长度
% rho：电阻率(电导率的倒数)
% fre：频率
% 输出参数
% Ex：电场
% rho_a:视电阻率
% phase:阻抗相位
mu=(4e- 7)*pi;
DZ=[ DZA DZB];
NY=length(DY);
NZ=length(DZ);
NZA=length(DZA);
NZB=length(DZB);
```

```
NE=NY*NZ;
NP=3*NY*NZ+2*NY+2*NZ+1;
%存放单元节点编号
for IY=1:NY
    for IZ=1:NZ
        N=(IY-1)*NZ+IZ;
        N1=(IY-1)*(3*NZ+2)+2*IZ-1;
        ME(1,N)=N1;
        ME(2,N)=N1+2;
        ME(3,N)=ME(2,N)+3*NZ+2;
        ME(4,N)=N1+3*NZ+2;
        ME(5,N)=N1+1;
        ME(6,N)=ME(2,N)+2*NZ-IZ+1;
        ME(7,N)=ME(5,N)+3*NZ+2;
        ME(8,N)=ME(6,N)-1;
    end
end
%网格单元的长与宽
for i=1:NY
    A(1+(i-1)*NZ:NZ+(i-1)*NZ)=DY(i);
    B(1+(i-1)*NZ:NZ+(i-1)*NZ)=DZ;
end
for nf=1:size(fre,2)
    K1=sparse(NP,NP);
    K2=sparse(NP,NP);
    K3=sparse(NP,NP);
    P =sparse(NP,1);
    %生成 K1 矩阵
    for h=1:NE
        omega=2*pi*fre(nf);
        m=1/(sqrt(-1)*omega*mu);
        BA=B(h)/A(h)/90;
        AB=A(h)/B(h)/90;
        K=BA*[ 52  17  23  28   6  -40  -6  -80;...
               17  52  28  23   6  -80  -6  -40;...
               23  28  52  17  -6  -80   6  -40;...
               28  23  17  52  -6  -40   6  -80;...
                6   6  -6  -6  48    0  48    0;...
              -40 -80 -80 -40   0  160   0   80;...
```

$$
\begin{aligned}
&-6 \quad -6 \quad 6 \quad 6 \quad -48 \quad 0 \quad 48 \quad 0;\dots\\
&-80 \quad -40 \quad -40 \quad -80 \quad 0 \quad 80 \quad 0 \quad 160]\dots
\end{aligned}
$$

$$
\begin{aligned}
+AB*[\ &52 \quad 28 \quad 23 \quad 17 \quad -80 \quad -6 \quad -40 \quad 6;\dots\\
&28 \quad 52 \quad 17 \quad 23 \quad -80 \quad 6 \quad -40 \quad -6;\dots\\
&23 \quad 17 \quad 52 \quad 28 \quad -40 \quad 6 \quad -80 \quad -6;\dots\\
&17 \quad 23 \quad 28 \quad 52 \quad -40 \quad -6 \quad -80 \quad 6;\dots\\
&-80 \quad -80 \quad -40 \quad -40 \quad 160 \quad 0 \quad 80 \quad 0;\dots\\
&-6 \quad 6 \quad 6 \quad -6 \quad 0 \quad 48 \quad 0 \quad -48;\dots\\
&-40 \quad -40 \quad -80 \quad -80 \quad 80 \quad 0 \quad 160 \quad 0;\dots\\
&6 \quad -6 \quad -6 \quad 6 \quad 0 \quad -48 \quad 0 \quad 48];
\end{aligned}
$$

```
        for j=1:8
            NJ=ME(j,h);
            for k=1:8
                NK=ME(k,h);
                K1(NJ,NK)=K1(NJ,NK)+K(j,k)*m;
            end
        end
end
%生成 K2 矩阵
for h=1:NE
    mj=(1/rho(h))*A(h)*B(h)/180;
    K=[ 6  2  3  2 -6 -8 -8 -6;...
        2  6  2  3 -6 -6 -8 -8;...
        3  2  6  2 -8 -6 -6 -8;...
        2  3  2  6 -8 -8 -6 -6;...
       -6 -6 -8 -8 32 20 16 20;...
       -8 -6 -6 -8 20 32 20 16;...
       -8 -8 -6 -6 16 20 32 20;...
       -6 -8 -8 -6 20 16 20 32];
        for j=1:8
            NJ=ME(j,h);
            for k=1:8
                NK=ME(k,h);
                K2(NJ,NK)=K2(NJ,NK)+K(j,k)*mj;
            end
        end
end
%生成 K3 矩阵
for h1=NZ:NZ:NE
```

```
        i=ME(2,h1);j=ME(3,h1);k=ME(4,h1);s=ME(1,h1);
        a=ME(6,h1);b=ME(7,h1);c=ME(8,h1);d=ME(5,h1);
        kn=-sqrt(-1/(sqrt(-1)*omega*mu*rho(h1)));
        mk=kn*A(h1)/30;
        Kjj=4*mk;
        K3(j,j)=K3(j,j)+Kjj;
        K3(i,i)=K3(i,i)+Kjj;
        Kji=-1*mk;
        K3(j,i)=K3(j,i)+Kji;
        K3(i,j)=K3(i,j)+Kji;
        Kai=2*mk;
        K3(a,i)=K3(a,i)+Kai;
        K3(i,a)=K3(i,a)+Kai;
        K3(a,j)=K3(a,j)+Kai;
        K3(j,a)=K3(j,a)+Kai;
        Kaa=16*mk;
        K3(a,a)=K3(a,a)+Kaa;
    end
%生成总体系数矩阵
v=sparse(K1-K2+K3);
%上边界条件
for i=1:NY+1
    j=2*0+1+(i-1)*(3*NZ+2);
    v(j,j)=v(j,j)*10^10;
    P(j)=v(j,j)*1;
end
for i=1:NY
    j=2*NZ+1+0+1+(i-1)*(3*NZ+2);
    v(j,j)=v(j,j)*10^10;
    P(j)=v(j,j)*1;
end
%线形方程组求解
Ex(:,nf)=v\P;
%计算视电阻率和阻抗相位
h=NZA+1:NZ:NE-NZB+1;
for i=1:size(h,2)
    u1(i,nf)=Ex(ME(1,h(i)),nf);
    u2(i,nf)=Ex(ME(1,h(i))+1,nf);
    u3(i,nf)=Ex(ME(1,h(i))+2,nf);
```

u4(i,nf)＝Ex(ME(1,h(i))+3,nf);

ux(i,nf)＝(- 11*u1(i,nf)+18*u2(i,nf)- 9*u3(i,nf)+2*u4(i,nf))/(3*DZB(1));

Z(i,nf)＝(sqrt(- 1)*omega*mu)*u1(i,nf)/ux(i,nf);

rho_a(i,nf)＝(abs(Z(i,nf)))^2/(omega*mu);　　　% 视电阻率

phase(i,nf)＝- atan(imag(Z(i,nf))/real(Z(i,nf)))*180/pi; % 阻抗相位

　　end

end

7.3.5　正演结果验证

1. 均匀半空间模型

选取一个均匀半空间模型，电导率取为 0.1 S/m。采用有限单元法计算 TM 极化模式下的大地电磁响应，取计算区域的长度为 10 km，宽度为 2 km，横向和纵向剖分单元长度均取为 20 m。图 7.11 所示为 TM 极化模式下频率为 10 Hz 和 1 Hz 时模拟的磁场衰减变化情况，这与理论衰减规律一致，从而验证了有限元正演算法的正确性。

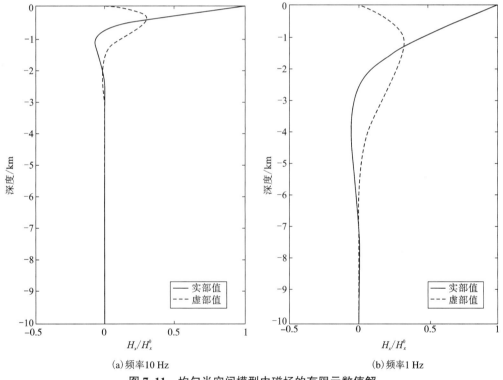

(a)频率10 Hz　　　　　　　　　　　　　　(b)频率1 Hz

图 7.11　均匀半空间模型中磁场的有限元数值解

2. 层状介质模型

选取二层 G 型地电模型，模型参数为 $\rho_1 = 100\ \Omega \cdot m$，$\rho_2 = 600\ \Omega \cdot m$，$h_1 = 1800\ m$。利用有限单元法双线性插值和双二次插值计算大地电磁响应，分别对 TE 极化模式和 TM 极化模式采用20×26(其中空气层 4 个单元)和20×22 的剖分单元，延伸的空气层为 10000 m，并将

计算结果分别与理论解析解作了对比(见图 7.12)。从图 7.12 可以看出：在 $10^{-3} \sim 10^4$ s 周期范围内，两种极化模式模拟所得的视电阻率和阻抗相位曲线与理论值曲线吻合得很好。

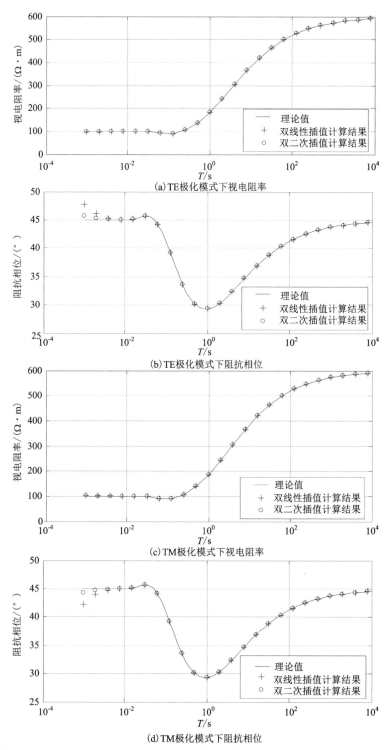

(a)TE极化模式下视电阻率

(b)TE极化模式下阻抗相位

(c)TM极化模式下视电阻率

(d)TM极化模式下阻抗相位

图 7.12　双二次插值和双线性插值计算结果与理论值对比

7.3.6　典型二维模型试算

利用有限单元法求解大地电磁测深二维正演问题，首先要对研究区域进行剖分，节点与单元遍及整个研究区域，将连续函数的求解化为节点上离散函数值的求解。因此，网格的大小及疏密，对函数值的计算会产生重要的影响。对于无穷远边界条件的近似处理方式加大了边界对计算结果的影响，测量点距离边界越近，边界的影响就会越大，误差也越大。这就要求尽可能远的边界才能得到比较满意的结果，也就势必要增加网格的数量，相应也就增加了计算机内存的需求量和计算时间。为了解决这一矛盾，我们将整个区域划分为两个区域：目标区域和网格外延区域，如图 7.13 所示，目标区域为地质体赋存区域，也是数据的采集区域，以均匀网格剖分，网格外延区域的网格步长按大于 1 的倍数递增，在保证计算精度的情况下，减少网格剖分数，节省计算时间。

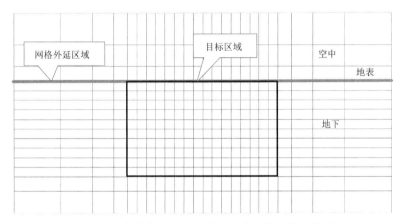

图 7.13　大地电磁测深二维正反演网格剖分示意图

典型二维模型的大地电磁响应试算过程中，选取的简单异常体模型如图 7.14 所示。模型参数为：均匀半空间（电阻率为 100 Ω·m）存在一个低阻异常体（电阻率为 10 Ω·m），异常体在水平方向上的位置为 3000 m 至 5000 m 之间，深度方向上的位置为 -1000 m 至 -3000 m 之间。正演模拟过程中，观测点数为 17 个（点距 500 m），采用的记录频点为 40 个。

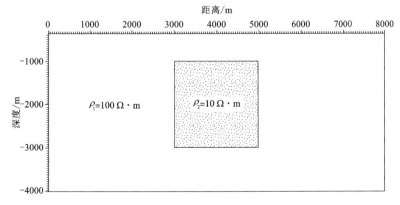

图 7.14　简单异常体模型

　　TM 极化模式下的大地电磁响应正演模拟过程中，采用 28×48 的网格剖分单元。图 7.15 给出了 TM 极化模式下简单异常体模型的矩形单元双线性插值有限元模拟结果（包括视电阻率和阻抗相位响应），从拟断面图可以定性判别出异常体的电阻率大小和分布位置，只是低阻异常体的视电阻率垂直向下无限延伸。

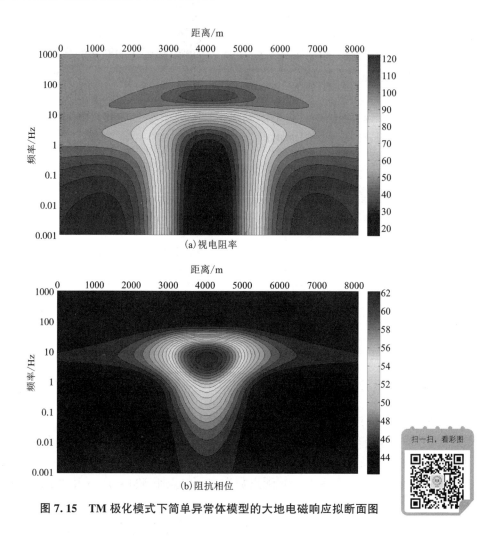

图 7.15　TM 极化模式下简单异常体模型的大地电磁响应拟断面图

　　TE 极化模式下的大地电磁响应正演模拟过程中，采用 28×56（其中空气层 8 个单元）的网格剖分单元，且延伸的空气层为 10000 m。图 7.16 给出了 TE 极化模式下简单异常体模型的矩形单元双线性插值有限元模拟结果（包括视电阻率和阻抗相位响应），从拟断面图也可以定性判别出异常体的电阻率大小和分布位置，只是低阻异常体的视电阻率横向延伸范围大。

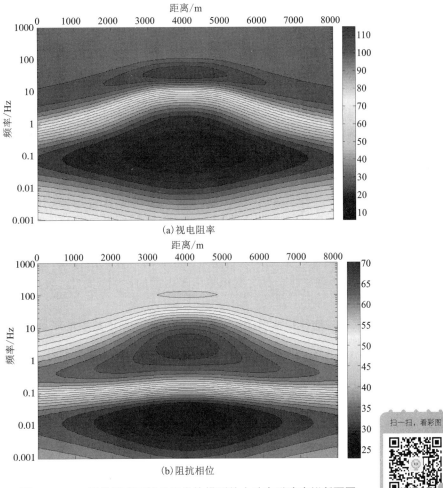

图 7.16 TE 极化模式下简单异常体模型的大地电磁响应拟断面图

第8章 地温场有限单元法正演计算

了解和掌握地壳内部温度场的分布、热流值的变化和地温梯度的变化，不仅对地热理论研究有重要价值，而且对地热能的开发和利用也有重要意义。地壳内部温度场的分布受诸多因素的制约，地球深部热量不断向地表传导是形成地温场的决定因素。地壳内部各种岩石的热物理参数的差异，影响着地温场的分布形态。地壳浅部地下水分布很广，地下水易流动，且有大的热容量，地下水的运动形成热对流，这是影响地温场分布的另一个因素。在地壳中，岩浆侵入形成局部的高温异常，并与围岩进行热交换，构成非稳定的温度分布。地层中的反射性元素是构成热源的主要因素。此外，地温场的分布还受到区域构造形态、地形起伏、沉积与侵蚀作用，以及地表温度变化等诸多因素的影响，因此，模拟地温场的分布是一项复杂的计算工作。

本章利用有限单元法模拟地温场，详细推导常系数与变系数地温场方程的有限元算法，并编写 Matlab 计算程序。

8.1 常系数与变系数地温场方程

一维地温场偏微分方程可以表示为(Gerya, 2009)：

$$\rho c_{\mathrm{p}} \frac{\partial T}{\partial t} = \frac{\partial}{\partial x}\left(k \frac{\partial T}{\partial x}\right) \tag{8.1}$$

式中：ρ 是介质密度，$\mathrm{kg/m^3}$；c_{p} 是比热容，$\mathrm{J/(kg \cdot K)}$；k 是热导率，$\mathrm{W/(m \cdot K)}$；T 为温度，K。这是一维变系数地温场方程。

若介质的热导率为一常数，式(8.1)可写成

$$\rho c_{\mathrm{p}} \frac{\partial T}{\partial t} = k \frac{\partial^2 T}{\partial x^2} \tag{8.2}$$

这是一维常系数地温场方程。

同样，我们可得二维常系数与变系数地温场方程：

$$\rho c_{\mathrm{p}} \frac{\partial T}{\partial t} = k\left(\frac{\partial^2 T}{\partial x^2} + \frac{\partial^2 T}{\partial y^2}\right) \tag{8.3}$$

$$\rho c_{\mathrm{p}} \frac{\partial T}{\partial t} = \frac{\partial}{\partial x}\left(k \frac{\partial T}{\partial x}\right) + \frac{\partial}{\partial y}\left(k \frac{\partial T}{\partial y}\right) \tag{8.4}$$

8.2　一维地温场方程的有限单元法

8.2.1　一维变系数方程的显式数值解

对式(8.1)中的每一项乘以 δT，并积分，有

$$\int_\Omega \frac{\partial}{\partial x}\left(k\frac{\partial T}{\partial x}\right)\delta T \mathrm{d}\Omega - \int_\Omega \rho c_\mathrm{p}\frac{\partial T}{\partial t}\delta T \mathrm{d}\Omega = 0 \tag{8.5}$$

若边界条件为第一类边界，对上式第一项进行积分变换可得

$$\begin{aligned}
\int_\Omega \frac{\partial}{\partial x}\left(k\frac{\partial T}{\partial x}\right)\delta T \mathrm{d}\Omega &= \int_\Omega k\nabla\cdot(\nabla T\delta T)\mathrm{d}\Omega - \int_\Omega k\nabla T\cdot\nabla\delta T \mathrm{d}\Omega \\
&= \int_\Gamma k\frac{\partial T}{\partial n}\delta T \mathrm{d}\Gamma - \int_\Omega k\nabla T\cdot\nabla\delta T \mathrm{d}\Omega \\
&= -\int_\Omega k\nabla T\cdot\nabla\delta T \mathrm{d}\Omega
\end{aligned} \tag{8.6}$$

于是，式(8.5)可改写为

$$\int_\Omega k\nabla T\cdot\nabla\delta T \mathrm{d}\Omega + \int_\Omega \rho c_\mathrm{p}\frac{\partial T}{\partial t}\delta T \mathrm{d}\Omega = 0 \tag{8.7}$$

采用有限单元法进行计算，将空间变量区域剖分为有限个小单元 e，在单元 e 上，对式(8.7)进行空间变量积分，然后对各单元求和。采用线性插值方式，其构造的线性插值函数为

$$N_i = 1 - \frac{x}{\Delta x},\ N_j = \frac{x}{\Delta x}$$

单元 e 上的温度 T 可用插值函数表示

$$T = \boldsymbol{N}^\mathrm{T}\boldsymbol{T}_e$$

单元积分 1：

$$\int_e k\nabla T\cdot\nabla\delta T \mathrm{d}\Omega = \delta\boldsymbol{T}_e^\mathrm{T}\int_e k\left(\frac{\partial\boldsymbol{N}}{\partial x}\right)\left(\frac{\partial\boldsymbol{N}}{\partial x}\right)^\mathrm{T}\mathrm{d}x\boldsymbol{T}_e = \delta\boldsymbol{T}_e^\mathrm{T}\boldsymbol{K}_e\boldsymbol{T}_e \tag{8.8}$$

其中，

$$\boldsymbol{K}_e = k\int_0^{\Delta x}\begin{pmatrix} \dfrac{\partial N_i}{\partial x}\dfrac{\partial N_i}{\partial x} & \dfrac{\partial N_i}{\partial x}\dfrac{\partial N_j}{\partial x} \\[2mm] \dfrac{\partial N_j}{\partial x}\dfrac{\partial N_i}{\partial x} & \dfrac{\partial N_j}{\partial x}\dfrac{\partial N_j}{\partial x} \end{pmatrix}\mathrm{d}x = k\begin{pmatrix} \dfrac{1}{\Delta x} & -\dfrac{1}{\Delta x} \\[2mm] -\dfrac{1}{\Delta x} & \dfrac{1}{\Delta x} \end{pmatrix} \tag{8.9}$$

单元积分 2：

$$\int_e \rho c_\mathrm{p}\frac{\partial T}{\partial t}\delta T \mathrm{d}\Omega = \delta\boldsymbol{T}_e^\mathrm{T}\left(\int_e \rho c_\mathrm{p}\cdot\boldsymbol{N}\boldsymbol{N}^\mathrm{T}\mathrm{d}x\right)\frac{\partial\boldsymbol{T}_e}{\partial t} = \delta\boldsymbol{T}_e^\mathrm{T}\boldsymbol{M}_e\frac{\partial\boldsymbol{T}_e}{\partial t} \tag{8.10}$$

其中，

$$\boldsymbol{M}_e = \rho c_\mathrm{p}\int_e \boldsymbol{N}\boldsymbol{N}^\mathrm{T}\mathrm{d}x = \rho c_\mathrm{p}\int_0^{\Delta x}\begin{pmatrix} N_iN_i & N_iN_j \\ N_jN_i & N_jN_j \end{pmatrix}\mathrm{d}x = \rho c_\mathrm{p}\begin{pmatrix} \dfrac{\Delta x}{3} & \dfrac{\Delta x}{6} \\[2mm] \dfrac{\Delta x}{6} & \dfrac{\Delta x}{3} \end{pmatrix} \tag{8.11}$$

在单元 e 内，将式(8.8)和式(8.10)相加，并扩展成由全体节点组成的矩阵或列阵，然后将各单元相加，得

$$\int_e k\nabla T \cdot \nabla \delta T \mathrm{d}x + \int_e \rho c_\mathrm{p} \frac{\partial T}{\partial t}\delta T \mathrm{d}x = \sum\left(\delta T_e^\mathrm{T} K_e T_e + \delta T_e^\mathrm{T} M_e \frac{\partial T_e}{\partial t}\right)$$

$$= \sum\left(\delta T^\mathrm{T} \overline{M}_e \frac{\partial T}{\partial t} + \delta T^\mathrm{T} \overline{K}_e T_e\right)$$

$$= \delta T^\mathrm{T} \sum\overline{M}_e \frac{\partial T}{\partial t} + \delta T^\mathrm{T} \sum\overline{K}_e T$$

$$= \delta T^\mathrm{T} M \frac{\partial T}{\partial t} + \delta T^\mathrm{T} KT = 0 \tag{8.12}$$

从式(8.12)中消去 δT^T，得

$$M \frac{\partial}{\partial t}T + KT = 0 \tag{8.13}$$

对于非稳定温度场，求解 T 时，需要对 $\dfrac{\partial T}{\partial t}$ 进行向后差分近似处理，式(8.13)可以改写为

$$M \frac{T^{n+1}-T^n}{\Delta t} + K\left[\theta T^{n+1} + (1-\theta)T^n\right] = 0 \tag{8.14}$$

其中 $0 \leqslant \theta \leqslant 1$。

若式(8.14)取 $\theta = 0$，则有

$$M \frac{T^{n+1}-T^n}{\Delta t} + KT^n = 0 \tag{8.15}$$

上式整理后，即得一维地温场的有限元显式格式：

$$\left(\frac{1}{\Delta t}M\right)T^{n+1} = \left(-K + \frac{1}{\Delta t}M\right)T^n \tag{8.16}$$

当 T^n 已知时，求解线性方程组(8.16)即可求出 T^{n+1}。因此，代入初始条件和边界条件，求解线性方程组即可得不同时刻各节点的温度分布。

下面，我们利用有限元显式格式计算一维模型的地温场分布。模型的介质密度 $\rho = 3000\ \mathrm{kg/m^3}$，比热容 $c_\mathrm{p} = 1000\ \mathrm{J/(kg \cdot K)}$，背景热导率 $k = 3\ \mathrm{W/(m \cdot K)}$，热源位置的热导率 $k = 10\ \mathrm{W/(m \cdot K)}$（$400 \sim 600\ \mathrm{km}$ 处），左、右边界均为第一类边界条件，且边界处的温度为 $1000\ \mathrm{K}$，同时初始温度设置如图8.1所示。有限单元法计算的空间变量剖分单元数取 $NE = 50$，网格间距 $\Delta x = 20000\ \mathrm{m}$，时间间隔 $\Delta t = 0.5\ \mathrm{Myr}$，满足稳定性条件。

有限单元法显式格式计算一维变系数地温场模型的 Matlab 脚本程序如下：

```
clear all;
% 模型参数
xsize=1000000;
NE=50;
NP=NE+1;
dx=xsize/(NP-1);
x=0:dx:xsize;
```

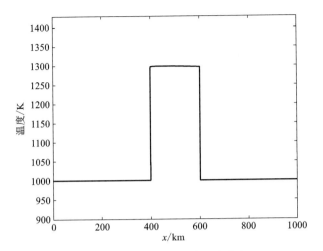

图 8.1 一维模型的初始温度分布

```
tnum=601;
cp=1000;
rho=3000;
rhocp=rho*cp;
% 模型热导率
k(1:NE)=3;
k(21:30)=10;
% 设置时间间隔,单位:Myr
dt=0.5*(1e+6*365.25*24*3600);
t=((1:tnum)-1)*dt;
% 设置初始温度分布
T_back=1000;
T_wave=1300;
T=zeros(NP,tnum);
% 初始条件
for i=1:NP
    T(i,1)=T_back;
    if(x(i)>=xsize*0.4&&x(i)<=xsize*0.6)
        T(i,1)=T_wave;
    end
end
K   = zeros(NP,NP);
M   = zeros(NP,NP);
% 存放单元节点编号
for i=1:NE
    ME(i,1) = i; ME(i,2) = i+1;
```

```
        end
    K_loc  = [1/dx  - 1/dx;  - 1/dx  1/dx];
    M_loc  = rhocp*[dx/3  dx/6;dx/6  dx/3];
    % 形成线性方程组
    for iel=1:NE
        for i=1:2
            ii= ME(iel,i);
            for j=1:2
                jj = ME(iel,j);
                K(ii,jj)= K(ii,jj)+k(iel)*K_loc(i,j);
                M(ii,jj)= M(ii,jj)+M_loc(i,j);
            end
        end
    end
    for i=2:length(t)
        K_total = 1/dt*M;
        P_total = (- K+1/dt*M)*T(:,i- 1);
        % 强加第一类边界条件
        K_total(1,:)=0;   K_total(1,1)=1;     P_total(1)=T_back;
        K_total(end,:)=0; K_total(end,end)=1; P_total(end) =T_back;
        % 线性方程组求解
        T(:,i) = K_total\P_total;
        % 图示计算结果
        plot(x/1000,T(:,i),'r');
        axis([0 xsize/1000 0.9*T_back 1.1*T_wave]);
        title(['显式解: t=',num2str((i- 1)*dt/(1e+6*365.25*24*3600)),'Myr']);
        xlabel('x(km)');
        ylabel('Temperature(K)');
        drawnow
        pause(0.1);
    end
```

利用上述一维有限元显式格式程序计算并图示 $t = 50$ Myr、100 Myr、150 Myr、200 Myr、250 Myr 和 300 Myr 时一维均匀模型的地温场分布，如图 8.2 所示。

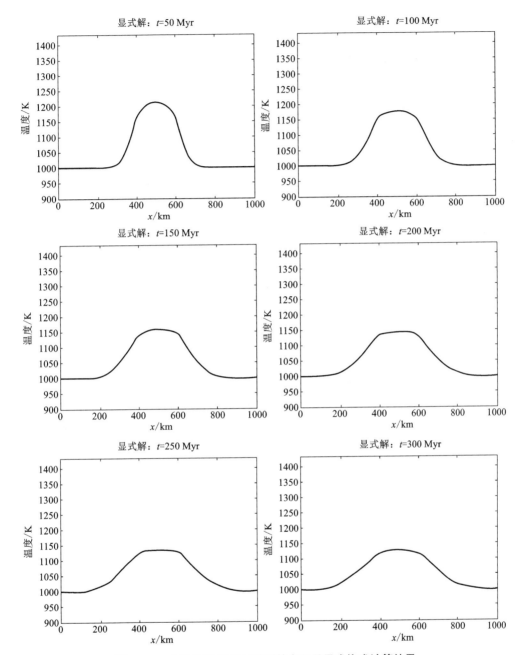

图 8.2　一维变系数地温场模型的有限元显式格式计算结果

8.2.2　一维变系数方程的隐式数值解

若式(8.14)取 $\theta=1$，则有

$$M\frac{T^{n+1}-T^{n}}{\Delta t}+KT^{n+1}=0 \qquad (8.17)$$

上式整理后,即得一维地温场的有限元隐式格式:

$$\left(\frac{1}{\Delta t}M + K\right)T^{n+1} = \frac{1}{\Delta t}MT^n \tag{8.18}$$

当 T^n 已知时,求解线性方程组(8.18)即可求出 T^{n+1}。因此,结合初始条件和边界条件,求解线性方程组即可得不同时刻各节点的温度分布。

下面,我们利用有限元隐式格式计算一维模型的地温场分布。模型的介质密度 $\rho = 3000\ kg/m^3$,比热容 $c_p = 1000\ J/(kg \cdot K)$,背景热导率 $k = 3\ W/(m \cdot K)$,热源位置的热导率 $k = 10\ W/(m \cdot K)$(400~600 km 处),左、右边界均为第一类边界条件,且边界处的温度为 1000 K,同时初始温度设置如图 8.1 所示。有限单元法计算的空间变量剖分单元数取 $NE = 50$,网格间距 $\Delta x = 20000\ m$,时间间隔 $\Delta t = 5\ Myr$,满足稳定性条件。

有限单元法隐式格式计算一维变系数地温场模型的 Matlab 脚本程序如下:

```
clear all;
% 模型参数
xsize = 1000000;
NE = 50;
NP = NE+1;
dx = xsize/(NP-1);
x = 0:dx:xsize;
tnum = 61;
cp = 1000;
rho = 3000;
rhocp = rho*cp;
% 模型热导率
k(1:NE) = 3;
k(21:30) = 10;
% 设置时间间隔,单位:Myr
dt = 5*(1e+6*365.25*24*3600);
t = ((1:tnum)-1)*dt;
% 设置初始温度分布
T_back = 1000;
T_wave = 1300;
T = zeros(NP,tnum);
% 初始条件
for i = 1:NP
    T(i,1) = T_back;
    if(x(i)>=xsize*0.4&&x(i)<=xsize*0.6)
        T(i,1) = T_wave;
    end
end
```

```
K   = zeros(NP,NP);
M   = zeros(NP,NP);
% 存放单元节点编号
for i=1:NE
    ME(i,1) = i; ME(i,2) = i+1;
end
K_loc = [1/dx - 1/dx; -1/dx  1/dx];
M_loc = rhocp*[dx/3 dx/6;dx/6 dx/3];
% 形成线性方程组
for iel=1:NE
    for i=1:2
        ii= ME(iel,i);
        for j=1:2
            jj = ME(iel,j);
            K(ii,jj)= K(ii,jj)+k(iel)*K_loc(i,j);
            M(ii,jj)= M(ii,jj)+M_loc(i,j);
        end
    end
end
for i=2:length(t)
    K_total = 1/dt*M+K;
    P_total = 1/dt*M*T(:,i-1);
    % 强加第一类边界条件
    K_total(1,:)=0;   K_total(1,1)=1;     P_total(1)=T_back;
    K_total(end,:)=0; K_total(end,end)=1; P_total(end) =T_back;
    % 线性方程组求解
    T(:,i) = K_total\P_total;
    % 图示计算结果
    plot(x/1000,T(:,i),'r');
    axis([0 xsize/1000 0.9*T_back 1.1*T_wave]);
    title(['隐式解: t=',num2str((i-1)*dt/(1e+6*365.25*24*3600)),'Myr']);
    xlabel('x(km)');
    ylabel('Temperature(K)');
    drawnow
    pause(0.1);
end
```

利用上述一维有限元隐式格式程序计算并图示 $t = 50$ Myr、100 Myr、150 Myr、200 Myr、250 Myr 和 300 Myr 时一维模型的地温场分布，如图 8.3 所示。

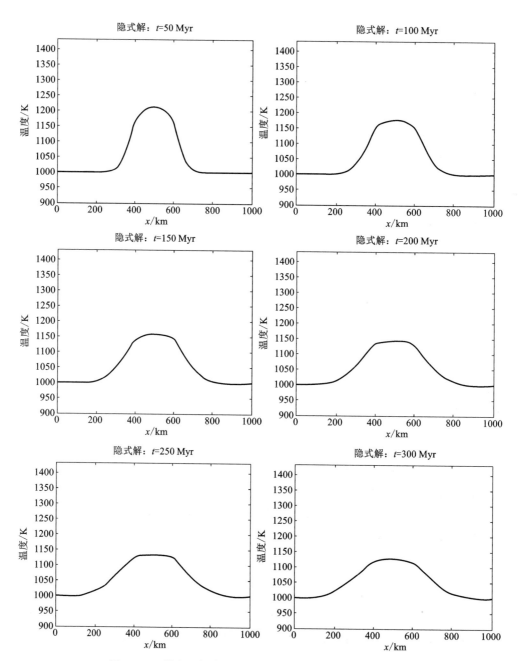

图8.3 一维变系数地温场模型的有限元隐式格式计算结果

8.3 二维地温场方程的有限单元法

8.3.1 二维变系数方程的显式数值解

对式(8.4)中的每一项乘以δT，并积分，再考虑第一类边界条件，则有

$$\int_{\Omega} k\nabla T \cdot \nabla\delta T\mathrm{d}\Omega + \int_{\Omega}\rho c_{\mathrm{p}}\frac{\partial T}{\partial t}\delta T\mathrm{d}\Omega = 0 \tag{8.19}$$

将空间区域Ω剖分为有限个矩形小单元e，在单元e上对式(8.19)进行积分，然后对各单元求和。矩形单元双线性插值是在每个单元上取4个点，单元节点编号及坐标如图8.4所示。

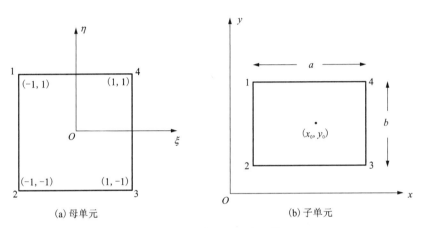

(a) 母单元　　　　　　　　(b) 子单元

图8.4　双线性插值四边形单元

图8.4(a)是母单元，图8.4(b)是子单元。两个单元间的坐标变换关系为

$$x = x_0 + \frac{a}{2}\xi, \quad y = y_0 + \frac{b}{2}\eta \tag{8.20}$$

其中(x_0, y_0)为子单元的中心点，a、b为子单元的两个边长。两个单元的微分关系为

$$\mathrm{d}x = \frac{a}{2}\mathrm{d}\xi, \quad \mathrm{d}y = \frac{b}{2}\mathrm{d}\eta, \quad \mathrm{d}x\mathrm{d}y = \frac{ab}{4}\mathrm{d}\xi\mathrm{d}\eta \tag{8.21}$$

构造的矩形单元双线性插值形函数可表示为

$$\begin{cases} N_1 = \dfrac{1}{4}(1-\xi)(1+\eta) \\[2mm] N_2 = \dfrac{1}{4}(1-\xi)(1-\eta) \\[2mm] N_3 = \dfrac{1}{4}(1+\xi)(1-\eta) \\[2mm] N_4 = \dfrac{1}{4}(1+\xi)(1+\eta) \end{cases} \tag{8.22}$$

单元积分 1：

$$\int_e k\nabla \boldsymbol{T}\cdot\nabla\delta \boldsymbol{T}\mathrm{d}\Omega=\delta \boldsymbol{T}_e^\mathrm{T}\int_e k\left[\left(\frac{\partial \boldsymbol{N}}{\partial x}\right)\left(\frac{\partial \boldsymbol{N}}{\partial x}\right)^\mathrm{T}+\left(\frac{\partial \boldsymbol{N}}{\partial y}\right)\left(\frac{\partial \boldsymbol{N}}{\partial y}\right)^\mathrm{T}\right]\mathrm{d}x\mathrm{d}y\boldsymbol{T}_e=\delta \boldsymbol{T}_e^\mathrm{T}\boldsymbol{K}_e\boldsymbol{T}_e \tag{8.23}$$

其中

$$\boldsymbol{K}_e=\frac{kb}{6a}\begin{bmatrix}2 & 1 & -1 & -2\\ 1 & 2 & -2 & -1\\ -1 & -2 & 2 & 1\\ -2 & -1 & 1 & 2\end{bmatrix}+\frac{ka}{6b}\begin{bmatrix}2 & -2 & -1 & 1\\ -2 & 2 & 1 & -1\\ -1 & 1 & 2 & -2\\ 1 & -1 & -2 & 2\end{bmatrix}$$

单元积分 2：

$$\int_e \rho c_\mathrm{p}\frac{\partial \boldsymbol{T}}{\partial t}\delta \boldsymbol{T}\mathrm{d}\Omega=\delta \boldsymbol{T}_e^\mathrm{T}\left(\int_e \rho c_\mathrm{p}\boldsymbol{N}\boldsymbol{N}^\mathrm{T}\mathrm{d}x\mathrm{d}y\right)\frac{\partial \boldsymbol{T}_e}{\partial t}=\delta \boldsymbol{T}_e^\mathrm{T}\boldsymbol{M}_e\frac{\partial \boldsymbol{T}_e}{\partial t} \tag{8.24}$$

其中

$$\boldsymbol{M}_e=\rho c_\mathrm{p}\frac{ab}{36}\begin{bmatrix}4 & 2 & 1 & 2\\ 2 & 4 & 2 & 1\\ 1 & 2 & 4 & 2\\ 2 & 1 & 2 & 4\end{bmatrix}$$

在单元 e 内，将式(8.23)和式(8.24)相加，并扩展成由全体节点组成的矩阵或列阵，然后将各单元相加，再消去 $\delta \boldsymbol{T}^\mathrm{T}$，得

$$\boldsymbol{M}\frac{\partial}{\partial t}\boldsymbol{T}+\boldsymbol{K}\boldsymbol{T}=0 \tag{8.25}$$

对于非稳定温度场，式(8.25)可以改写为

$$\boldsymbol{M}\frac{\boldsymbol{T}^{k+1}-\boldsymbol{T}^k}{\Delta t}+\boldsymbol{K}\left[\theta \boldsymbol{T}^{k+1}+(1-\theta)\boldsymbol{T}^k\right]=0 \tag{8.26}$$

其中 $0\leqslant\theta\leqslant1$。

若式(8.26)取 $\theta=0$，则有

$$\boldsymbol{M}\frac{\boldsymbol{T}^{k+1}-\boldsymbol{T}^k}{\Delta t}+\boldsymbol{K}\boldsymbol{T}^k=0 \tag{8.27}$$

上式整理后，即得二维热传导方程的有限元显式格式：

$$\left(\frac{1}{\Delta t}\boldsymbol{M}\right)\boldsymbol{T}^{k+1}=\left(-\boldsymbol{K}+\frac{1}{\Delta t}\boldsymbol{M}\right)\boldsymbol{T}^k \tag{8.28}$$

当 $\boldsymbol{T}^k$ 已知时，求解线性方程组(8.28)即可求出 $\boldsymbol{T}^{k+1}$。因此，结合初始条件和边界条件，求解线性方程组即可得不同时刻各节点的温度分布。

下面，我们利用有限元显式格式计算二维模型的地温场分布。模型的介质密度 $\rho=3000\ \mathrm{kg/m^3}$，比热容 $c_\mathrm{p}=1000\ \mathrm{J/(kg\cdot K)}$，热导率 $k=3\ \mathrm{W/(m\cdot K)}$，热源位置的热导率 $k=10\ \mathrm{W/(m\cdot K)}$（$x$ 方向 $300\sim700\ \mathrm{km}$，y 方向 $300\sim700\ \mathrm{km}$ 处）。边界均为第一类边界条件，且边界处的温度为 $1000\ \mathrm{K}$，同时初始温度设置如图8.5所示。有限单元法模拟过程中取空间变量网格间距 $\Delta x=\Delta y=20000\ \mathrm{m}$，时间间隔 $\Delta t=0.1\ \mathrm{Myr}$，满足稳定性条件。

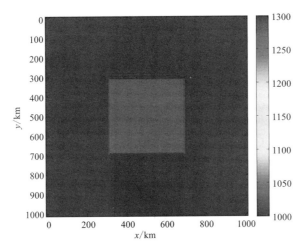

图 8.5 二维模型的初始温度分布

有限元显式格式计算二维变系数地温场模型的 Matlab 脚本程序代码如下：

```
clear all;
% 模型参数设置
xsize=1000000;
ysize=1000000;
NX=50;
NY=50;
NP=(NX+1)*(NY+1);
NE=NX*NY;
Dx=xsize/NX;
Dy=ysize/NY;
x=0:Dx:xsize;
y=0:Dy:ysize;
% 设置模型热导率
k_value=zeros(NY,NX)+3;
k_value(16:35,16:35)=10;
k_value=reshape(k_value',NX*NY,1);
cp=1000;
rho=3000;
rhocp=rho*cp;
% 时间间隔设置,单位:Myr
dt=0.1*(1e+6*365.25*24*3600);
tnum=3001;
t=((1:tnum)-1)*dt;
% 设置初始温度分布
T_back=1000;
```

```
T_wave=1300;
T=zeros(NY+1,NX+1,tnum);
%初始条件
for i=1:1:NY+1
    for j=1:1:NX+1
        if(y(i)>=ysize*0.3&&y(i)<=ysize*0.7&&x(j)>=xsize*0.3&&x(j)<=xsize*0.7)
            T(i,j,1)=T_wave;
        else
            T(i,j,1)=T_back;
        end
    end
end
TT(:,1)=reshape(T(:,:,1),NP,1);
%存放单元节点编号
for IY=1:NY
    for IX=1:NX
        N=(IY-1)*NX+IX;
        N1=(IY-1)*(NX+1)+IX;
        ME(1,N)=N1;
        ME(2,N)=N1+NX+1;
        ME(3,N)=N1+NX+2;
        ME(4,N)=N1+1;
    end
end
K =zeros(NP,NP);
M =zeros(NP,NP);
%形成线性方程组
for h=1:NE
    K_loc=(Dy/Dx/6)*[2 1 -1 -2;1 2 -2 -1;-1 -2 2 1;-2 -1 1 2]...
        +(Dx/Dy/6)*[2 -2 -1 1;-2 2 1 -1;-1 1 2 -2;1 -1 -2 2];
    M_loc=rhocp*(Dx*Dy/36)*[4 2 1 2;2 4 2 1;1 2 4 2;2 1 2 4];
    for j=1:4
        NJ=ME(j,h);
        for k=1:4
            NK=ME(k,h);
            K(NJ,NK)=K(NJ,NK)+k_value(h)*K_loc(j,k);
            M(NJ,NK)=M(NJ,NK)+M_loc(j,k);
        end
    end
end
```

```
end
for n=2:size(t,2)
    K_total=1/dt*M;
    P_total=(- K+1/dt*M)*TT(:,n- 1);
    % 强加第一类边界条件
    for i=1:NX+1
        K_total(i,:)=0;
        K_total(i,i)=1;
        P_total(i)=T_back;
    end
    for i=1:NX+1:(NX+1)*NY+1
        K_total(i,:)=0;
        K_total(i,i)=1;
        P_total(i)=T_back;
    end
    for i=NX+1:NX+1:(NX+1)*(NY+1)
        K_total(i,:)=0;
        K_total(i,i)=1;
        P_total(i)=T_back;
    end
    for i=(NX+1)*NY+1:(NX+1)*(NY+1)
        K_total(i,:)=0;
        K_total(i,i)=1;
        P_total(i)=T_back;
    end
    % 线性方程组求解
    TT(:,n)=K_total\P_total;
end
% 图示计算结果
for n=1:size(t,2)
    T(:,:,n)=reshape(TT(:,n),NY+1,NX+1);
    imagesc(x/1000,y/1000,T(:,:,n));
    colorbar;
    title(['显式解: t=',num2str((n- 1)*dt/(1e+6*365.25*24*3600)),'Myr']);
    xlabel('x(km)');
    ylabel('y(km)');
    drawnow;
    pause(0.1);
end
```

利用上述有限元显式格式程序计算并图示 $t = 50$ Myr、100 Myr、150 Myr、200 Myr、250 Myr 和 300 Myr 时二维变系数模型的地温场分布,如图 8.6 所示。

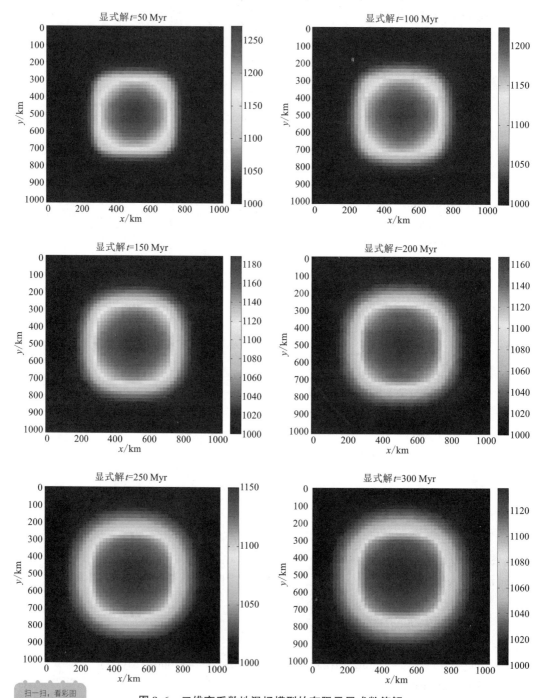

图 8.6　二维变系数地温场模型的有限元显式数值解

扫一扫,看彩图

8.3.2 二维变系数方程的隐式数值解

若式(8.26)取 $\theta=0$，则得到二维变系数地温场方程的有限元隐式计算格式：

$$M\frac{T^{k+1}-T^k}{\Delta t}+KT^{k+1}=0 \tag{8.29}$$

即

$$\left(\frac{1}{\Delta t}M+K\right)T^{k+1}=\left(\frac{1}{\Delta t}M\right)T^k \tag{8.30}$$

当 T^k 已知时，求解线性方程组(8.30)即可求出 T^{k+1}。因此，结合初始条件和边界条件，求解线性方程组即可得不同时刻各节点的温度分布。

下面，我们利用有限元隐式格式计算二维模型的地温场分布。模型的介质密度 $\rho=3000\ kg/m^3$，比热容 $c_p=1000\ J/(kg\cdot K)$，热导率 $k=3\ W/(m\cdot K)$，热源位置的热导率 $k=10\ W/(m\cdot K)$（x 方向 $300\sim700\ km$，y 方向 $300\sim700\ km$ 处）。边界均为第一类边界条件，且边界处的温度为 $1000\ K$，同时初始温度设置如图8.5所示。有限单元法模拟过程中取空间变量网格间距 $\Delta x=\Delta y=20000\ m$，时间间隔 $\Delta t=5\ Myr$。

有限元隐式格式计算二维变系数地温场模型的 Matlab 脚本程序代码如下：

```
clear all;
%模型参数设置
xsize=1000000;
ysize=1000000;
NX=50;
NY=50;
NP=(NX+1)*(NY+1);
NE=NX*NY;
Dx=xsize/NX;
Dy=ysize/NY;
x=0:Dx:xsize;
y=0:Dy:ysize;
%设置模型热导率
k_value=zeros(NY,NX)+3;
k_value(16:35,16:35)=10;
k_value=reshape(k_value',NX*NY,1);
cp=1000;
rho=3000;
rhocp=rho*cp;
%时间间隔设置,单位:Myr
dt=5*(1e+6*365.25*24*3600);
tnum=61;
t=((1:tnum)-1)*dt;
```

```matlab
% 设置初始温度分布
T_back=1000;
T_wave=1300;
T=zeros(NY+1,NX+1,tnum);
% 初始条件
for i=1:1:NY+1
    for j=1:1:NX+1
        if(y(i)>=ysize*0.3&&y(i)<=ysize*0.7&&x(j)>=xsize*0.3&&x(j)<=xsize*0.7)
            T(i,j,1)=T_wave;
        else
            T(i,j,1)=T_back;
        end
    end
end
TT(:,1)=reshape(T(:,:,1),NP,1);
% 存放单元节点编号
for IY=1:NY
    for IX=1:NX
        N=(IY-1)*NX+IX;
        N1=(IY-1)*(NX+1)+IX;
        ME(1,N)=N1;
        ME(2,N)=N1+NX+1;
        ME(3,N)=N1+NX+2;
        ME(4,N)=N1+1;
    end
end
K =zeros(NP,NP);
M =zeros(NP,NP);
% 形成线性方程组
for h=1:NE
    K_loc=(Dy/Dx/6)*[2 1 -1 -2;1 2 -2 -1;-1 -2 2 1;-2 -1 1 2]...
        +(Dx/Dy/6)*[2 -2 -1 1;-2 2 1 -1;-1 1 2 -2;1 -1 -2 2];
    M_loc=rhocp*(Dx*Dy/36)*[4 2 1 2;2 4 2 1;1 2 4 2;2 1 2 4];
    for j=1:4
        NJ=ME(j,h);
        for k=1:4
            NK=ME(k,h);
            K(NJ,NK)=K(NJ,NK)+k_value(h)*K_loc(j,k);
            M(NJ,NK)=M(NJ,NK)+M_loc(j,k);
```

```
            end
        end
end
for n=2:size(t,2)
    K_total=1/dt*M+K;
    P_total=1/dt*M*TT(:,n-1);
    %强加第一类边界条件
    for i=1:NX+1
        K_total(i,:)=0;
        K_total(i,i)=1;
        P_total(i)=T_back;
    end
    for i=1:NX+1:(NX+1)*NY+1
        K_total(i,:)=0;
        K_total(i,i)=1;
        P_total(i)=T_back;
    end
    for i=NX+1:NX+1:(NX+1)*(NY+1)
        K_total(i,:)=0;
        K_total(i,i)=1;
        P_total(i)=T_back;
    end
    for i=(NX+1)*NY+1:(NX+1)*(NY+1)
        K_total(i,:)=0;
        K_total(i,i)=1;
        P_total(i)=T_back;
    end
    %线性方程组求解
    TT(:,n)=K_total\P_total;
end
%图示计算结果
for n=1:size(t,2)
    T(:,:,n)=reshape(TT(:,n),NY+1,NX+1);
    imagesc(x/1000,y/1000,T(:,:,n));
    colorbar;
    title(['隐式解: t=',num2str((n-1)*dt/(1e+6*365.25*24*3600)),'Myr']);
    xlabel('x(km)');
    ylabel('y(km)');
    drawnow;
```

pause(0.1);

end

利用上述有限元隐式格式程序计算并图示 $t = 50$ Myr、100 Myr、150 Myr、200 Myr、250 Myr 和 300 Myr 时二维变系数模型的地温场分布，如图 8.7 所示。

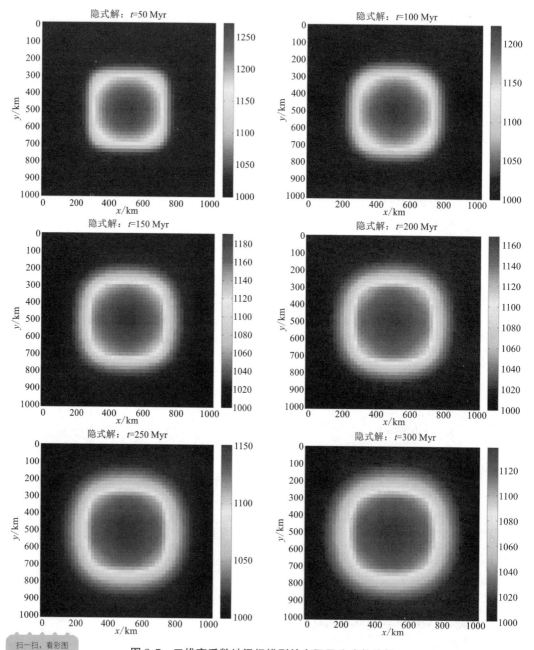

图 8.7　二维变系数地温场模型的有限元隐式数值解

第9章　地震波场的有限单元法正演计算

地震波场数值模拟简单来说，就是已知地下介质构造及其参数，再利用理论计算方法来研究地震波在地下介质的传播规律，合成地震记录的一种技术方法。随着地震勘探技术的发展，数值模拟方法已经贯穿于地震数据的采集、处理和解释的全过程，而且在确定观测的合理性、检验处理和解释的正确性等方面都有了广泛的应用。

地震波场模拟的数值方法主要有伪谱法、有限差分法和有限单元法。本章利用有限单元法计算地震波场响应，详细推导有限元正演算法，并编写 Matlab 计算程序。

9.1　地震波场正演基本理论

9.1.1　声波方程的建立

为了研究地震波形成的物理机制和传播规律，必须建立波的运动方程(波动方程)。为了使问题简化，首先讨论一弹性杆体积元受单向正应力所产生的波动方程。

考虑均匀细长杆介质中的一个小体积元，受力后沿 x 方向作小振动。令 $\sigma_{xx}(x,t)$ 为 t 时刻在 A 点沿 x 方向的应力，$u(x,t)$ 为该时刻沿同一方向的位移，A、B 两质点与原点的距离分别为 x 和 $x+\Delta x$，如图 9.1 所示。

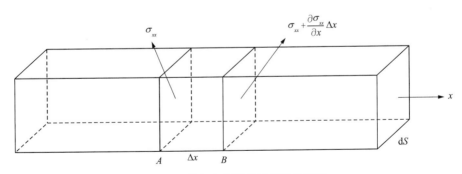

图 9.1　纵向应力引起细杆元的形变

由于应力在 x 方向的分布是变化的，在 A、B 两点所受的应力分别为 σ_{xx} 和 $\sigma_{xx}+\dfrac{\partial \sigma_{xx}}{\partial x}\Delta x$，则应力差引起体积元内部质点发生相对位移。设体积元质心的位移为 $u(x,t)$，并认为作用在面元 $\mathrm{d}S$ 上的力等于该面元中心的应力乘上它的面积。根据牛顿第二定律，当外力(体力)作用已结束时，由应力的变化产生的波动方程为

$$\left(\sigma_{xx}+\frac{\partial \sigma_{xx}}{\partial x}\Delta x\right)\mathrm{d}S=\rho \mathrm{d}S\Delta x\cdot \frac{\partial^2 u}{\partial t^2} \tag{9.1}$$

式中：ρ 是体积元的密度；$\mathrm{d}S$ 为截面积。

将式（9.1）化简可得

$$\frac{\partial \sigma_{xx}}{\partial x}=\rho \frac{\partial^2 u}{\partial t^2} \tag{9.2}$$

根据杨氏模量有

$$\sigma_{xx}=Ee_{xx}=E\frac{\partial u}{\partial t} \tag{9.3}$$

将式（9.3）代入式（9.2）得

$$\frac{\partial^2 u}{\partial t^2}=\frac{E}{\rho}\cdot \frac{\partial^2 u}{\partial x^2}=v^2\frac{\partial^2 u}{\partial x^2} \tag{9.4}$$

上式即为一维弹性杆正应力产生的纵波波动方程或声波波动方程，$v=\sqrt{E/\rho}$ 为地震波在介质中的传播速度。

若考虑震源函数 $S(x,t)$ 的作用，我们可得一维声波波动方程为（Heiner，2016）：

$$\frac{\partial^2 u}{\partial t^2}=v^2\frac{\partial^2 u}{\partial x^2}+S(x,t) \tag{9.5}$$

一般地，二维均匀介质的声波波动方程可表示为：

$$\frac{\partial^2 u}{\partial t^2}=v^2\left(\frac{\partial^2 u}{\partial x^2}+\frac{\partial^2 u}{\partial z^2}\right)+S(x,z,t) \tag{9.6}$$

式中：$S(x,z,t)$ 为震源函数。

9.1.2　震源函数

在地震波场数值模拟计算过程中，震源函数的选择对最终的模拟结果有着重要影响。震源函数的计算方法通常有两种：一种是先将 δ 函数（狄拉克函数）加入代数方程中，再与子波函数做褶积。

δ 函数是为了表示集中在一点起作用的物理量的分布密度而由物理学家 Dirac 在研究量子力学时首先引入的，δ 函数的表达式为：

$$\delta(x)=\begin{cases}0,& x\neq0\\ \infty,& x=0\end{cases} \tag{9.7}$$

且

$$\int_{-\infty}^{+\infty}\delta(x-x_0)\mathrm{d}x=1 \tag{9.8}$$

$$\int_{-\infty}^{+\infty}\delta(x-x_0)f(x)\mathrm{d}x=f(x_0) \tag{9.9}$$

这种方法的震源除了自由表面或内界面附近，可以在模型的其他任意处进行定义，能够准确地反映任一时刻震源项对波场值的影响，但同时这种方法增加了褶积的计算量，降低了计算速度和效率。

另一种方法是先将子波函数 $f(t)$ 进行离散，计算出各个时间间隔 Δt 的子波函数值，然后

直接在 Δt 时刻将 $f(\Delta t)$ 的值加到初始时刻的波场值上。这种方法可以将震源定义在自由表面的附近，但震源的位置必须在网格点上。实际中的地震子波是一个很复杂的问题，这是因为地震子波与地层岩石性质有关，而地层岩石性质本身就是一个复杂体。为了研究方便，仍需要对地震子波进行模拟，目前普遍认为雷克提出的地震子波数学模型具有广泛的代表性，称为雷克子波（Ricker Wavelet）。雷克子波的表达式为：

$$f(t) = \left[1 - 2\pi^2 f_0^2 (t-t_0)^2\right] e^{-\pi^2 f_0^2 (t-t_0)^2} \tag{9.10}$$

式中：$f(t)$ 为雷克子波；t_0 为延迟时间；f_0 为主频率。下面我们给出雷克子波的 Matlab 函数代码：

```
function f = ricker(f0,t,t0)
% f0: 主频率
% t: 采样时间
% t0: 延迟时间
f =(1- (2*((pi)^2)*(f0^2)*(t- t0)^2))*(exp(- ((pi)^2)*(f0^2)*( t- t0)^2)) ;
```

由于数值模拟方法计算地震波场过程中会出现数值频散，尤其当空间采样不足时，子波的高频成分频散就会更严重，因此要根据模型的速度及网格间距合理选择子波主频。

9.1.3　吸收边界条件

利用计算机进行地震波场数值模拟时，由于计算模型是大小有限的区域，会存在人工边界，这些人工边界是很好的反射面，当地震波传播到人工边界时，就会有波反射回来，这些反射波会干扰真实波场，造成假象。为了消除或减弱这些人为干扰，有一种想法是把模型设置得足够大，当人工反射波已经不能干扰到需要研究的区域时，得到的就是研究区域的真实波场信息，但这样会消耗大量存储空间和计算时间，所以这种思路不可取。这里，我们介绍 Clayton-Enquist 吸收边界处理方法（Clayton 和 Engquist，1977；Gao 等，2017）。

Clayton 和 Engquist 利用波动方程旁轴近似理论，提出了关于地震波动方程的三种吸收边界条件：

$$A1: \frac{\partial u}{\partial x} + \frac{1}{v}\frac{\partial u}{\partial t} = 0 \tag{9.11}$$

$$A2: \frac{\partial^2 u}{\partial x \partial t} + \frac{1}{v}\frac{\partial^2 u}{\partial t^2} - \frac{v}{2}\frac{\partial^2 u}{\partial z^2} = 0 \tag{9.12}$$

$$A3: \frac{\partial^3 u}{\partial x \partial t^2} - \frac{v^2}{4}\frac{\partial^3 u}{\partial x \partial z^2} + \frac{1}{v}\frac{\partial^3 u}{\partial t^3} - \frac{3v}{4}\frac{\partial^2 u}{\partial t \partial z^2} = 0 \tag{9.13}$$

其中 A1、A2 和 A3 分别为 1 阶、2 阶与 3 阶旁轴右端近似的吸收边界条件。

9.2　一维声波方程的有限单元法

9.2.1　一维显式数值解

对式(9.5)中的每一项（不包括源项）乘以 δu，并积分，有

$$\int_\Omega v^2 \frac{\partial^2 u}{\partial x^2}\delta u \mathrm{d}\Omega - \int_\Omega \frac{\partial^2 u}{\partial t^2}\delta u \mathrm{d}\Omega = 0 \qquad (9.14)$$

对上式第一项进行积分变换可得

$$\int_\Omega v^2 \frac{\partial^2 u}{\partial x^2}\delta u \mathrm{d}\Omega = \int_\Omega v^2 \nabla \cdot (\nabla u \delta u)\mathrm{d}\Omega - \int_\Omega v^2 \nabla u \cdot \nabla \delta u \mathrm{d}\Omega$$

$$= \int_\Gamma v^2 \frac{\partial u}{\partial n}\delta u \mathrm{d}\Gamma - \int_\Omega v^2 \nabla u \cdot \nabla \delta u \mathrm{d}\Omega \qquad (9.15)$$

若边界为自由边界条件，将其代入上式右侧第一项，则式(9.14)变为

$$\int_\Omega v^2 \nabla u \cdot \nabla \delta u \mathrm{d}\Omega + \int_\Omega \frac{\partial^2 u}{\partial t^2}\delta u \mathrm{d}\Omega = 0 \qquad (9.16)$$

将区域剖分为有限个小单元 e，在单元 e 上，对式(9.16)进行积分，然后对各单元求和。采用线性插值方式，其构造的线性插值函数为

$$N_i = 1 - \frac{x}{\Delta x}, \quad N_j = \frac{x}{\Delta x}$$

单元 e 上的 u 可用插值函数表示

$$u = \mathbf{N}^{\mathrm{T}}\mathbf{u}_e$$

单元积分 1：

$$\int_e v^2 \nabla \mathbf{u} \cdot \nabla \delta u \mathrm{d}\Omega = \delta \mathbf{u}_e^{\mathrm{T}} \int_e v^2 \left(\frac{\partial \mathbf{N}}{\partial x}\right)\left(\frac{\partial \mathbf{N}}{\partial x}\right)^{\mathrm{T}}\mathrm{d}x \mathbf{u}_e = \delta \mathbf{u}_e^{\mathrm{T}}\mathbf{K}_e \mathbf{u}_e \qquad (9.17)$$

其中，

$$\mathbf{K}_e = v^2 \int_0^{\Delta x}\begin{pmatrix}\dfrac{\partial N_i}{\partial x}\dfrac{\partial N_i}{\partial x} & \dfrac{\partial N_i}{\partial x}\dfrac{\partial N_j}{\partial x} \\[2mm] \dfrac{\partial N_j}{\partial x}\dfrac{\partial N_i}{\partial x} & \dfrac{\partial N_j}{\partial x}\dfrac{\partial N_j}{\partial x}\end{pmatrix}\mathrm{d}x = \begin{pmatrix}\dfrac{v^2}{\Delta x} \\[2mm] -\dfrac{v^2}{\Delta x}\end{pmatrix}$$

因为 $k_{ij} = k_{ji}$，所以 $\mathbf{K}_e$ 是对称矩阵。

单元积分 2：

$$\int_e \frac{\partial^2 u}{\partial t^2}\delta u \mathrm{d}\Omega = \delta \mathbf{u}_e^{\mathrm{T}}\left(\int_e \mathbf{N}\mathbf{N}^{\mathrm{T}}\mathrm{d}x\right)\frac{\partial^2 \mathbf{u}_e}{\partial t^2} = \delta \mathbf{u}_e^{\mathrm{T}}\mathbf{M}_e \frac{\partial^2 \mathbf{u}_e}{\partial t^2} \qquad (9.18)$$

其中，

$$\mathbf{M}_e = \int_e \mathbf{N}\mathbf{N}^{\mathrm{T}}\mathrm{d}x = \int_0^{\Delta x}\begin{pmatrix}N_i N_i & N_i N_j \\ N_j N_i & N_j N_j\end{pmatrix}\mathrm{d}x = \begin{pmatrix}\dfrac{\Delta x}{3} & \dfrac{\Delta x}{6} \\[2mm] \dfrac{\Delta x}{6} & \dfrac{\Delta x}{3}\end{pmatrix}$$

在单元内，将式(9.17)和式(9.18)相加，并扩展成由全体节点组成的矩阵或列阵，然后将各单元相加，得

$$\int_e v^2 \nabla \mathbf{u} \cdot \nabla \delta u \mathrm{d}x + \int_e \frac{\partial^2 u}{\partial t^2}\delta u \mathrm{d}x = \sum\left(\delta \mathbf{u}_e^{\mathrm{T}}\mathbf{K}_e \mathbf{u}_e + \delta \mathbf{u}_e^{\mathrm{T}}\mathbf{M}_e \frac{\partial^2 \mathbf{u}_e}{\partial t^2}\right) = \sum\left(\delta \mathbf{u}^{\mathrm{T}}\overline{\mathbf{M}}_e \frac{\partial^2 \mathbf{u}}{\partial t^2} + \delta \mathbf{u}^{\mathrm{T}}\overline{\mathbf{K}}_e \mathbf{u}_e\right)$$

$$= \delta \mathbf{u}^{\mathrm{T}}\sum\overline{\mathbf{M}}_e \frac{\partial^2 \mathbf{u}}{\partial t^2} + \delta \mathbf{u}^{\mathrm{T}}\sum\overline{\mathbf{K}}_e \mathbf{u} = \delta \mathbf{u}^{\mathrm{T}}\mathbf{M}\frac{\partial^2 \mathbf{u}}{\partial t^2} + \delta \mathbf{u}^{\mathrm{T}}\mathbf{K}\mathbf{u} = 0 \qquad (9.19)$$

从式(9.19)中消去 $\delta \boldsymbol{u}^{\mathrm{T}}$，得

$$M \frac{\partial^2 \boldsymbol{u}}{\partial t^2} + K\boldsymbol{u} = 0 \tag{9.20}$$

对 $\dfrac{\partial^2 \boldsymbol{u}}{\partial t^2}$ 进行二阶差商近似处理，则式(9.20)可以进一步改写为

$$M \frac{\boldsymbol{u}^{k-1} - 2\boldsymbol{u}^k + \boldsymbol{u}^{k+1}}{(\Delta t)^2} + K\left[\theta\boldsymbol{u}^{k+1} + (1-2\theta)\boldsymbol{u}^k + \theta\boldsymbol{u}^{k-1}\right] = 0 \tag{9.21}$$

其中 $0 \leqslant \theta \leqslant 1$。

若式(9.21)取 $\theta = 0$，则有

$$M \frac{\boldsymbol{u}^{k-1} - 2\boldsymbol{u}^k + \boldsymbol{u}^{k+1}}{(\Delta t)^2} + K\boldsymbol{u}^k = 0 \tag{9.22}$$

上式整理后，即得一维声波波动方程的有限元显式格式：

$$\frac{M}{(\Delta t)^2}\boldsymbol{u}^{k+1} = \left[2\frac{M}{(\Delta t)^2} - K\right]\boldsymbol{u}^k - \frac{M}{(\Delta t)^2}\boldsymbol{u}^{k-1} \tag{9.23}$$

结合自由边界条件、初始条件和震源函数源项，利用有限元显式格式解相应线性方程组，即得不同时刻各节点的 u 值。

下面，我们利用有限元显式格式计算一维均匀模型的地震波场。模型的速度为 2500 m/s，密度为常数，网格剖分单元数 $NE=200$，网格间距 $\Delta x = 10$ m，采样时间间隔为 $\Delta t = 1$ ms。同时，震源坐标设置在 $x = 1000$ m 处，子波频率为 10 Hz。

有限元显式格式计算一维地震波场的 Matlab 脚本程序如下：

```
clear all;
% 网格剖分信息
NE=200;
dx=10;
x=0:dx:NE*dx;
NP=NE+1;
% 震源信息
T=1;
dt=0.001;
N=T/dt+1;
f=10;
t0=0.1;
srcx=round(NP/2);
% 介质信息
v=zeros(NE,1)+2500;
u=zeros(NP,N+2);
K   = zeros(NP,NP);
M   = zeros(NP,NP);
% 存放单元节点编号
```

```
for i=1:NE
    ME(i,1) = i; ME(i,2) = i+1;
end
K_loc = [1/dx  -1/dx; -1/dx  1/dx];
M_loc = [dx/3 dx/6;dx/6 dx/3];
for iel=1:NE
    for i=1:2
        ii = ME(iel,i);
        for j=1:2
            jj = ME(iel,j);
            K(ii,jj)= K(ii,jj)+v(iel)^2*K_loc(i,j);
            M(ii,jj)= M(ii,jj)+M_loc(i,j);
        end
    end
end
for k=2:N+1
    disp(sprintf(' Time step : % i',k-2));
    t=(k-2)*dt;
    u(srcx,k)=ricker(f,t,t0);
    K_total = M/dt^2;
    P_total = (2*M/dt^2-K)*u(:,k)-(M/dt^2)*u(:,k-1);
    K_total(1,:)=0;   K_total(1,1)=1;    P_total(1)=0;
    K_total(end,:) =0; K_total(end,end)=1; P_total(end) =0;
    u(:,k+1) = K_total\P_total;
    plot(x,u(:,k+1));
    xlabel('Distance(m)');
    ylabel('Displacement(m)');
    title(['t=',num2str(1000*t),'ms']);
    set(gca,'YLim',[-1 1]);
    pause(0.01);
end
```

利用上述有限元显式程序计算并图示 $t = 100$ ms、200 ms、300 ms、400 ms、500 ms、600 ms、700 ms 和 800 ms 时的一维波场响应，如图 9.2 所示。从图上可以看出，当波传播至边界时，在边界处产生了很强的反射，这是我们在进行数值模拟计算时所不期望出现的。

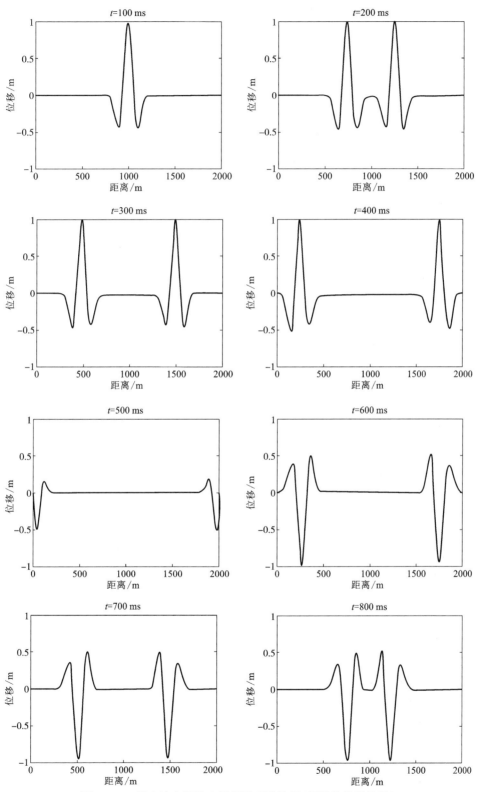

图 9.2　一维声波方程的有限元显式数值解(无吸收边界处理)

为了消除或减弱这种边界反射效应，可以选用 Clayton-Enquist 吸收边界处理方法，其计算表达式为

$$\frac{\partial u}{\partial t} - v\frac{\partial u}{\partial x} = 0 \quad (\text{左边界}) \tag{9.24}$$

$$\frac{\partial u}{\partial t} + v\frac{\partial u}{\partial x} = 0 \quad (\text{右边界}) \tag{9.25}$$

由于吸收边界条件包含了导数，我们可以采用差分法近似处理。在点 (x_1, t_{k+1}) 处利用向前差商逼近 $\frac{\partial u}{\partial x}$、向后差商逼近 $\frac{\partial u}{\partial t}$，而在点 (x_{N+1}, t_{k+1}) 处利用向后差商来逼近 $\frac{\partial u}{\partial x}$、向后差商逼近 $\frac{\partial u}{\partial t}$，这样得出式(9.24)和式(9.25)的边界条件处理表达式：

$$\begin{cases} \dfrac{u_1^{k+1}-u_1^k}{\Delta t} - v_1\dfrac{u_2^{k+1}-u_1^{k+1}}{\Delta x_1} = 0 \\[3mm] \dfrac{u_{N+1}^{k+1}-u_{N+1}^k}{\Delta t} + v_N\dfrac{u_{N+1}^{k+1}-u_N^{k+1}}{\Delta x_N} = 0 \end{cases} \tag{9.26}$$

容易看出，这样的边界条件处理具有一阶精度。

对于上述一维均匀模型，加入 Clayton-Enquist 吸收边界的有限元显式格式计算的 Matlab 脚本程序如下：

```
clear all;
% 网格剖分信息
NE = 200;
dx = 10;
x = 0:dx:NE*dx;
NP = NE+1;
% 震源信息
T = 1;
dt = 0.001;
N = T/dt+1;
f = 10;
t0 = 0.1;
srcx = round(NP/2);
% 介质信息
v = zeros(NE,1)+2500;
u = zeros(NP,N+2);
K = zeros(NP,NP);
M = zeros(NP,NP);
% 存放单元节点编号
for i=1:NE
    ME(i,1) = i; ME(i,2) = i+1;
```

```
        end
    K_loc = [ 1/dx  - 1/dx; - 1/dx  1/dx ];
    M_loc = [ dx/3 dx/6;dx/6 dx/3 ];
    for iel=1:NE
        for i=1:2
            ii= ME(iel,i);
            for j=1:2
                jj = ME(iel,j);
                K(ii,jj)= K(ii,jj)+v(iel)^2*K_loc(i,j);
                M(ii,jj)= M(ii,jj)+M_loc(i,j);
            end
        end
    end
    for k=2:N+1
        disp(sprintf(' Time step : % i',k- 2));
        t=(k- 2)*dt;
        u(srcx,k)=ricker(f,t,t0);
        K_total = M/dt^2;
        P_total = (2*M/dt^2- K)*u(:,k)- (M/dt^2)*u(:,k- 1);
        % Clayton- Enquist 吸收边界
        K_total(1,1)=1/dt+v(1)/dx;
        K_total(1,2)=- (v(1)/dx);
        P_total(1,1)=(u(1,k))/dt;
        K_total(NP,NP)=1/dt+v(NE)/dx;
        K_total(NP,NP- 1)=- (v(NE)/dx);
        P_total(NP,1)=(u(NP,k))/dt;
        u(:,k+1) = K_total\P_total;
        plot(x,u(:,k+1));
        xlabel('Distance(m)');
        ylabel('Displacement(m)');
        title([ 't=',num2str(1000*t),'ms' ]);
        set(gca,'YLim',[ - 1  1 ]);
        pause(0.01);
    end
```

利用上述有限元显式格式程序计算并图示 $t = 100$ ms、200 ms、300 ms、400 ms、500 ms、600 ms、700 ms 和 800 ms 时的一维波场响应，如图 9.3 所示。当波传播至左右边界处时，反射已经减弱，说明吸收边界很好地吸收了边界处的反射。

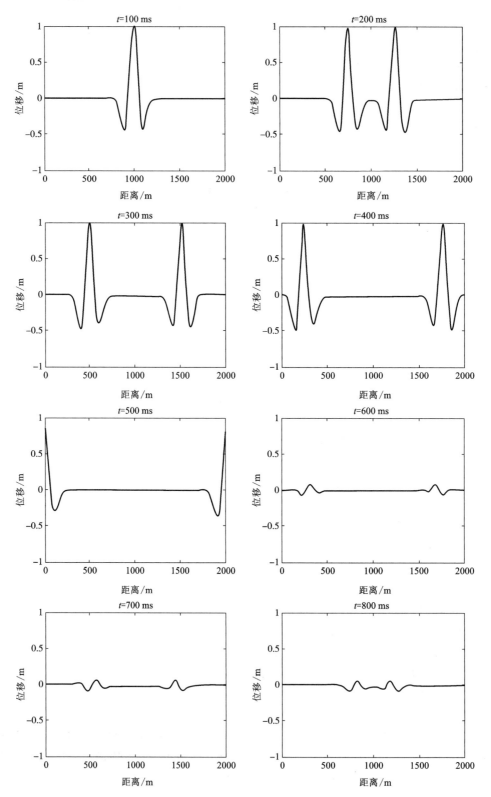

图 9.3　一维声波方程的有限元显式数值解(Clayton-Enquist 吸收边界处理)

9.2.2　一维隐式数值解

若式(9.21)取 $\theta = \dfrac{1}{2}$，则有

$$M\frac{u^{k-1}-2u^k+u^{k+1}}{(\Delta t)^2}+\frac{1}{2}K(u^{k+1}+u^{k-1})=0 \qquad (9.27)$$

上式整理后，即得一维声波波动方程的有限元隐式格式：

$$\left[\frac{M}{(\Delta t)^2}+\frac{1}{2}K\right]u^{k+1}=2\frac{M}{(\Delta t)^2}u^k-\left[\frac{1}{2}K+\frac{M}{(\Delta t)^2}\right]u^{k-1} \qquad (9.28)$$

结合边界条件、初始条件和震源函数源项，利用有限元隐式格式解相应线性方程组，即得不同时刻各节点的 u 值。

下面，我们利用有限元隐式格式计算一维均匀模型的地震波场分布。模型的速度为 2500 m/s，密度为常数，网格剖分单元数 $NE = 200$，网格间距 $\Delta x = 10$ m，采样时间间隔为 $\Delta t = 1$ ms。同时，震源坐标设置在 $x = 1000$ m 处，子波频率为 10 Hz。

有限元隐式格式计算一维地震波场的 Matlab 脚本程序如下：

```
clear all;
% 网格剖分信息
NE=200;
dx=10;
x=0:dx:NE*dx;
NP=NE+1;
% 震源信息
T=1;
dt=0.001;
N=T/dt+1;
f=10;
t0=0.1;
srcx=round(NP/2);
% 介质信息
v=zeros(NE,1)+2500;
u=zeros(NP,N+2);
K   = zeros(NP,NP);
M   = zeros(NP,NP);
% 存放单元节点编号
for i=1:NE
    ME(i,1) = i; ME(i,2) = i+1;
end
K_loc = [1/dx  -1/dx; -1/dx  1/dx];
M_loc = [dx/3 dx/6;dx/6 dx/3];
```

```
for iel=1:NE
    for i=1:2
        ii= ME(iel,i);
        for j=1:2
            jj = ME(iel,j);
            K(ii,jj)= K(ii,jj)+v(iel)^2*K_loc(i,j);
            M(ii,jj)= M(ii,jj)+M_loc(i,j);
        end
    end
end
for k=2:N+1
    disp(sprintf(' Time step : % i',k- 2));
    t=(k- 2)*dt;
    u(srcx,k)=ricker(f,t,t0);
    K_total = M/dt^2+K/2;
    P_total = (2*M/dt^2)*u(:,k)- (M/dt^2+K/2)*u(:,k- 1);
    % Clayton- Enquist 吸收边界
    K_total(1,1)=1/dt+v(1)/dx;
    K_total(1,2)=- (v(1)/dx);
    P_total(1,1)=(u(1,k))/dt;
    K_total(NP,NP)=1/dt+v(NE)/dx;
    K_total(NP,NP- 1)=- (v(NE)/dx);
    P_total(NP,1)=(u(NP,k))/dt;
    u(:,k+1) = K_total\P_total;
    plot(x,u(:,k+1));
    xlabel('Distance(m)');
    ylabel('Displacement(m)');
    title([ 't=',num2str(1000*t),'ms' ]);
    set(gca,'YLim',[ - 1 1 ]);
    pause(0.01);
end
```

利用上述有限元隐式格式程序计算并图示 $t=100$ ms、200 ms、300 ms、400 ms、500 ms、600 ms、700 ms 和 800 ms 时的一维波场响应，如图 9.4 所示。

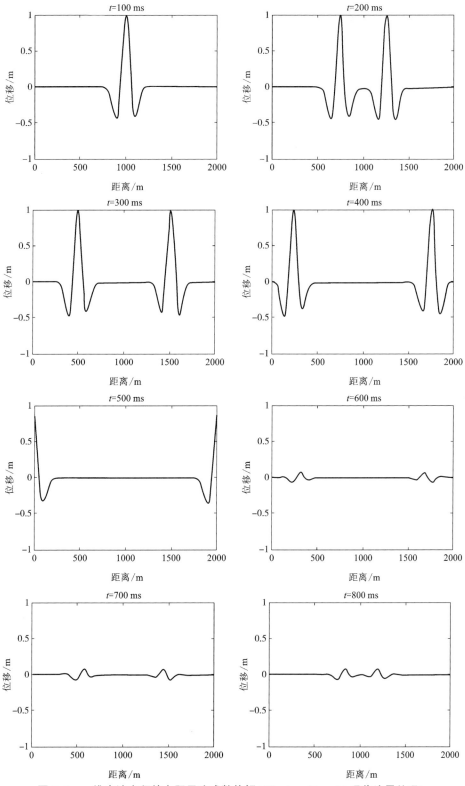

图 9.4　一维声波方程的有限元隐式数值解（Clayton-Enquist 吸收边界处理）

9.3　二维声波方程的有限单元法

9.3.1　二维显式数值解

对式(9.5)中的每一项(不包括源项)乘以 δu，并积分，有

$$\int_{\Omega} v^2\left(\frac{\partial^2 u}{\partial x^2}+\frac{\partial^2 u}{\partial z^2}\right)\delta u \mathrm{d}\Omega-\int_{\Omega}\frac{\partial^2 u}{\partial t^2}\delta u \mathrm{d}\Omega=0 \tag{9.29}$$

对上式第一项进行积分变换可得

$$\int_{\Omega} v^2\left(\frac{\partial^2 u}{\partial x^2}+\frac{\partial^2 u}{\partial z^2}\right)\delta u \mathrm{d}\Omega = \int_{\Omega} v^2 \nabla\cdot(\nabla u \delta u)\mathrm{d}\Omega-\int_{\Omega} v^2 \nabla u\cdot\nabla\delta u \mathrm{d}\Omega$$

$$= \int_{\Gamma} v^2 \frac{\partial u}{\partial n}\delta u \mathrm{d}\Gamma-\int_{\Omega} v^2 \nabla u\cdot\nabla\delta u \mathrm{d}\Omega \tag{9.30}$$

若边界为自由边界条件，将其代入上式右侧第一项，则式(9.29)变为

$$\int_{\Omega} v^2 \nabla u\cdot\nabla\delta u \mathrm{d}\Omega+\int_{\Omega}\frac{\partial^2 u}{\partial t^2}\delta u \mathrm{d}\Omega=0 \tag{9.31}$$

将空间区域 Ω 剖分为有限个矩形小单元 e，在单元 e 上对式(9.31)进行积分，然后对各单元求和。矩形单元双线性插值是在每个单元上取 4 个点，单元节点编号及坐标如图 9.5 所示。

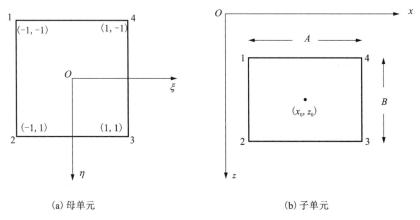

(a) 母单元　　　　　　　　　　(b) 子单元

图 9.5　双线性插值四边形单元

图9.5(a)是母单元，图9.5(b)是子单元。两个单元间的坐标变换关系为

$$x=x_0+\frac{A}{2}\xi,\; z=z_0+\frac{B}{2}\eta \tag{9.32}$$

其中 (x_0,z_0) 为子单元的中心点，A、B 为子单元的两个边长。两个单元的微分关系为

$$\mathrm{d}x=\frac{A}{2}\mathrm{d}\xi,\; \mathrm{d}z=\frac{B}{2}\mathrm{d}\eta,\; \mathrm{d}x\mathrm{d}z=\frac{AB}{4}\mathrm{d}\xi\mathrm{d}\eta \tag{9.33}$$

构造的矩形单元双线性插值形函数可表示为

$$\begin{cases} N_1 = \dfrac{1}{4}(1-\xi)(1-\eta) \\[2mm] N_2 = \dfrac{1}{4}(1-\xi)(1+\eta) \\[2mm] N_3 = \dfrac{1}{4}(1+\xi)(1+\eta) \\[2mm] N_4 = \dfrac{1}{4}(1+\xi)(1-\eta) \end{cases} \qquad (9.34)$$

单元积分 1：

$$\int_e v^2 \nabla \boldsymbol{u} \cdot \nabla \delta \boldsymbol{u} \mathrm{d}\Omega = \delta \boldsymbol{u}_e^{\mathrm{T}} \int_e v^2 \left[\left(\frac{\partial \boldsymbol{N}}{\partial x}\right)\left(\frac{\partial \boldsymbol{N}}{\partial x}\right)^{\mathrm{T}} + \left(\frac{\partial \boldsymbol{N}}{\partial z}\right)\left(\frac{\partial \boldsymbol{N}}{\partial z}\right)^{\mathrm{T}} \right] \mathrm{d}x\mathrm{d}z \boldsymbol{u}_e = \delta \boldsymbol{u}_e^{\mathrm{T}} \boldsymbol{K}_e \boldsymbol{u}_e \qquad (9.35)$$

其中 $\boldsymbol{K}_e = (k_{ij})$，$k_{ij} = k_{ji}$，

$$k_{ij} = v^2 \int_e \left[\left(\frac{\mathrm{d}N_i}{\mathrm{d}\xi}\frac{\mathrm{d}\xi}{\mathrm{d}x}\right)\left(\frac{\mathrm{d}N_j}{\mathrm{d}\xi}\frac{\mathrm{d}\xi}{\mathrm{d}x}\right) + \left(\frac{\mathrm{d}N_i}{\mathrm{d}\eta}\frac{\mathrm{d}\eta}{\mathrm{d}z}\right)\left(\frac{\mathrm{d}N_j}{\mathrm{d}\eta}\frac{\mathrm{d}\eta}{\mathrm{d}z}\right) \right] \frac{AB}{4} \mathrm{d}\xi\mathrm{d}\eta$$

于是有

$$\boldsymbol{K}_e = \frac{v^2 B}{6A} \begin{bmatrix} 2 & 1 & -1 & -2 \\ 1 & 2 & -2 & -1 \\ -1 & -2 & 2 & 1 \\ -2 & -1 & 1 & 2 \end{bmatrix} + \frac{v^2 A}{6B} \begin{bmatrix} 2 & -2 & -1 & 1 \\ -2 & 2 & 1 & -1 \\ -1 & 1 & 2 & -2 \\ 1 & -1 & -2 & 2 \end{bmatrix}$$

单元积分 2：

$$\int_e \frac{\partial^2 u}{\partial t^2} \delta u \mathrm{d}\Omega = \delta \boldsymbol{u}_e^{\mathrm{T}} \left(\int_e \boldsymbol{N}\boldsymbol{N}^{\mathrm{T}} \mathrm{d}x\mathrm{d}z \right) \frac{\partial^2 \boldsymbol{u}_e}{\partial t^2} = \delta \boldsymbol{u}_e^{\mathrm{T}} \boldsymbol{M}_e \frac{\partial^2 \boldsymbol{u}_e}{\partial t^2} \qquad (9.36)$$

其中 $\boldsymbol{M}_e = (m_{ij})$，$m_{ij} = m_{ji}$，且

$$m_{ij} = \int_e N_i N_j \frac{AB}{4} \mathrm{d}\xi\mathrm{d}\eta$$

于是有

$$\boldsymbol{M}_e = \frac{AB}{36} \begin{bmatrix} 4 & 2 & 1 & 2 \\ 2 & 4 & 2 & 1 \\ 1 & 2 & 4 & 2 \\ 2 & 1 & 2 & 4 \end{bmatrix}$$

在单元 e 内，将式(9.35)和式(9.36)相加，并扩展成由全体节点组成的矩阵或列阵，然后将各单元相加，得

$$\begin{aligned} \int_e v^2 \nabla \boldsymbol{u} \cdot \nabla \delta \boldsymbol{u} \mathrm{d}x\mathrm{d}z + \int_e \frac{\partial^2 u}{\partial t^2} \delta u \mathrm{d}x\mathrm{d}z &= \sum \left(\delta \boldsymbol{u}_e^{\mathrm{T}} \boldsymbol{K}_e \boldsymbol{u}_e + \delta \boldsymbol{u}_e^{\mathrm{T}} \boldsymbol{M}_e \frac{\partial^2 \boldsymbol{u}_e}{\partial t^2} \right) \\ &= \sum \left(\delta \boldsymbol{u}^{\mathrm{T}} \overline{\boldsymbol{M}}_e \frac{\partial^2 \boldsymbol{u}}{\partial t^2} + \delta \boldsymbol{u}^{\mathrm{T}} \overline{\boldsymbol{K}}_e \boldsymbol{u}_e \right) \\ &= \delta \boldsymbol{u}^{\mathrm{T}} \sum \overline{\boldsymbol{M}}_e \frac{\partial^2 \boldsymbol{u}}{\partial t^2} + \delta \boldsymbol{u}^{\mathrm{T}} \sum \overline{\boldsymbol{K}}_e \boldsymbol{u} \\ &= \delta \boldsymbol{u}^{\mathrm{T}} \boldsymbol{M} \frac{\partial^2 \boldsymbol{u}}{\partial t^2} + \delta \boldsymbol{u}^{\mathrm{T}} \boldsymbol{K}\boldsymbol{u} = 0 \qquad (9.37) \end{aligned}$$

从式(9.37)中消去 $\delta\boldsymbol{u}^{\mathrm{T}}$，得

$$M\frac{\partial^2\boldsymbol{u}}{\partial t^2}+K\boldsymbol{u}=0 \tag{9.38}$$

对 $\frac{\partial^2\boldsymbol{u}}{\partial t^2}$ 进行二阶差商近似处理，则式(9.38)可以进一步改写为

$$M\frac{\boldsymbol{u}^{k-1}-2\boldsymbol{u}^k+\boldsymbol{u}^{k+1}}{(\Delta t)^2}+K\left[\theta\boldsymbol{u}^{k+1}+(1-2\theta)\boldsymbol{u}^k+\theta\boldsymbol{u}^{k-1}\right]=0 \tag{9.39}$$

其中 $0\leqslant\theta\leqslant1$。

若式(9.39)取 $\theta=0$，则有

$$M\frac{\boldsymbol{u}^{k-1}-2\boldsymbol{u}^k+\boldsymbol{u}^{k+1}}{(\Delta t)^2}+K\boldsymbol{u}^k=0 \tag{9.40}$$

上式整理后，即得二维声波波动方程的有限元显式格式：

$$\frac{M}{(\Delta t)^2}\boldsymbol{u}^{k+1}=\left[2\frac{M}{(\Delta t)^2}-K\right]\boldsymbol{u}^k-\frac{M}{(\Delta t)^2}\boldsymbol{u}^{k-1} \tag{9.41}$$

结合自由边界条件、初始条件和震源函数源项，利用有限元显式格式解相应线性方程组，即得不同时刻各节点的 u 值。

下面，我们利用有限元显式格式计算二维均匀模型的地震波场分布。模型的速度为 2500 m/s，密度为常数，网格剖分单元取 200×200，均匀网格间距 $\Delta x=\Delta z=10$ m，采样时间间隔为 $\Delta t=1$ ms。同时，震源坐标设置为(1000 m，1000 m)，子波频率为 10 Hz。

有限元显式格式计算二维地震波场的 Matlab 脚本程序如下：

```
clear all;
% 网格剖分信息
NX=200;
Dx=10;
x=0:Dx:NX*Dx;
NZ=200;
Dz=10;
z=0:Dz:NZ*Dz;
NP=(NX+1)*(NZ+1);
NE=NX*NZ;
% 震源信息
T=1;
dt=0.001;
Nt=round(T/dt);
f=10;
t0=0.1;
xs=round((NX+1)/2);
zs=round((NZ+1)/2);
% 介质信息
```

```
v = 2500;
% 存放单元节点编号
for IZ=1:NZ
    for IX=1:NX
        N=(IZ-1)*NX+IX;
        N1=(IZ-1)*(NX+1)+IX;
        ME(1,N)=N1;
        ME(2,N)=N1+NX+1;
        ME(3,N)=N1+NX+2;
        ME(4,N)=N1+1;
    end
end
K =sparse(NP,NP);
M =sparse(NP,NP);
for h=1:NE
    K_loc=v^2*(Dz/Dx/6)*[2 1 -1 -2;1 2 -2 -1;-1 -2 2 1;-2 -1 1 2]...
        +v^2*(Dx/Dz/6)*[2 -2 -1 1;-2 2 1 -1;-1 1 2 -2;1 -1 -2 2];
    M_loc=(Dx*Dz/36)*[4 2 1 2;2 4 2 1;1 2 4 2;2 1 2 4];
    for j=1:4
        NJ=ME(j,h);
        for k=1:4
            NK=ME(k,h);
            K(NJ,NK)=K(NJ,NK)+K_loc(j,k);
            M(NJ,NK)=M(NJ,NK)+M_loc(j,k);
        end
    end
end
p2=zeros(NZ+1,NX+1);
p1=zeros(NZ+1,NX+1);
p0=zeros(NZ+1,NX+1);
for k=1:Nt
    disp(sprintf(' Time step : % i',k));
    t=k*dt;
    p1(zs,xs)=ricker(f,t,t0);
    K_total=M/dt^2;
    P_total=(2*M/dt^2-K)*reshape(p1',NP,1)-(M/dt^2)*reshape(p0',NP,1);
    for i=1:NX+1
        K_total(i,:)=0;
        K_total(i,i)=1;
```

```
        P_total(i)=0;
    end
    for i=1:NX+1:(NX+1)*NZ+1
        K_total(i,:)=0;
        K_total(i,i)=1;
        P_total(i)=0;
    end
    for i=NX+1:NX+1:(NX+1)*(NZ+1)
        K_total(i,:)=0;
        K_total(i,i)=1;
        P_total(i)=0;
    end
    for i=(NX+1)*NZ+1:(NX+1)*(NZ+1)
        K_total(i,:)=0;
        K_total(i,i)=1;
        P_total(i)=0;
    end
    p2 = K_total\P_total;
    p2 = reshape(p2',NX+1,NZ+1);
    p2 = p2';
    p0 = p1;
    p1 = p2;
    u(:,:,k)=p2;
    if rem(k,10)==0
        imagesc(x,z,p1);
        caxis([-0.07 0.07])
        colorbar;
        xlabel('Distance(m)');
        ylabel('Depth(m)');
        title(['t=',num2str(1000*k*dt),'ms']);
        drawnow;
        pause(0.01);
    end
end
```

利用上述有限元显式格式程序计算并图示 $t=100$ ms、200 ms、300 ms、400 ms、500 ms、600 ms、700 ms 和 800 ms 时的二维波场响应,如图 9.6 所示。从波场快照图可以看出,当波传播至边界时,在边界处产生了很强的反射,这是在进行数值模拟计算时所不期望出现的。

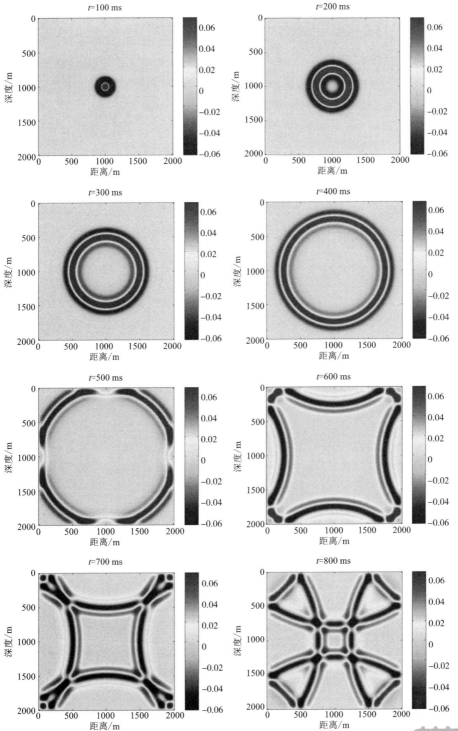

图 9.6　二维声波方程的有限元显式数值解 (无吸收边界处理)

为了消除或减弱这种边界反射效应, 得到地质地层真实的反射信息, 就需要对人工边界进行处理, 从而得到更接近于实际空间中波的传播规律。这里, 我们选用一阶 Clayton-Enquist 吸收边界, 其计算表达式为

$$\frac{\partial u}{\partial t} - v\frac{\partial u}{\partial x} = 0 \quad (左边界) \tag{9.42}$$

$$\frac{\partial u}{\partial t} + v\frac{\partial u}{\partial x} = 0 \quad (右边界) \tag{9.43}$$

$$\frac{\partial u}{\partial t} - v\frac{\partial u}{\partial z} = 0 \quad (上边界) \tag{9.44}$$

$$\frac{\partial u}{\partial t} + v\frac{\partial u}{\partial z} = 0 \quad (下边界) \tag{9.45}$$

对于上述二维均匀模型, 加入 Clayton-Enquist 吸收边界的有限元显式格式计算的 Matlab 脚本程序如下:

```
clear all;
% 网格剖分信息
NX=200;
Dx=10;
x=0:Dx:NX*Dx;
NZ=200;
Dz=10;
z=0:Dz:NZ*Dz;
NP=(NX+1)*(NZ+1);
NE=NX*NZ;
% 震源信息
T=1;
dt=0.001;
Nt=round(T/dt);
f=10;
t0=0.1;
xs=round((NX+1)/2);
zs=round((NZ+1)/2);
% 介质信息
v=2500;
% 存放单元节点编号
for IZ=1:NZ
    for IX=1:NX
        N=(IZ-1)*NX+IX;
        N1=(IZ-1)*(NX+1)+IX;
        ME(1,N)=N1;
```

```
                ME(2,N)=N1+NX+1;
                ME(3,N)=N1+NX+2;
                ME(4,N)=N1+1;
        end
end
K  =sparse(NP,NP);
M  =sparse(NP,NP);
for  h=1:NE
     K_loc=v^2*(Dz/Dx/6)*[2 1 - 1 - 2;1 2 - 2 - 1;- 1 - 2 2 1;- 2 - 1 1 2]...
            +v^2*(Dx/Dz/6)*[2 - 2 - 1 1;- 2 2 1 - 1;- 1 1 2 - 2;1 - 1 - 2 2];
     M_loc=(Dx*Dz/36)*[4 2 1 2;2 4 2 1;1 2 4 2;2 1 2 4];
     for  j=1:4
          NJ=ME(j,h);
          for  k=1:4
               NK=ME(k,h);
               K(NJ,NK)=K(NJ,NK)+K_loc(j,k);
               M(NJ,NK)=M(NJ,NK)+M_loc(j,k);
          end
     end
end
p2=zeros(NZ+1,NX+1);
p1=zeros(NZ+1,NX+1);
p0=zeros(NZ+1,NX+1);
for  k=1:Nt
     % disp(sprintf(' Time step : % i',k));
     t=k*dt;
     p1(zs,xs)=ricker(f,t,t0);
     K_total=M/dt^2;
     P_total=(2*M/dt^2- K)*reshape(p1',NP,1)- (M/dt^2)*reshape(p0',NP,1);
     for  i=1:NX+1
          K_total(i,:)=0;
          K_total(i,i)=1/dt+v/Dz;
          K_total(i,i+NX+1)=- v/Dz;
          pp1=reshape(p1',NP,1);
          P_total(i)=pp1(i)/dt;
     end
     for  i=1:NX+1:(NX+1)*NZ+1
          K_total(i,:)=0;
          K_total(i,i)=1/dt+v/Dx;
```

```
        K_total(i,i+1)= - v/Dx;
        pp1 =reshape(p1',NP,1);
        P_total(i)=pp1(i)/dt;
    end
    for i=NX+1:NX+1:(NX+1)*(NZ+1)
        K_total(i,:)=0;
        K_total(i,i)=1/dt+v/Dx;
        K_total(i,i- 1)= - v/Dx;
        pp1 =reshape(p1',NP,1);
        P_total(i)=pp1(i)/dt;
    end
    for i=(NX+1)*NZ+1:(NX+1)*(NZ+1)
        K_total(i,:)=0;
        K_total(i,i)=1/dt+v/Dz;
        K_total(i,i- (NX+1))= - v/Dz;
        pp1 =reshape(p1',NP,1);
        P_total(i)=pp1(i)/dt;
    end
    p2 = K_total\P_total;
    p2 = reshape(p2',NX+1,NZ+1);
    p2 = p2';
    p0 = p1;
    p1 = p2;
    u(:,:,k)=p2;
    if rem(k,10)= =0
        imagesc(x,z,p1);
        caxis([ - 0.07 0.07])
        colorbar;
        xlabel('Distance(m)');
        ylabel('Depth(m)');
        title([ 't=',num2str(1000*k*dt),'ms' ]);
        drawnow;
        pause(0.01);
    end
end
```

利用上述有限元显式格式程序计算并图示 $t=100$ ms、200 ms、300 ms、400 ms、500 ms、600 ms、700 ms 和 800 ms 时的二维波场响应，如图 9.7 所示。从波场快照图可以看出，当波传播至边界处时，反射已经减弱，说明吸收边界很好地吸收了边界处的反射。

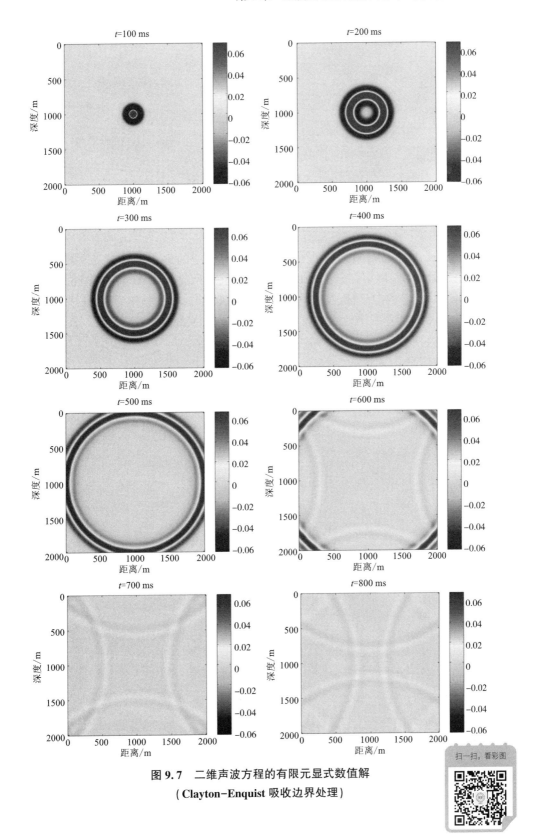

图 9.7 二维声波方程的有限元显式数值解
（Clayton-Enquist 吸收边界处理）

扫一扫，看彩图

9.3.2　二维隐式数值解

若式(9.39)取 $\theta=\dfrac{1}{2}$，则有

$$M\frac{u^{k-1}-2u^k+u^{k+1}}{(\Delta t)^2}+\frac{1}{2}K(u^{k+1}+u^{k-1})=0 \tag{9.46}$$

上式整理后，即得二维声波波动方程的有限元隐式格式：

$$\left[\frac{M}{(\Delta t)^2}+\frac{1}{2}K\right]u^{k+1}=2\frac{M}{(\Delta t)^2}u^k-\left(\frac{1}{2}K+\frac{M}{(\Delta t)^2}\right)u^{k-1} \tag{9.47}$$

结合初始条件、吸收边界条件和源项，求解相应的线性方程组即可求得不同时刻各节点的 u 值。

下面，我们利用有限元隐式格式计算二维均匀模型的地震波场分布。模型的速度为 2500 m/s，密度为常数，网格剖分单元取 200×200，均匀网格间距 $\Delta x=\Delta z=10$ m，采样时间间隔为 $\Delta t=1$ ms。同时，震源坐标设置为(1000 m，1000 m)，子波频率为 10 Hz。

有限元隐式格式计算二维地震波场的 Matlab 脚本程序如下：

```
clear all;
% 网格剖分信息
NX=200;
Dx=10;
x=0:Dx:NX*Dx;
NZ=200;
Dz=10;
z=0:Dz:NZ*Dz;
NP=(NX+1)*(NZ+1);
NE=NX*NZ;
% 震源信息
T=1;
dt=0.001;
Nt=round(T/dt);
f=10;
t0=0.1;
xs=round((NX+1)/2);
zs=round((NZ+1)/2);
% 介质信息
v=2500;
% 存放单元节点编号
for IZ=1:NZ
    for IX=1:NX
        N=(IZ-1)*NX+IX;
```

```
                N1 = (IZ- 1)*(NX+1)+IX;
                ME(1,N)=N1;
                ME(2,N)=N1+NX+1;
                ME(3,N)=N1+NX+2;
                ME(4,N)=N1+1;
        end
end
K  =sparse(NP,NP);
M  =sparse(NP,NP);
for h=1:NE
    K_loc=v^2*(Dz/Dx/6)*[ 2 1 - 1 - 2;1 2 - 2 - 1;- 1 - 2 2 1;- 2 - 1 1 2 ]...
            +v^2*(Dx/Dz/6)*[ 2 - 2 - 1 1;- 2 2 1 - 1;- 1 1 2 - 2;1 - 1 - 2 2 ];
    M_loc=(Dx*Dz/36)*[ 4 2 1 2;2 4 2 1;1 2 4 2;2 1 2 4 ];
    for j=1:4
        NJ=ME(j,h);
        for k=1:4
            NK=ME(k,h);
            K(NJ,NK)=K(NJ,NK)+K_loc(j,k);
            M(NJ,NK)=M(NJ,NK)+M_loc(j,k);
        end
    end
end
p2=zeros(NZ+1,NX+1);
p1=zeros(NZ+1,NX+1);
p0=zeros(NZ+1,NX+1);
for k=1:Nt
    % disp(sprintf(' Time step : % i',k));
    t=k*dt;
    p1(zs,xs)=ricker(f,t,t0);
    K_total = M/dt^2+K/2;
    P_total = (2*M/dt^2)*reshape(p1',NP,1)- (M/dt^2+K/2)*reshape(p0',NP,1);
    for i=1:NX+1
        K_total(i,:)=0;
        K_total(i,i)=1/dt+v/Dz;
        K_total(i,i+NX+1)=- v/Dz;
        pp1=reshape(p1',NP,1);
        P_total(i)=pp1(i)/dt;
    end
    for i=1:NX+1:(NX+1)*NZ+1
```

```
            K_total(i,:)=0;
            K_total(i,i)=1/dt+v/Dx;
            K_total(i,i+1)=- v/Dx;
            pp1=reshape(p1',NP,1);
            P_total(i)=pp1(i)/dt;
        end
        for i=NX+1:NX+1:(NX+1)*(NZ+1)
            K_total(i,:)=0;
            K_total(i,i)=1/dt+v/Dx;
            K_total(i,i- 1)=- v/Dx;
            pp1=reshape(p1',NP,1);
            P_total(i)=pp1(i)/dt;
        end
        for i=(NX+1)*NZ+1:(NX+1)*(NZ+1)
            K_total(i,:)=0;
            K_total(i,i)=1/dt+v/Dz;
            K_total(i,i- (NX+1))=- v/Dz;
            pp1=reshape(p1',NP,1);
            P_total(i)=pp1(i)/dt;
        end
        p2 = K_total\P_total;
        p2 = reshape(p2',NX+1,NZ+1);
        p2 = p2';
        p0 = p1;
        p1 = p2;
        u(:,:,k)=p2;
        if rem(k,10)==0
            imagesc(x,z,p1);
            caxis([- 0.07 0.07])
            colorbar;
            xlabel('Distance(m)');
            ylabel('Depth(m)');
            title(['t=',num2str(1000*k*dt),'ms']);
            drawnow;
            pause(0.01);
        end
    end
```

利用上述有限元隐式格式程序计算并图示 $t=100$ ms、200 ms、300 ms、400 ms、500 ms、600 ms、700 ms 和 800 ms 时的二维波场响应，如图 9.8 所示。

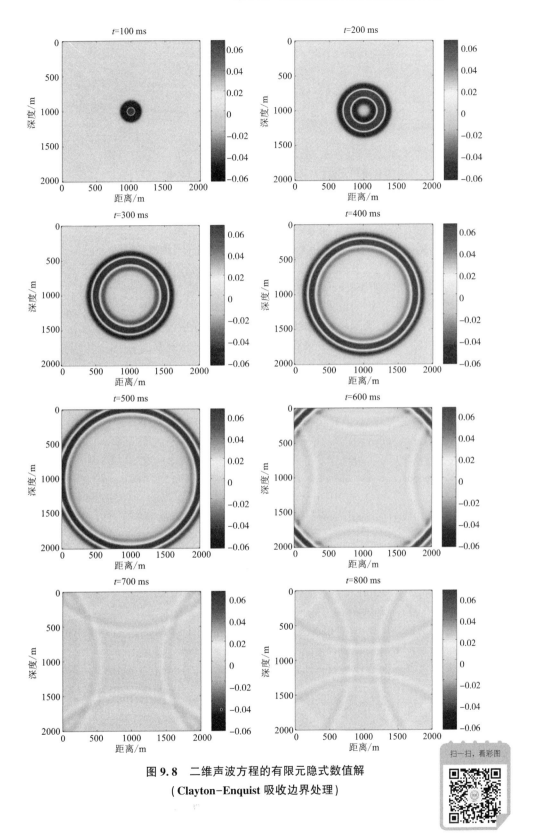

图 9.8 二维声波方程的有限元隐式数值解
（Clayton−Enquist 吸收边界处理）

参考文献

[1] 徐世浙. 地球物理中的有限单元法[M]. 北京：科学出版社，1994.

[2] 王勖成. 有限单元法[M]. 北京：清华大学出版社，2003.

[3] 朱伯芳. 有限单元法原理与应用[M]. 第四版. 北京：中国水利水电出版社，2018.

[4] 曾华霖. 重力场与重力勘探[M]. 北京：地质出版社，2005.

[5] 柳建新，童孝忠，郭荣文，等. 大地电磁测深法勘探[M]. 北京：科学出版社，2012.

[6] 王元明. 数学物理方程与特殊函数[M]. 北京：高等教育出版社，2012.

[7] 何继善. 海洋电磁法原理[M]. 北京：高等教育出版社，2012.

[8] 吴崇试. 数学物理方法[M]. 北京：高等教育出版社，2015.

[9] 陈涌频，孟敏，方宙奇. 电磁场数值方法[M]. 北京：科学出版社，2016.

[10] 童孝忠，郭振威，刘春明，谢小荣. 偏微分方程的有限体积法及其应用[M]. 长沙：中南大学出版社，2022.

[11] 童孝忠，孙娅. 偏微分方程的 Chebyshev 谱方法及地球物理应用[M]. 北京：科学出版社，2020.

[12] 刘海飞，柳建新，柳卓. 数值计算与程序设计(地球物理类)[M]. 长沙：中南大学出版社，2021.

[13] 李庆扬，王能超，易大义. 数值分析[M]. 北京：清华大学出版社，2008.

[14] ASMAR N H. Partial differential equation withfourier series and boundary value problems[M]. Upper Saddle River：Prentice Hall Press，2004.

[15] GERYA T. Introduction to numerical geodynamic modelling [M]. Cambridge：Cambridge University Press，2009.

[16] HEINER IGEL. Computational seismology：A practical introduction [M]. Oxford：Oxford University Press，2016.

[17] CLAYTON R，ENGQUIST B. Absorbing boundary conditions for acoustic and elastic wave equations[J]. Bulletin of the Seismological Society of America，1977，67(6)：1529-1540.

[18] GAO Y J，SONG H J，ZHANG J H，et al. Comparison of artificial absorbing boundaries for acoustic wave equation modelling[J]. Exploration Geophysics，2017，48(1)：76-93.

[19] ELMAN H，SILVESTER D，WATHEN A. Finite Elements and Fast Iterative Solvers：With Applications in Incompressible Fluid Dynamics[M]. Oxford：Oxford University Press，2014.

[20] SINGIRESU S R. The finite element method in engineering[M]. Oxford：Pergamon Press，2018.

[21] KEY K. Is the fast Hankel transform faster thanquadrature? [J]. Geophysics，2012，77(3)：21-30.

[22] YAO H，REN Z，CHEN H，et al. Two-dimensional magnetotelluric finite element modeling by a hybrid Helmholtz-curl formulae system[J]. Journal of Computational Physics. 2021，443，110533.

图书在版编目(CIP)数据

偏微分方程的有限单元法及其应用／童孝忠等编著.
—长沙：中南大学出版社，2023.9
ISBN 978-7-5487-5402-2

Ⅰ．①偏… Ⅱ．①童… Ⅲ．①偏微分方程－有限元法
Ⅳ．①O175.2

中国国家版本馆 CIP 数据核字(2023)第 102447 号

偏微分方程的有限单元法及其应用

PIANWEIFEN FANGCHENG DE YOUXIAN DANYUANFA JIQI YINGYONG

童孝忠　郭振威　高大维　袁中华　编著

□责任编辑	刘小沛	
□责任印制	唐　曦	
□出版发行	中南大学出版社	
	社址：长沙市麓山南路	邮编：410083
	发行科电话：0731-88876770	传真：0731-88710482
□印　　装	长沙印通印刷有限公司	

□开　　本	787 mm×1092 mm　1/16	□印张 16.5	□字数 407 千字
□互联网+图书	二维码内容　字数 1 千字　图片 24 张		
□版　　次	2023 年 9 月第 1 版	□印次 2023 年 9 月第 1 次印刷	
□书　　号	ISBN 978-7-5487-5402-2		
□定　　价	68.00 元		